环境流体力学

董志勇　著

科学出版社

北京

内 容 简 介

　　本书系统地阐述了环境流体力学的基本概念、基本理论及最新研究成果,主要内容包括:环境污染问题、环境污染的基本概念、扩散理论、剪切流离散、射流、羽流、浮射流、大气污染扩散分析、水质模型、地下水污染模型等。为便于读者自学,本书内容力求写得通俗易懂,对一些数学处理给出了比较详细的推导过程,并列举了一些例题。书末附有环境流体力学常用术语中英文对照表和详细的参考文献,以便读者深入研究时参考。

　　本书可作为水利类、环境类、土木类专业高年级本科生和研究生的教材,同时可供有关专业的学生、教师、科研人员及工程技术人员参考。

图书在版编目(CIP)数据

环境流体力学/董志勇著. —北京:科学出版社,2015.10
ISBN 978-7-03-044797-5

Ⅰ.①环… Ⅱ.①董… Ⅲ.①环境物理学-流体力学 Ⅳ.①X12②X52

中国版本图书馆 CIP 数据核字(2015)第 124322 号

责任编辑:周　炜　李嘉佳 / 责任校对:桂伟利
责任印制:吴兆东 / 封面设计:陈　敬

科 学 出 版 社 出版
北京东黄城根北街 16 号
邮政编码:100717
http://www.sciencep.com

北京中石油彩色印刷有限责任公司 印刷
科学出版社发行　各地新华书店经销
*
2015 年 10 月第 一 版　开本:720×1000 1/16
2024 年 1 月第六次印刷　印张:14 1/4
字数:301 000
定价:118.00 元
(如有印装质量问题,我社负责调换)

前　言

　　环境流体力学是于 20 世纪 70 年代发展起来的一门交叉学科,其内涵较为丰富,涉及的知识面也较广,主要研究污染物在大气、地表水及地下水中的迁移、扩散及转化规律。它是流体力学与环境科学、环境工程、水利工程、市政工程等学科相互交叉、相互渗透的产物,是进行环境空气质量评价、水质评价、大气污染控制及水污染控制的基础。

　　作者在从事环境流体力学的科研、教学工作中,一直苦于找不到一部较为系统、全面介绍污染物在大气、地表水及地下水中迁移、扩散及转化的著作。作为一种尝试,作者十年前写了一部《环境水力学》,介绍了污染物在地表水、地下水中迁移、扩散及转化的规律,曾作为高年级本科生和研究生的教材。近年来,随着我国经济社会的快速发展,多地接连出现以颗粒物(PM_{10} 和 $PM_{2.5}$)为特征污染物的灰霾天气,大气环境污染问题日趋严重,大气污染防治工作面临巨大挑战。本书较为系统地阐述了环境流体力学的基本概念、基本理论及基本的研究方法,不仅包括地表水、地下水污染问题,同时涵盖大气污染问题,以使环境流体力学的内容更加完善。在叙述上,力求深入浅出、重点突出。主要思路为:从大气污染到地表水污染再到地下水污染;从点源污染到线源、面源污染;从瞬时源到连续源;从无限空间的扩散到有限空间的扩散;从基本的动量射流到羽流、浮射流;从最基本的Fick 扩散到紊动扩散、随流输运及剪切离散;在污染物的类型上,由示踪物到有机污染物,进而到难降解物质;在问题的数学描述上,给出物理概念清晰的理论解。如果本书的内容能对读者的学习、教学、研究、设计等有所帮助的话,作者将感到无比欣慰。

　　本书的出版得到"浙江工业大学专著出版基金"的资助,谨此表示衷心的感谢。作者的多位国内外同仁曾惠赠一些宝贵的资料或给予热情的帮助和鼓励,在此谨向他们表示真诚的谢意。本书插图的绘制由作者的研究生林斌、张茜、刘昶、陈乐完成,在此深表感谢。最后,感谢在本书撰写和出版过程中所有给予关心、支持和帮助的人们。

　　在本书撰写过程中,作者虽力求审慎,但由于水平有限,书中尚存在一些不足之处,恳请读者批评指正。

作　者

2014 年 10 月于杭州

目　　录

第1章 绪 论

1.1 环境污染问题

1.1.1 大气环境污染问题

大气污染是指由于人类活动而排放到空气中的有害气体和颗粒物（particulate matter），累积到超过大气自净作用（稀释、转化、洗净、沉降等）所能降低的程度，在一定持续时间内有害于生物及非生物。按照国际标准化组织（International Organization for Standardization）的定义，大气污染是指由于人类活动和自然过程引起某种物质进入大气中，呈现出足够的浓度，达到足够的时间，并因此而危害了人体的舒适、健康和福利或危害了环境的现象。

近年来，随着我国经济社会的快速发展，多个地区接连出现以颗粒物（PM$_{10}$和PM$_{2.5}$）为特征污染物的灰霾天气，大气颗粒物已成为影响我国环境空气（ambient air）质量的首要污染物。美国国家航空航天局（NASA）2010年公布的全球PM$_{2.5}$卫星监测图显示，我国除新疆、西藏外，大部分地区被灰霾所笼罩，尤其在华北、华东及华中地区，PM$_{2.5}$浓度远远超过我国环境空气质量标准所规定的浓度限值。我国以煤炭为主的能源消耗量大幅攀升，机动车保有量急剧增加，城市建设施工量巨大，大气氧化性不断增强，使得我国大气环境污染问题日趋严重，大气污染防治工作面临巨大挑战。

大气污染的来源主要来自两个方面：一方面是由自然界的自然现象引起的，此类污染一般依靠大气的自净作用，最终可达到平衡；另一方面是由于人类的生产、生活活动引起的，此类污染的特点为集中、持续、排放量大，常常超过大气环境的自净作用。大气污染物按其存在状态一般可分为气态污染物和颗粒物，其中颗粒物与气体行为类似，因此又称为气溶胶。已发现大气中对人体有危害的污染物有100多种，主要为燃烧化石燃料产生的硫氧化物（SO$_x$）、氮氧化物（NO$_x$）、碳氧化物（CO$_x$），碳氢化合物（HC）及气态有机化合物等。对于气态污染物，又可分为一次污染物和二次污染物。若大气污染物是从污染源直接排放的原始物质，则称为一次污染物；若由一次污染物与大气中原有成分或几种一次污染物之间经过一系列化学或光化学反应而生成的与一次污染物性质不同的新污染物，称为二次污染物。在大气污染中，普遍关注的二次污染物主要为硫酸烟雾和光化学烟雾等。

硫酸烟雾是由大气中的二氧化硫(SO_2)等硫化物在有水雾、含有重金属的飘尘或氮氧化物存在时,发生一系列化学或光化学反应而生成的硫酸雾或硫酸盐气溶胶;光化学烟雾是由大气中氮氧化物、碳氢化合物与氧化剂之间在阳光照射下发生一系列光化学反应所生成的蓝色烟雾,其主要成分为臭氧、过氧乙酰基硝酸酯(PNA)、酮类及醛类。

我国现阶段大气污染的主要特征如下。

(1) 以煤炭为主的能源消费结构及工业结构和布局的不尽合理,普遍形成城市大气总悬浮颗粒物(TSP)超标、二氧化硫污染保持在较高水平的煤烟型污染。

(2) 城市机动车尾气排放污染物剧增,氮氧化物、一氧化碳(CO)、碳氢化合物污染呈加重趋势,许多大城市的大气污染已由煤烟型污染向煤烟、交通、氧化型等共存的复合型污染转变。

(3) 随着城镇化进程的加快,大规模建筑施工等人为活动引起的扬尘污染加重。

(4) 由于硫氧化物、氮氧化物等致酸物质的排放仍未得到有效控制,全国已形成华中、西南、华东、华南等多个酸雨区,尤以华中酸雨区最为严重。

1.1.2　海洋环境污染问题

全球共有 35 个主要海域,有的与大洋相连,有的由陆地环绕。波罗的海、地中海、黑海、里海、白令海、黄海等海域在不同程度上反映出 35 个海域遭受破坏的状况。

古代,黑海以丰富的鱼类资源、温和的气候和重要的战略地位而闻名于世。位于黑海之滨的君士坦丁堡是拜占庭帝国的首都,是东西方交往的门户,以及人类文明的主要中心之一。但是近几十年来,这个美丽的海域却遭到了肆意破坏。最严重的问题是水体富营养化,这是由于流入黑海的各条河流把农田施用的化肥、城市生活污水带入海中,致使海藻和细菌迅速繁殖,在水面形成厚而密集的漂浮层(赤潮),破坏了黑海水体的自然生态平衡。黑海的主要污染源是从西北部流入黑海的多瑙河(Danube)、德涅斯特河(Днестр)等。经多瑙河流入黑海的污染物主要是化肥和中欧、东欧地区 8000 多万人口的生活污水。多瑙河每年向黑海排放大约 60 万 t 磷、340 万 t 氮;流经乌克兰、摩尔多瓦产粮地区的德涅斯特河则把大量的硝酸盐、磷酸盐带入黑海。黑海 90% 的水体已经变成动植物难以生存的死水,其中部、南部水域的深层水中含有多种有毒物质,并且死水正从下向上逐步扩展,黑海正面临"窒息"而"死亡"的威胁。

众所周知,黄海是由于黄河挟带大量泥沙流入渤海后形成的。数千年来,黄海接纳的是黄河的泥沙,如今除接纳大量泥沙之外,还接纳黄河流域和沿海地区排放的污染物,使得水栖和陆栖动物的生存环境日益恶化。据《1994－1996 中国海洋年鉴》统计,经黄河流入渤海的镉、汞、铅、锌、砷、铬等重金属达 750t,另外还有 2 万 t 石油。排入黄海的污染物负荷则比渤海高 1 倍以上。黄海的污染物主要沉积在许多海洋生物赖以生存的海床上。据 1981～1984 年进行的监测结果显示,螃蟹、虾等甲壳类动物体内的镉含量增加了 2 倍,鱼类、软体动物体内铅、铜的含量分别增加了 1～3 倍。1989 年的监测结果表明,蛤蜊、牡蛎等贝壳类动物体内的汞含量超过允许含量的 10 多倍。与黄海相连的各条河流的河口、海湾、湿地,大部分已受到污染,对渔业生产造成了严重影响。以胶州湾的青岛沿海为例,1963 年共有 141 种海洋动物生活在沿海水域,到了 1988 年仅剩下 24 种。

在地处北欧斯堪的纳维亚(Scandinavia)半岛上,纵横交错的河流小溪经瑞典、挪威汇入波罗的海(Baltic)。它们并不像世界上多数入海河流那样流经人口稠密、土地得到充分开垦的地区,而是流经寂静的带有原始色彩的森林地区。正是这些森林地区的纸浆厂、造纸厂成了危及波罗的海的污染源。造纸厂在对纸张作漂白处理的过程中,排放出大量的有机氯化合物,这类化合物不溶解于水,但可溶解于脂质,并且能聚积于动物和鱼类的脂肪组织中。瑞典、芬兰的纸浆及纸张产量占世界总产量的 10%,两国每年排放的氯化合物有 30 万～40 万 t,其中大部分流入波罗的海。已有研究表明,这种化合物是致癌物质,并能导致动物生育和内分泌方面的疾病。同毗邻的北海鱼类相比较,波罗的海鱼类体内的氯化合物含量竟然高出 8～10 倍!早在 20 世纪 50 年代末,在瑞典沿海就发现大批海鸥、海豹和水貂因氯化合物致死。海洋生物学家的研究表明,波罗的海的各种海洋动物除了数目急剧减少和濒临灭绝的危险之外,还由于体内有机氯含量过高而出现先天性缺陷,如海豹的颅骨极脆,一碰就碎;约半数海豹因生殖器官畸形而失去繁殖能力等。

大多数海域只是部分被陆地包围,但位于黑海以东约 500km 的里海(Caspian)则完全被陆地所包围。几百年来,势力强大者之间为了控制里海沿岸具有战略意义的河流、港口而发生激战。如果说里海南部流域是因为有石油而具有重要的战略意义,那么其北部流域则是由于有丰富的农业资源、水资源而具有战略意义。这个地区生产的粮食占苏联粮食总产量的 1/5,工业产值占 1/3。伏尔加河(Boдra)是里海的主要污染源。1989 年,经伏尔加河排入里海的污水达 4000 万 t,仅石油化工厂每年就向里海排放近 7 万 t 工业废水。因此,里海的渔业资源濒临崩溃,鲈鱼、狗鱼的捕获量自 20 世纪 90 年代以来下降了 96%,但是下降幅度最大的当属鲟鱼的鱼子产量,如今从伏尔加河洄游到里海产卵的鲟鱼已大大减少,素有“里海黑珍珠”美称的鱼子酱,已成为历史。

近海及海湾石油的开采、油轮运输、炼油工业废水排放及油轮发生意外事故等,会使海域遭受油污染。原油是烷烃、烯烃和芳香烃的混合物。油品进入水体后,先成浮油,后成油膜及一些非碳氢化合物溶解而成的乳化油。油膜仅 1μm 厚就会阻碍水面蒸发和氧气进入水体,影响水循环及水中鱼类的生存。石油在水体中可经过光化学氧化作用或生物氧化作用而分解。因石油中所含硫、矾、烷烃、芳香烃等不同,其氧化速率变化较大,并随天气或海水温度而变化。这会产生一些微生物及致癌物,对生物造成危害。漂浮在水面上的油层还会在风力作用下随流扩散和迁移,致使海滩环境恶化,休养地、风景区及鸟类栖息环境也遭破坏。

1.1.3　河流污染问题

河流是陆地上最重要的水体,城市和大工业区大多沿河建立,依靠河流提供水源,便于原料和产品的运输,同时还将河流作为废水排放的场所。因此,在工业地区和人口密集城市的河流大多受到不同程度的污染。其污染状况主要有以下几个特点。

1) 污染程度随径流变化

河流污染程度可用径污比表示,即河流的径流量与排入河水中的污水量之比。若径污比大,稀释能力就强,河流的污染程度就轻,反之就重。河流的径流量随时间、季节等而变化,因此污染程度也就随之变化。

2) 污染影响范围广

河水是流动的,输运能力强,若上游遭到污染,就很快影响到中下游。由于污染物对水生物的生活习性(如鱼类洄游)有影响,若一段河流受到污染,会影响到该河段下游的河流环境。因此,河流污染影响范围不限于污染发生区,还殃及下游地区,甚至影响到海洋。

河流是主要的饮用水源,河水中的污染物可以通过饮用水直接危害人类的健康。不但如此,河流中的污染物还可以通过食物链和河水灌溉农田造成间接危害。

3) 河流的自净能力较强

废水或污染物进入河流后,污染与自净过程就同时开始。距排放口近的水域,污染过程是主要的,表现为水质恶化,形成严重污染区。而在相邻的下游水域,自净过程得到加强,污染强度有所减弱,表现为水质相对有所好转,形成中度或轻度污染区。在轻度污染区下游水域,自净过程是主要的,表现为废水或污染物经河水物理、化学或生物化学作用,污染物或被稀释或被分解或被吸附沉淀,水质恢复到正常状态。

1.1.4　河口污染问题

入海河口往往有三角洲和冲积平原,土地肥沃,人口稠密,工农业生产比较发达,排放污染物也较集中。入海河口的河段由于流量大,比降小,更受到海洋潮汐的影响及台风暴雨的袭击,容易发生海潮倒灌、河水漫滩,使工农业生产受到损失,所以河口的治理与防治是很重要的课题。例如,珠江三角洲河口区有大小排污企业 6200 多家,排污量占全流域的 37%,河口会潮点有 40 多个,受潮汐影响,污水回荡、不易排出,污染比较严重。目前南海油田的开发,深圳、珠海等经济特区的建立,乡镇企业的迅速发展都使珠江三角洲的水质进一步恶化,政府及水资源管理部门已高度重视,正积极开展调查研究,采取对策和措施进行综合治理。

入海河口是河流与海洋的过渡段,是河流与海洋两种动力相互作用、相互消长的区域。河流动力是指水流和泥沙的下泄,海洋动力是指潮汐的作用。当然,风力也要起作用,但在一个狭长的河口,潮汐起主要的作用;而在宽阔的河口,风力引起的流动将是一个重要的因素。这些动力因素的不同组合使河口的水文情势及污染物的迁移扩散较为复杂,具有明显的独特性。

众所周知,海水是咸水,河水是淡水。河口区中咸淡水的盐度、密度、含沙量不同,混合之后会影响河口的动力状况和沉积情况。咸淡水的混合程度主要取决于涨潮期内进入河口区的淡水量与涨潮量的比值,即混合指数(mixing index,MI)的大小。若 MI≥1.0,则咸淡水分层明显,常出现在弱潮河口,河道径流量大,淡水从上层流向海洋。若海水盐度大,密度也大,则海水以楔形体沿底层向河口上游延伸,即盐水楔。盐水楔顶端附近是河口区淤积严重地带,咸淡水相遇流速减小,导致物质沉积。若 MI≤0.1,潮汐作用占主导地位,咸淡水之间混合强烈,断面上的等盐度线近乎垂直,但在纵向上盐度梯度仍然存在,盐度向海逐渐增大。这类河口一般比较宽阔,呈喇叭形(如钱塘江河口)。若 0.1<MI<1.0,即介于弱混合型与强混合型之间,即为缓混合型,则咸淡水之间无明显的交界面,但上层与底层盐度仍有显著的差别。当潮汐作用增大,底层咸水向上混合,上层淡水向下混合。上层的流量从陆向海增大,而下层的流量由海向陆减小,形成河口的环流。

进入河口区的泥沙一般粒径很小。由于化学作用,细颗粒泥沙在淡水中发生电离现象,使其带有负电。颗粒间负电相斥,导致泥沙分散,呈胶体状,很难在重力作用下下沉。而海水是含有电解质的液体,即含有正离子。表面带有负电荷的泥沙胶粒与海水中的离子发生离子交换,致使部分泥沙颗粒之间产生引力,从而颗粒变大,当紊动垂向速度小于其沉降速度时,泥沙下沉。这种物理化学现象便是絮凝作用,是入海河口泥沙沉积的重要因素。

1.1.5 湖泊污染问题

湖泊与河流有着不同的水文条件,湖水流动缓慢、蒸发量大,有相对稳定的水体,且具有调节性。因此,流入和流出水量、水质、日照和蒸发的强度等因素影响着湖泊的水质。许多水较深和容量较大的湖泊出现水温分层,水质成分也呈现不均匀性。下面简要叙述湖泊污染的主要特点。

　　1) 湖泊污染来源广、途径多、种类多

　　上游和湖区的入流水道可携带所流经地区厂矿产生的工业废水和生活污水;湖区周围农田、果园土壤中的化肥、残留农药及代谢产物等污染物通过农田排水和地表径流进入湖泊;湖中生物(水草、鱼类、藻类和底栖动物)死亡后,经微生物分解形成的残留物也会污染湖泊。当流域上大量施用化肥时,还能造成氮、磷等元素进入湖泊,使藻类大量繁殖,形成"富营养化"现象。

　　2) 湖水稀释和输运污染物能力弱

　　湖泊水域广阔、蓄水量大、流速缓慢,污染物进入后不易迅速被湖水稀释达到充分混合,容易沉入湖底,也难于通过湖水流动向下游输运。在洪水季节,由于有滞洪作用,稀释与输运物质能力不如河流那样强。此外,流动缓慢的水面还使水的复氧作用降低,因此对有机物的自净能力也减弱了。

　　3) 湖泊对污染物的生物降解、积累和转化能力强

　　湖泊是孕育水生动物、植物的天然场所。流动缓慢的湖水有利于湖泊生物对微小物质的吸收。不少生物能富集铜、铁、钙、硅、碘等元素,可比水体原来所含浓度大数百倍、数千倍甚至数万倍。在湖泊中,污染物除可直接进入生物体外,还可通过食物链不断富集和转移,如 DDT(双对氯苯基三氯乙烷)及其分解物可通过水→藻→虾→昆虫→小鱼而进入鸥体,鸥体内的浓度则比水中的浓度大 100 万倍以上。有的生物能对污染物进行分解,如酚可通过藻类、细菌或底栖动物的新陈代谢水解为二氧化碳和水,从而有利于湖水的净化。有些生物还能把一些毒性不强的无机物转化成毒性很强的有机物,如无机汞可被生物转化为有机的甲基汞,并在食物链中传递浓缩,使污染危害加重。

1.1.6　水库污染问题

　　自 20 世纪 90 年代以来,我国大多数水库经常遭受"白色污染"的冲击,在我国南方的一些水库,还常常受到水葫芦污染的威胁。

　　水葫芦,学名凤眼莲,是一种水生植物,原产于南美洲,20 世纪 30 年代作为猪饲料引进,并作为观赏和净化水质植物推广种植。水葫芦生命力极强,呈几何级数疯长。水葫芦的主要危害为:大量生长繁殖后覆盖水面,影响船舶航行及旅游业的发展,堵塞水电站进水口,阻碍汛期行洪,降低水中溶解氧,危及鱼类生存等。另外,在水葫芦生长区易形成优势物种,导致其他水生植物减少。

　　"白色污染"主要指泡沫塑料、矿泉水瓶、塑料袋等漂浮物。白色污染物在水库坝前的堆积,会降低水电机组的发电效益,影响工作门、检修门的启闭。1998 年"长江大洪水"期间,葛洲坝二江电厂坝前的白色垃圾曾形成一道堆积厚度达 2～4m 的屏障,严重堵塞了葛洲坝水电机组的进水口,迫使葛洲坝电厂停机 51 台次,损失电量达 5651 万 kW·h。

1.1.7 地下水污染问题

大气降水到达地面后,通过地表渗透到地下的水即为地下水。从广义上讲,地下水是指埋藏于地表以下松散土层和固结岩层中的水。它有固态、液态、气态三种形式。固态水仅当土壤或岩石的温度在冰点以下时才存在;气态水滞留于土壤、岩石的孔隙中,成为土壤空气的组成部分;液态水在重力和毛管力作用下存在于土壤、岩石的孔隙中,在分子力的作用下,还有吸附在土壤颗粒表面的水,称为结合水;还有包含于某些矿物中,构成化学状态的结晶水。各种状态的水均能在一定条件下相互转化。

地下水是水文循环中的一个重要环节,常以地下渗流方式补给河流、湖泊和湿地,或者以地下径流方式直接注入海洋;在上层土壤中的水分通过蒸发或植物蒸腾进入大气。地下水是地球上的一种重要水资源,工矿、城市和农业灌溉常常要用到它。其水质的好坏,是否受到污染对使用很有影响。下面着重叙述地下水污染的原因和特点。

1. 地下水污染的原因

地下水污染的主要原因有:工业废水和生活污水通过各种途径,特别是渗坑、渗井排入地下,污染地下水;工业废渣及城市垃圾经雨水淋滤渗入地下;水源防护带不良;不合理的污水灌溉及化肥、农药的长期使用;人为因素如人工回灌、井壁渗漏、地下水超采等。

2. 地下水污染的特点

1) 污染过程缓慢

污染物在地表水下渗过程中不断受到各种阻碍,如截留、吸附、分解等,进入地下水的污染物数量随之减小,通过土层越长,截留的越多,因此污染过程是缓慢的。有些在地表水中容易分解的污染物,但进入地下水后难以消除,并且发生大范围的影响,所以防止地下水污染十分重要。

2) 间接污染

地表水污染物在下渗过程中与其他物质发生作用,被携带进入地下水,造成间接污染。例如,地表水中的酸碱盐类等在下渗过程中使岩层中大量钙镁溶解进入水中,因而地下水硬度增高。又如,地表水中的有机物在下渗过程中被生物降解,溶解氧减少等。

3) 水文地质条件影响大

由于地下水埋藏在地下,在不同类型的水文地质条件下,污染原因、污染程度、污染分布范围各异,分别表现出不同的特征。按水文地质特征我国城市可划分为不同的类型,如山前冲积、洪积平原类型,河流阶地或山间谷地类型,滨海类型,岩溶类型,内陆类型等。在保护地下水资源工作中要区别对待,因地制宜地采取防治措施。

1.1.8　热污染问题

热污染是一种能量污染。热电厂、核电站及冶炼等使用的冷却水是产生热污染的主要来源。这种温度升高的水,排入天然水体后,引起水温上升,并形成热污染带。

水温的升高,会降低水中的溶解氧含量。温度增加,将加速有机污染物的分解,增大耗氧作用,也会使水体中某些毒物的毒性提高。这对鱼类的影响很大,甚至引起鱼类死亡。不同地带的鱼类对水温的适应有一定的变化幅度,如热带鱼类适于 $15\sim32℃$,温带鱼类适于 $10\sim22℃$,寒带鱼类适于 $2\sim10℃$ 的范围。鱼类耐温的程度随鱼种而变化。此外,鱼类在某种温度下虽仍能存活,但可能停止繁殖。其原因可能是缺乏产卵的适宜条件,或限制了幼鱼的存活。在温度、氧浓度和有毒物质之间有着复杂的相互影响。接近耐温限度的上下限时,鱼类抵抗氧浓度的减少及对付溶解性污染物的能力就显著降低。

水温的升高还破坏生态平衡的温度环境条件,加速某些细菌的繁殖,助长水草丛生,厌氧发酵、恶臭。

天然水体一般都含有广泛的藻类品种,绿藻、蓝绿藻、棕藻、红藻、黄绿藻等都可能出现。由于不同的藻类族或科的生产率呈现不同的亲温性,因而在水环境中,随着温度的升高,某一类藻可能替代另一类藻。依此概念,可知一种藻类群落对温度的反应实质上是一个连续体,在由一群优势藻类转变为另一群优势藻类的过程中,期间相应地出现一个迟滞段。

总之,热水的排放,使得水体温度上升,对物理过程和生物过程都有重要的影响,从而对水质引起一定的变化。

1.1.9　城市水环境问题

在社会发展进程中,城市已成为经济、政治、科学、文化的中心。世界人口越来越向城市集中,城市规模也越来越大。在某种程度上,城市化水平的高低成为现代化水平的一个重要标志。进入 21 世纪以来,我国城市化的进程大大加快,2010 年全国的城市化水平达 49.7%。城市化进程加快的重要特征是城市人口膨胀、地表不透水面积增加。这使得城市资源、环境等各方面全面紧张,尤其是城市水环境问题更为突出。城市人口稠密,垃圾量大,加之城市大部分区域由原来的透水性地面变成不透水地面,使降雨径流响应时间缩短、径流系数显著提高,加剧了点源污染和面源污染,从而使城市水环境严重恶化。

1.2　环境污染的基本概念

1.2.1　污染源的分类

污染源是指向大气或水体中排放各种污染物的生活或生产过程、设备及场所等。常用的分类方法有以下几种。

（1）若按污染源的形态来划分，可分为固定源（stationary source）和移动源（mobile source）。污水排放口、烟囱等即为固定源；车、船、飞机等交通运输工具即为移动源。

（2）若按污染源的几何形状来划分，可分为点源（point source）、线源（line source）及面源（plane source），其中线源、面源又称为非点源（non-point source）。点源如污水排放口、烟囱等，线源如城市道路或公路上机动车尾气的排放等，面源如居民区烟道、农田施用化肥农药等。

（3）若按污染源距地面的高度来划分，可分为高架源（elevated source）和地面源（ground level source）。高架源如烟囱、公寓楼顶烟道等，地面源如秸秆焚烧、机动车尾气、燃放烟花爆竹等。

（4）若按污染源排放时间来划分，可分为连续源（continuous source）和瞬时源（instantaneous source）。连续源如污水排放口、烟囱等，瞬时源如运输危险品的船舶失事、油轮失事、火灾等。

实际中，上述污染源常为几种污染源混合在一起，如连续点源、瞬时点源等。

1.2.2　水与空气环境质量的度量指标

1. 污染物浓度

评价水环境质量时，水中污染物的浓度常用 mg/L 或 ppm 来表示。其中 ppm 是英文 part per million 的缩写，意为百万分之一，因 $1kg = 10^6 mg$，故 $1mg/L = 1ppm$。看起来像是非常小的数量，但其效力却如此之大，以其微小药量就能引起体内的巨大变化。在动物实验中，发现百万分之三，即 3ppm 的药量能阻碍心肌里一个重要酶的活动，仅 5ppm 就能引起干细胞的坏死。

评价环境空气质量时，常用 $\mu g/m^3$ 或 mg/m^3 来度量空气中污染物的浓度。

2. 颗粒物 PM

$PM_{2.5}$ 指环境空气（ambient air）中空气动力学当量直径小于等于 2.5μm 的颗粒物，也称细颗粒物，直径不到人类头发丝粗细（50~70μm）的 1/20；PM_{10} 指环境空气中空气动力学当量直径小于等于 $10\mu m$ 的颗粒物,也称可吸入颗粒物;TSP 指环境空气中空气动力学当量直径小于等于 $100\mu m$ 的颗粒物,也称总悬浮颗粒物 (total suspended particle)。其中 $PM_{2.5}$ 是人们最为关心的颗粒物,主要来自人类的直接排放,如化石燃料(煤炭、汽油、柴油)的燃烧、生物质(秸秆、木柴)的燃烧、垃圾焚烧。在空气中转化成 $PM_{2.5}$ 的气体污染物主要有二氧化硫、氮氧化物、氨气、挥发性有机物。其他的人为排放包括建筑施工扬尘、道路扬尘、工业粉尘、厨房烟气等。$PM_{2.5}$ 对健康的主要危害为损害呼吸系统和心血管系统,包括呼吸道受刺激、咳嗽、呼吸困难、降低肺功能、加重哮喘、导致慢性支气管炎、心律失常、非致命性心脏病、心肺病患者的过早死亡。老人、小孩及心肺疾病患者是 $PM_{2.5}$ 污染的敏感人群。此外,存在于颗粒物中的苯并[a]芘(BaP)是一种常见的高活性间接致癌物。3,4-苯并芘释放到大气中以后,总是与大气中各种类型的微粒所形成的气溶胶结合在一起,在 $8\mu m$ 以下可吸入颗粒中,吸入肺部的比率较高,经呼吸道吸入肺部,进入肺泡甚至血液,导致肺癌和心血管疾病。颗粒物的大量排放,在一定的气象条件下,如出现静风或逆温层时会形成霾,降低能见度。

3. 溶解氧 DO

顾名思义,溶解氧指溶解在水中的氧,以 DO(dissolved oxygen)表示,它是衡量水质的一个重要参数。因缺少氧的水一般含有机物质较多,通过测定溶解氧可间接求出水被有机物质污染的程度。

在一定温度和压力下水能溶解氧气的最大值称为饱和溶解氧,它与水温和压力有关,水温越低,饱和溶解氧越大;在同一温度下,饱和溶解氧随水压力增大而提高。图 1-1 是在标准大气压下水的饱和溶解氧 O_s 随温度 T 的变化关系。

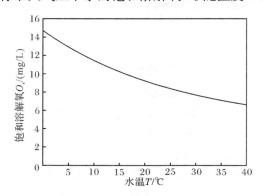

图 1-1　标准大气压下水的饱和溶解氧

标准大气压下饱和溶解氧也可按式(1-1)或式(1-2)计算。

$$O_s = 14.54 - 0.39T + 0.01T^2 \tag{1-1}$$

$$O_s = \frac{468}{31.6 + T} \tag{1-2}$$

式中，T 为水温，℃；O_s 为饱和溶解氧，mg/L。

当水中溶解氧的实际值低于饱和值时，大气中的氧就会溶解于水。在正常情况下，清洁的地表水中溶解氧接近饱和状态。水中溶解氧是维持水生态和有机物进行分解的条件，许多鱼类在溶解氧为 3～4mg/L 时，就难以生存。

4. 生化需氧量 BOD

在有氧条件下，污水中有机物在好氧微生物的作用下分解为简单的无机物（如 CO_2、H_2O、NH_3 等），在生化分解过程中需要消耗的氧量称为生化需氧量，以 BOD（biochemical oxygen demand）表示。BOD 值越高，说明有机物含量越多，因此 BOD 值可用以反映水体受有机污染的程度。在有氧条件下，污水中有机物的分解，一般可分为两个阶段。第一阶段为碳化阶段，主要是不含氮有机物的氧化，但也包括含氮有机物的氨化及生成的不含氮有机物的继续氧化，此碳化阶段所消耗的氧量称为碳化 BOD，即一般的 BOD；第二阶段为硝化阶段，即氨在硝化细菌的作用下，被氧化为 NO_2^- 和 NO_3^- 所消耗的氧量称为硝化 BOD，可用 NOD 表示。

各种有机物经过完全的生物氧化分解所经历的时间很长（约 100 天），因此进行试验耗时太多，目前统一规定把 20℃ 水温下通过 5 日生化作用所消耗的氧量作为度量标准，称为 5 日生化需氧量 BOD_5，以 mg/L 计。BOD_5 与完全生化需氧量 L 之间存在下面的近似关系。

$$L = 1.46 \, BOD_5 \tag{1-3}$$

水体内由于生化分解的持续进行，有机物逐渐被降解，相应的生化需氧量也随着减少。生化需氧量随时间而减少的速率可用式(1-4)表示。

$$\frac{dL}{dt} = -K_1 L \tag{1-4}$$

式中，K_1 为耗氧系数，负号表明 L 随时间的增大而减小。式(1-4)表明，耗氧速率与水中残留的生化需氧量成比例。由于生化分解速度随温度的升高而加快，所以 K_1 值也将随温度升高而增大。试验研究表明，温度为 T 时耗氧系数 K_1 与温度为 20℃ 时耗氧系数 K_1^{20} 之间的关系为

$$K_1 = K_1^{20} \times 1.024^{T-20} \tag{1-5}$$

5. 化学需氧量 COD

化学需氧量指氧化水中有机物所需要的氧量，表示水中有机物含量，以 COD（chemical oxygen demand）表示。若用重铬酸钾在酸性条件下，将有机物氧化为 CO_2、H_2O 所消耗的氧量称为化学需氧量，用 COD_{Cr} 表示，一般写成 COD。由于重

铬酸钾的氧化作用极强,能够较完全地氧化水中各种性质的有机物;若用高锰酸钾作为氧化剂,则用 COD_{Mn} 表示,由于高锰酸钾的氧化作用较弱,测出的耗氧量值较低。

通常把 BOD_5/COD(简称 B/C)作为废水是否适宜于采用生化处理法的一个衡量指标,因此把 B/C 称为可生化性指标。B/C 越大,越容易被生化处理。一般认为,B/C>0.3 的废水才适宜采用生化处理。

6. 硫氧化物 SO_x

硫氧化物主要指二氧化硫(SO_2)、三氧化硫(SO_3)等,其中 SO_2 来自于燃料中硫的氧化及使用含硫化合物的工业生产。硫氧化物主要以 SO_2 形式排放,少量以气态硫酸盐 $M(SO_4)_n$ 和 H_2SO_4 的形式排放,以 SO_2 形式排放的硫氧化物占 90% 左右,其余占 10% 左右。煤炭是最大的 SO_2 源,从燃煤电厂排放的 SO_2 占其总量的一半以上。

SO_2 的主要危害为:参与硫酸烟雾和酸雨的形成,腐蚀性较大,致使许多工程材料受到破坏,缩短其使用寿命;损害植物叶片,影响植物生长;刺激人的呼吸系统,是引起肺气肿和支气管炎的病因之一。

SO_2 排放量的持续增加使全球酸雨发展迅速,如在北欧、美国东北部雨水酸化现象较为突出。我国酸性降水中 SO_4^{2-} 与 NO_3^- 的当量浓度比为 64∶1,这种硫酸型酸雨表明大量 SO_2 的排放是造成降水酸化的主要原因。全国酸雨区面积已达国土面积的 40% 以上。酸雨也是当今世界亟待解决的重要环境问题之一。

7. 氮氧化物 NO_x

氮氧化物是 NO、NO_2、NO_3、N_2O、N_2O_3、N_2O_4、N_2O_5 等的总称。造成大气污染的 NO_x 主要是指 NO 和 NO_2。NO 是燃烧过程的主要副产物,主要来源于煤炭、汽油等燃料中 N 的氧化及燃烧时高温下空气中的 N_2 与 O_2 的反应。大气中的 NO_x 几乎一半以上来自化石燃料的燃烧过程、硝酸或使用硝酸等生产过程。一般城市大气中 NO_x 的 2/3 来自机动车等移动源的排放,1/3 来自固定源的排放。燃烧产生的 NO_x 主要为 NO,只有很少一部分被氧化成 NO_2。虽然 NO 是主要的 NO_x,但 NO_2 随污染源而异。

一般情形,空气中的 NO 对人体危害不大,但当其转变为 NO_2 时,就具有腐蚀性和生理刺激作用。NO_2 是形成光化学烟雾的主要因子之一。

8. 碳氧化物 CO_x

碳氧化物主要指 CO 和 CO_2。CO 是近地层大气中最重要的污染物之一,其来源有天然源和人为源。天然源主要有火山喷发、天然气、森林火灾、森林中释放的萜烯氧化物、海洋生物的作用、叶绿素分解、大气中甲烷的光化学氧化、CO_2 光解等；人为源主要指化石燃料的不完全燃烧，冶金、建材、化工等生产过程及机动车、船舶及飞机等移动源。全球人为源排放量约为 3.6 亿 t，其中移动源的排放占70%，机动车为最大排放源，约为 2 亿 t，占人为源的 56%。CO 在大气中平均滞留时间为 2~3 年。CO 对人类的主要危害为：与血红素作用生成碳氧血红素，使血液携氧能力降低而引起缺氧。其症状为头痛、晕眩等，同时使心脏过度疲劳，心血管工作困难等。

CO_2 是动植物生命循环的基本要素。在自然界它主要来自海洋的释放、动物的呼吸、植物体的燃烧和生物体腐烂分解过程等。燃料燃烧是最主要的人为污染源。CO_2 在大气中平均滞留时间为 5~10 年。近几十年来，由于人类使用化石燃料激增，全球 CO_2 浓度平均每年递增 0.2%。虽然大气中 CO_2 浓度增加对人的生理没有危害，但对人类的生存环境有影响，尤其是对气候的影响，主要表现为"温室效应"。大气中 CO_2 能强烈吸收自地面向大气辐射的红外线能量，阻止其向太空散发，保持地球大气边界层内空气有较高的温度，形成"温室效应"。全球气候变暖的结果将使南北两极的冰山加快融化，海平面上升，将带来严重的生态环境问题。自 20 世纪 80 年代以来，全球气温平均升高 0.7℃，到 21 世纪中叶，若不加控制，按目前大气中 CO_2 的增长速度，大气中 CO_2 浓度将由产业革命初期的 $280mg/m^3$ 增至 21 世纪中叶的 $560mg/m^3$，全球气温将上升 1.5~3.0℃，其后果不堪设想。因此，温室效应已成为全球关注的三大环境问题之一。

9. 空气质量指数 AQI

近年来，我国多地出现严重雾霾天气，人们的实际感受与空气污染指数（air pollution index，API）显示的空气质量反差强烈，有必要改进环境空气质量的评价标准，这样使得原本生涩的专业术语 $PM_{2.5}$ 成为人们谈论空气质量优劣的热词。2012 年 2 月环境保护部发布了《环境空气质量指数（AQI）技术规定（试行）》（HJ 633—2012），规定用空气质量指数 AQI 替代原先的空气污染指数 API。

所谓空气质量指数（air quality index，AQI）实质上为定量描述环境空气质量状况的一个无量纲数。AQI 中参与空气质量评价的主要污染物为细颗粒物 $PM_{2.5}$、可吸入颗粒物 PM_{10}、SO_2、NO_2、O_3 及 CO，而原先的空气污染指数评价的污染物仅为 PM_{10}、SO_2、NO_2，AQI 不仅比 API 增加了 $PM_{2.5}$、O_3、CO 三项污染物指标，同时计算的依据为 2012 年发布的新标准《环境空气质量标准》（GB 3095—2012），而 API 的计算依据则为 2000 年发布的老标准《环境空气质量标准》（GB 3095—2000），发布频次也从每天一次变为每小时一次，并且 AQI 采用更严格的分级限制标准，因此 AQI 较 API 监测的污染物指标更多，其评价的结果更为客观。

　　根据《环境空气质量指数（AQI）技术规定（试行）》（HJ 633—2012），空气质量指数 AQI 可分为六档、六级及六类，指数越大、级别越高，则表明污染状况越严重，对人体健康的危害也就越大，现分述如下。

　　若 AQI＝0～50，则空气质量级别为一级，空气质量状况属于优。此时，空气质量令人满意，基本无空气污染，各类人群均可正常活动。

　　若 AQI＝51～100，则空气质量级别为二级，空气质量状况属于良。此时，空气质量可接受，但某些污染物可能对极少数异常敏感人群健康有较弱影响，建议极少数异常敏感人群应减少户外活动。

　　若 AQI＝101～150，则空气质量级别为三级，空气质量状况属于轻度污染。此时，易感人群症状有轻度加剧，健康人群出现刺激症状。建议儿童、老年人及心脏病、呼吸系统疾病患者应减少长时间、高强度的户外锻炼。

　　若 AQI＝151～200，则空气质量级别为四级，空气质量状况属于中度污染。此时，进一步加剧易感人群症状，可能对健康人群心脏、呼吸系统有影响，建议儿童、老年人及心脏病、呼吸系统疾病患者避免长时间、高强度的户外锻炼，一般人群适量减少户外运动。

　　若 AQI＝201～300，则空气质量级别为五级，空气质量状况属于重度污染。此时，心脏病和肺病患者症状显著加剧，运动耐受力降低，健康人群普遍出现症状，建议儿童、老年人和心脏病、肺病患者应停留在室内，停止户外运动，一般人群减少户外运动。

　　若 AQI＞300，则空气质量级别为六级，空气质量状况属于严重污染。此时，健康人群运动耐受力降低，有明显强烈症状，提前出现某些疾病，建议儿童、老年人和病人应当留在室内，避免体力消耗，一般人群应避免户外活动。

　　计算确定 AQI 时，应取六种主要污染物的空气质量分指数（individual air quality index，IAQI）中的最大值。若 AQI＞50，则将 IAQI 最大的污染物确定为首要污染物。

1.3　环境质量标准

　　环境质量标准，是为了保护人体健康与正常的生活和工作条件、防止生态系统的破坏而制定的各种污染物在环境中的最高容许浓度或限值。制定环境质量标准的基本原则如下。

　　（1）要保护人体健康和生态系统不被破坏。由于污染物对人及生物的影响与污染物的种类、浓度、作用时间等有关，因此在制定环境质量标准之前，先要结合毒理学试验、流行性疾病调查等，总结出污染物浓度、作用时间与环境效应之间的相关性，即环境基准。环境基准是科学实验与社会调查研究的结果，它反映的是当时的科学技术水平,没有法律效力。在环境基准的基础上,由政府有关部门根据本国的经济、技术条件和环境状况作出法律性的规定,即环境质量标准。世界卫生组织(WHO)在总结各国资料的基础上,提出了一系列污染物的卫生标准,它是世界各国制定环境质量标准的基本依据。

(2) 要合理协调与平衡实现环境质量标准所付出的代价和收到效益之间的关系。也就是说,所制定的环境质量标准必须与现实的经济、技术条件相适应。如果标准定得过高,超过现实经济、技术条件的可能性,再好的标准也是无法实现的。反之,如果只迁就经济、技术条件,任意降低环境质量标准,则达不到保护人体健康和维持生态平衡不被破坏的目的。因此,在制定环境质量标准时,必须对实现标准所付出的代价和收到的效益进行分析比较,力求以尽可能小的代价换取最高的效益。

(3) 要考虑地区的差异。对于国土辽阔的国家来说,由于各地区的自然环境、人群结构和数量、生态系统的结构和功能都有很大的差异,不同地区的经济、技术条件也不相同。因此,除了国家的环境质量标准外,各地方还要因地制宜地制定出各地区的环境质量标准。

1.3.1　地表水环境质量标准

我国现行的地表水环境质量标准(environmental quality standards for surface water)是于 2002 年 6 月 1 日实施的《地表水环境质量标准》(GB 3838—2002)。该标准根据地表水不同水域使用目的和保护目标,将地表水域划分为五类功能水体,即

Ⅰ类水体:主要适用于源头水、国家自然保护区。

Ⅱ类水体:主要适用于集中式生活用水水源地一级保护区、珍贵鱼类保护区、鱼虾产卵场等。

Ⅲ类水体:主要适用于集中式生活用水水源地二级保护区、一般鱼类保护区及游泳区。

Ⅳ类水体:主要适用于一般工业用水区及人体非直接接触的娱乐用水区。

Ⅴ类水体:主要适用于农业用水区及一般景观要求水域。

同一水域兼有多类使用功能的,依最高功能划分类别。有季节性功能的,可分季划分类别。

该标准项目共计 109 项,其中地表水环境质量标准基本项目 24 项,集中式生活饮用水地表水源地补充项目 5 项,集中式生活饮用水地表水源地特定项目 80 项。规定不得用一次监测值作为依据来判别水环境质量。标准值单项超标,即表明使用功能不能保证。危害程度应参考背景值及水生生物调查数据、硬度修正方程,以及有关基准资料综合评价。

1.3.2　环境空气质量标准

我国现行的环境空气质量标准(ambient air quality standards)是于 2012 年 2 月 29 日发布,将于 2016 年 1 月 1 日实施的《环境空气质量标准》(GB 3095—2012),是根据我国经济社会发展状况和环境保护要求修订的新标准。该标准规定了环境空气功能区分类、标准分级、污染物项目、平均时间及浓度限值、监测方法、数据统计的有效性规定,以及实施与监督等内容。

与旧标准相比,新标准修订的主要内容如下。

(1) 增设了 $PM_{2.5}$ 颗粒物的浓度限值和臭氧 8h 平均浓度限值。

(2) 调整了 PM_{10} 颗粒物、二氧化氮、铅及苯并[a]芘等的浓度限值。

(3) 调整了环境空气功能区分类,将三类区并入二类区。

(4) 调整了数据统计的有效性规定。

1.3.3　地下水质量标准

我国现行的地下水质量标准(quality standard for ground water)是于 1994 年 10 月 1 日实施的《地下水质量标准》(GB/T 14848—1993)。

为保护和合理开发地下水资源,防止和控制地下水污染,保障人民身体健康,促进经济建设,特制订该标准,是地下水勘查评价、开发利用和监督管理的依据。该标准规定了地下水的质量分类,地下水质量监测、评价方法和地下水质量保护。

依据我国地下水水质现状、人体健康基准值及地下水质量保护目标,并参照了生活饮用水、工业、农业用水水质最低要求,将地下水质量划分为五类。

Ⅰ类:主要反映地下水化学组分的天然低背景含量。适用于各种用途。

Ⅱ类:主要反映地下水化学组分的天然背景含量。适用于各种用途。

Ⅲ类:以人体健康基准值为依据。主要适用于集中式生活饮用水水源及工、农业用水。

Ⅳ类:以农业和工业用水要求为依据。除适用于农业和部分工业用水外,适当处理后可作生活饮用水。

Ⅴ类:不宜饮用,其他用水可根据使用目的选用。

第 2 章　扩 散 理 论

本章从基本的 Fick 定律出发,讲述瞬时源、连续源在无限空间和有限空间中扩散的规律;在扩散迁移的形式上,讲述分子扩散、紊动扩散及随流扩散;在扩散分析的方法上,介绍分子扩散的随机游动理论、紊动扩散的拉格朗日法和欧拉法。

2.1　Fick 定律与扩散方程

2.1.1　Fick 定律

物质在流体中的扩散可分为分子扩散(molecular diffusion)和紊动扩散(turbulent diffusion)。关于分子扩散,研究最早的学者首推英国科学家 Graham,他于1833 年曾对气体中扩散和液体中扩散进行过实验研究,其实验装置如图 2-1 所示。图中的玻璃管内装有氢气,上面有一个灰泥塞子,下端插入水内。管内氢气通过塞子向管外扩散,外面的空气通过塞子向管内扩散,但氢气的扩散比空气快,玻璃管端的水面就会逐渐上升。Graham 为了避免压差在扩散过程中有所变化,他不断地把玻璃管往下放,以保持水面不变。因此,Graham 的实验是在等压情况下,而不是在等容情况下进行的。他的实验结果就是玻璃管内的容积变化,这个容积变化表征了管内气体的扩散特性,得出容积的变化与气体密度的平方根成比例。另外,Graham 还进行了液体扩散的实验,他得到液体扩散比气体扩散至少要慢几百倍。他还发现扩散现象是一个逐渐减小的过程。1850 年 Graham 进一步的研究认为,扩散与扩散溶液中的含盐量成正比。Fick 是位德国医生,他认为流体力学对医学很重要。他把流体力学原理应用到医学中,研究药物在人体内的迁移扩散规律,是生物流体力学的奠基人之一。他发表了两篇有关扩散的论文,在其第一篇论文里,整理了 Graham 的实验,同时提出了扩散现象的基本思想:溶质的扩散完全取决于分子的特性,并符合热传导定律。换句话说,扩散可用热传导中的 Fourier 定律来描述。在其第二篇论文里,Fick 用比拟于 Fourier 定律的方法,提出了式(2-1),称为 Fick 第一定律,它表示扩散物质在给定方向单位时间通过单位面积的输运率与该方向的浓度梯度成比例。

$$P = -D \frac{\partial C}{\partial x} \tag{2-1}$$

式中,C 为扩散物质的浓度;P 为扩散物质沿 x 方向的输运率;D 为分子扩散系数,几种分子扩散系数列于表 2-1 中,从表中不难看出,气体的分子扩散系数远大于液体的扩散系数。式中负号表示扩散物质从高浓度处向低浓度处迁移。

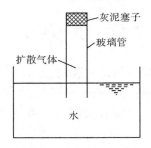

图 2-1　气体扩散实验装置

表 2-1　几种分子扩散系数　　　　　　　　　　（单位:cm²/s）

扩散物质	分子扩散系数 D
空气中 CO_2	0.137
空气中水蒸气	0.22
空气中碳氢化合物	0.05~0.08
水中 CO_2	1.8×10^{-5}
水中氮气	2.0×10^{-5}
水中 NaCl	1.24×10^{-5}

2. 1. 2　扩散方程

若在静止液体中注入扩散物质(如有色溶液),将向四周扩散。若在液体中取出一块微元六面体,其边长分别为 dx、dy 及 dz,如图 2-2 所示,则在 dt 时段内,扩散物质沿 x 方向进入六面体的数量为 $P\mathrm{d}y\mathrm{d}z\mathrm{d}t$,离开六面体的数量为 $\left(P+\dfrac{\partial P}{\partial x}\mathrm{d}x\right)\mathrm{d}y\,\mathrm{d}z\,\mathrm{d}t$,所以扩散物质沿 x 方向进入与离开六面体的数量差为

$$-\frac{\partial P}{\partial x}\mathrm{d}x\,\mathrm{d}y\,\mathrm{d}z\,\mathrm{d}t=\frac{\partial}{\partial x}\left(D\,\frac{\partial C}{\partial x}\right)\mathrm{d}x\,\mathrm{d}y\,\mathrm{d}z\,\mathrm{d}t$$

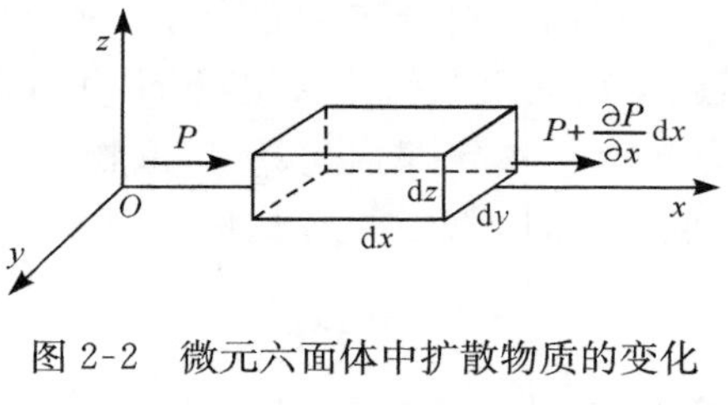

图 2-2　微元六面体中扩散物质的变化

同理,沿 y 方向进入与离开六面体的数量差为

$$\frac{\partial}{\partial y}\left(D\,\frac{\partial C}{\partial y}\right)\mathrm{d}x\,\mathrm{d}y\,\mathrm{d}z\,\mathrm{d}t$$

沿 z 方向进入与离开六面体的数量差为

$$\frac{\partial}{\partial z}\left(D\,\frac{\partial C}{\partial z}\right)\mathrm{d}x\,\mathrm{d}y\,\mathrm{d}z\,\mathrm{d}t$$

此时六面体内扩散物质的变化量为 $\frac{\partial C}{\partial t}\mathrm{d}x\,\mathrm{d}y\,\mathrm{d}z\,\mathrm{d}t$。由物质守恒定律,进入与离开六面体扩散物质的差值应与六面体内扩散物质的变化量相等,即

$$D\left(\frac{\partial^2 C}{\partial x^2}+\frac{\partial^2 C}{\partial y^2}+\frac{\partial^2 C}{\partial z^2}\right)\mathrm{d}x\,\mathrm{d}y\,\mathrm{d}z\,\mathrm{d}t=\frac{\partial C}{\partial t}\mathrm{d}x\,\mathrm{d}y\,\mathrm{d}z\,\mathrm{d}t$$

方程两边同除以 $\mathrm{d}x\,\mathrm{d}y\,\mathrm{d}z\,\mathrm{d}t$,得出静止流体中的分子扩散方程,也称为 Fick 第二定律。

$$\frac{\partial C}{\partial t}=D\left(\frac{\partial^2 C}{\partial x^2}+\frac{\partial^2 C}{\partial y^2}+\frac{\partial^2 C}{\partial z^2}\right) \tag{2-2}$$

式中,D 为分子扩散系数,适用于各向同性情形。

以上讨论的是在静止流体中的分子扩散,若流体是流动的,则扩散物质不但有分子扩散,而且还将随流输运。若在流场中取出一块边长分别为 $\mathrm{d}x$、$\mathrm{d}y$、$\mathrm{d}z$ 的微元六面体,则经 $\mathrm{d}t$ 时段沿 x 方向扩散物质随流流进六面体的数量为

$$uC\mathrm{d}y\,\mathrm{d}z\,\mathrm{d}t$$

其中,u 为 x 方向流速。随流流出六面体的数量为

$$\left[uC+\frac{\partial(uC)}{\partial x}\mathrm{d}x\right]\mathrm{d}y\,\mathrm{d}z\,\mathrm{d}t$$

另外,由分子扩散沿 x 方向进入六面体的数量为

$$P\mathrm{d}y\,\mathrm{d}z\,\mathrm{d}t$$

由分子扩散离开六面体的数量为

$$\left(P+\frac{\partial P}{\partial x}\mathrm{d}x\right)\mathrm{d}y\,\mathrm{d}z\,\mathrm{d}t$$

故沿 x 方向进出总量之差为

$$-\left[\frac{\partial}{\partial x}(uC)+\frac{\partial P}{\partial x}\right]\mathrm{d}x\,\mathrm{d}y\,\mathrm{d}z\,\mathrm{d}t=-\frac{\partial}{\partial x}\left(uC-D_x\,\frac{\partial C}{\partial x}\right)\mathrm{d}x\,\mathrm{d}y\,\mathrm{d}z\,\mathrm{d}t$$

式中,D_x 为 x 方向的分子扩散系数。

同理,沿 y 方向的进出总量之差为

$$-\frac{\partial}{\partial y}\left(vC-D_y\,\frac{\partial C}{\partial y}\right)\mathrm{d}x\,\mathrm{d}y\,\mathrm{d}z\,\mathrm{d}t$$

式中,v 为 y 方向流速;D_y 为 y 方向的分子扩散系数。

沿 z 方向的进出总量之差为

$$-\frac{\partial}{\partial z}\left(wC-D_z\frac{\partial C}{\partial z}\right)\mathrm{d}x\,\mathrm{d}y\,\mathrm{d}z\,\mathrm{d}t$$

式中，w 为 z 方向流速；D_z 为 z 方向的分子扩散系数。

在 $\mathrm{d}t$ 时段内，由于浓度 C 的变化，六面体内扩散物质的变化量为

$$\frac{\partial C}{\partial t}\mathrm{d}x\,\mathrm{d}y\,\mathrm{d}z\,\mathrm{d}t$$

由物质守恒定律，六面体内扩散物质的变化量应等于进出六面体总量之差，由此可得

$$\frac{\partial C}{\partial t}+\frac{\partial(uC)}{\partial x}+\frac{\partial(vC)}{\partial y}+\frac{\partial(wC)}{\partial z}=\frac{\partial}{\partial x}\left(D_x\frac{\partial C}{\partial x}\right)+\frac{\partial}{\partial y}\left(D_y\frac{\partial C}{\partial y}\right)+\frac{\partial}{\partial z}\left(D_z\frac{\partial C}{\partial z}\right)$$

$$(2-3)$$

式(2-3)即为分子随流扩散方程，常称为迁移扩散方程（advective diffusion equation），简称扩散方程。利用不可压缩流体的连续性方程，式(2-3)还可写成

$$\frac{\partial C}{\partial t}+u\frac{\partial C}{\partial x}+v\frac{\partial C}{\partial y}+w\frac{\partial C}{\partial z}=\frac{\partial}{\partial x}\left(D_x\frac{\partial C}{\partial x}\right)+\frac{\partial}{\partial y}\left(D_y\frac{\partial C}{\partial y}\right)+\frac{\partial}{\partial z}\left(D_z\frac{\partial C}{\partial z}\right) \quad (2-4)$$

对于各向同性情形，有 $D_x=D_y=D_z=D$，式(2-4)还可进一步简化成

$$\frac{\partial C}{\partial t}+u\frac{\partial C}{\partial x}+v\frac{\partial C}{\partial y}+w\frac{\partial C}{\partial z}=D\left(\frac{\partial^2 C}{\partial x^2}+\frac{\partial^2 C}{\partial y^2}+\frac{\partial^2 C}{\partial z^2}\right) \quad (2-5)$$

应用上述扩散方程时可根据需要简化为一维、二维形式。

2.2 瞬时源扩散

瞬时源（instantaneous source）扩散是指扩散物质（如污染物、示踪物、药剂等）在某一瞬间投入液体中发生的扩散现象，如油轮失事、装有化学药品的船舶失事等。在静止液体中，污染物的扩散只有分子扩散。现考虑瞬时源在无限空间中的扩散，即污染物的扩散不受边界的影响。对于这种情形，可求出污染物扩散的解析解。本节主要讨论瞬时源在静止液体中的一维、二维、三维扩散及其在流动水体中的迁移扩散。

2.2.1 瞬时源一维扩散

如图 2-3 所示，管道中充满水，没有流动。在管道某一断面瞬间投放扩散物质，如静脉注射。设瞬时源的强度（即投放扩散物质的质量）为 M，分子扩散系数为 D_x。管道内某一点的浓度 $C(x,t)$ 可表示成

$$C(x,t)=f(M,D_x,x,t) \quad (2-6)$$

由量纲分析得

$$C(x,t)=\frac{M}{\sqrt{4\pi D_x t}}f\left(\frac{x}{\sqrt{4D_x t}}\right) \quad (2-7)$$

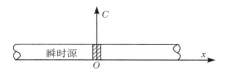

图 2-3 瞬时源一维扩散示意图

令 $\eta=\dfrac{x}{\sqrt{4D_x t}}$,则式(2-7)可写成

$$C=\frac{M}{\sqrt{4\pi D_x t}}f(\eta) \tag{2-8}$$

一维扩散方程为

$$\frac{\partial C}{\partial t}=\frac{\partial}{\partial x}\left(D_x\frac{\partial C}{\partial x}\right)=D_x\frac{\partial^2 C}{\partial x^2} \tag{2-9}$$

由式(2-8)分别对 t 和 x 求导,得

$$\frac{\partial C}{\partial t}=-\frac{M}{2}\frac{1}{\sqrt{4\pi D_x t}}\frac{1}{t}\left(f+\eta\frac{\mathrm{d}f}{\mathrm{d}\eta}\right) \tag{2-10}$$

$$\frac{\partial^2 C}{\partial x^2}=\frac{M}{4D_x t}\frac{1}{\sqrt{4\pi D_x t}}\frac{\mathrm{d}^2 f}{\mathrm{d}\eta^2} \tag{2-11}$$

将式(2-10)和式(2-11)代入扩散方程式(2-9),得

$$\frac{\mathrm{d}^2 f}{\mathrm{d}\eta^2}+2\eta\frac{\mathrm{d}f}{\mathrm{d}\eta}+2f=0 \tag{2-12}$$

即

$$\frac{\mathrm{d}}{\mathrm{d}\eta}\left(\frac{\mathrm{d}f}{\mathrm{d}\eta}+2\eta f\right)=0 \tag{2-13}$$

式(2-13)的通解和特解可分别写成

通解:

$$\frac{\mathrm{d}f}{\mathrm{d}\eta}+2\eta f=\mathrm{const} \tag{2-14}$$

特解:

$$\frac{\mathrm{d}f}{\mathrm{d}\eta}+2\eta f=0 \tag{2-15}$$

解此常微分方程,得

$$f(\eta)=A\exp(-\eta^2) \tag{2-16}$$

式中,A 为积分常数。将式(2-16)代入式(2-8),得

$$C=\frac{M}{\sqrt{4\pi D_x t}}A\exp(-\eta^2) \tag{2-17}$$

点源强度

$$M = \int_{-\infty}^{\infty} C \mathrm{d}x = \int_{-\infty}^{\infty} \frac{M}{\sqrt{4\pi D_x t}} A \exp(-\eta^2) \mathrm{d}x$$

$$= \int_{-\infty}^{\infty} \frac{MA}{\sqrt{\pi}} \exp\left(-\frac{x^2}{4 D_x t}\right) \mathrm{d}\left(\frac{x}{\sqrt{4 D_x t}}\right) = MA \qquad (2\text{-}18)$$

从而可得 $A=1$。式(2-18)中用到概率积分 $\int_{-\infty}^{\infty} \exp(-\xi^2) \mathrm{d}\xi = \sqrt{\pi}$。将 A 值代入式(2-17),可得浓度分布如下:

$$C(x,t) = \frac{M}{\sqrt{4\pi t D_x}} \exp\left(-\frac{x^2}{4 D_x t}\right) \qquad (2\text{-}19)$$

式(2-19)表明,瞬时源的一维扩散符合正态分布(normal distribution)[或称高斯分布(Gaussian distribution)]规律。

2.2.2　瞬时源二维、三维扩散

若瞬时源投放于宽浅的河流或湖泊上,则污染物的浓度分布可由二维扩散方程解答,即

$$\frac{\partial C}{\partial t} = \frac{\partial}{\partial x}\left(D_x \frac{\partial C}{\partial x}\right) + \frac{\partial}{\partial y}\left(D_y \frac{\partial C}{\partial y}\right) \qquad (2\text{-}20)$$

利用乘法定理,设二维扩散的浓度分布为

$$C(x,y,t) = C_1(x,t) \cdot C_2(y,t) \qquad (2\text{-}21)$$

将式(2-21)代入二维扩散方程得

$$C_1 \frac{\partial C_2}{\partial t} + C_2 \frac{\partial C_1}{\partial t} = D_x C_2 \frac{\partial^2 C_1}{\partial x^2} + D_y C_1 \frac{\partial^2 C_2}{\partial y^2} \qquad (2\text{-}22)$$

式(2-22)可整理成如下形式:

$$C_1\left(\frac{\partial C_2}{\partial t} - D_y \frac{\partial^2 C_2}{\partial y^2}\right) + C_2\left(\frac{\partial C_1}{\partial t} - D_x \frac{\partial^2 C_1}{\partial x^2}\right) = 0 \qquad (2\text{-}23)$$

令式(2-23)括弧内项等于 0,可解得 C_1、C_2,然后代入式(2-21),得二维浓度分布:

$$C(x,y,t) = \frac{M}{4\pi t \sqrt{D_x D_y}} \exp\left(-\frac{x^2}{4 D_x t} - \frac{y^2}{4 D_y t}\right) \qquad (2\text{-}24)$$

式中,瞬时源的强度 $M = \int_{-\infty}^{\infty} \int_{-\infty}^{\infty} C(x,y,t) \mathrm{d}x \mathrm{d}y$。

对于瞬时源的三维扩散(three-dimensional diffusion),即从一点投入扩散物质(污染物)在三维空间中的扩散,可采用三维扩散方程:

$$\frac{\partial C}{\partial t} = \frac{\partial}{\partial x}\left(D_x \frac{\partial C}{\partial x}\right) + \frac{\partial}{\partial y}\left(D_y \frac{\partial C}{\partial y}\right) + \frac{\partial}{\partial z}\left(D_z \frac{\partial C}{\partial z}\right) \qquad (2\text{-}25)$$

应用与求解二维扩散方程相类似的方法,可得瞬时源作三维扩散的解:

$$C(x,y,z,t)=\frac{M}{(4\pi t)^{3/2}\sqrt{D_xD_yD_z}}\exp\left(-\frac{x^2}{4D_xt}-\frac{y^2}{4D_yt}-\frac{z^2}{4D_zt}\right) \quad (2\text{-}26)$$

式中,瞬时源的强度 $M=\iiint C\mathrm{d}x\mathrm{d}y\mathrm{d}z$。对于静止流体,则有 $D_x=D_y=D_z$。

2.2.3　瞬时源迁移扩散

2.2.1 节和 2.2.2 节所讨论的是假定水体处于静止状态,污染物只有分子扩散。若水体处于流动状态,则水体中不仅有分子的扩散输运,而且还有对流输运。采用动坐标系,即坐标随水流一起运动,这样可把迁移扩散问题变为前述的纯扩散问题。

在老坐标系中的空间坐标可表示成

$$x=x'+\bar{u}t \quad (2\text{-}27)$$

式中, $\bar{u}$ 为平均流速。在新坐标系中,任一点的坐标可表示成

$$x'=x-\bar{u}t \quad (2\text{-}28)$$

将 x' 的表达式代入纯扩散情形瞬时源作一维扩散的解,得

$$C(x,t)=\frac{M}{\sqrt{4\pi tD_x}}\exp\left[-\frac{(x-\bar{u}t)^2}{4D_xt}\right] \quad (2\text{-}29)$$

对于主流为 x 方向的二维情形,可得

$$C(x,y,t)=\frac{M}{4\pi t\sqrt{D_xD_y}}\exp\left[-\frac{(x-\bar{u}t)^2}{4D_xt}-\frac{y^2}{4D_yt}\right] \quad (2\text{-}30)$$

对于主流为 x 方向的三维情形,有

$$C(x,y,z,t)=\frac{M}{(4\pi t)^{3/2}\sqrt{D_xD_yD_z}}\exp\left[-\frac{(x-\bar{u}t)^2}{4D_xt}-\frac{y^2}{4D_yt}-\frac{z^2}{4D_zt}\right] \quad (2\text{-}31)$$

例 2-1　一废弃的采石场集水后形成水池,形状为矩形,池底面积为 200m×200m,水深为 50m。附近一家企业将工业废水排入池底,总计污染物为 4000kg,设污染物在池底为均匀分布,池底及池壁对污染物不吸收,扩散系数为 1.0cm²/s,试估算一年之后水面污染物的浓度。

解　可看作瞬时源作一维扩散问题。因底部完全不吸收,由底部沿垂向的扩散浓度为

$$C(x,t)=\frac{2M}{\sqrt{4\pi tD_x}}\exp\left(-\frac{x^2}{4D_xt}\right)$$

式中, x 为自池底量起的距离,取 $x=50\mathrm{m}$, $t=365\mathrm{d}$, $D_x=1.0\mathrm{cm^2/s}=8.64\mathrm{m^2/d}$。考虑到瞬时源作单向扩散,式中瞬时源强度应乘以 2。瞬时源强度可表示成

$$M=\frac{4000}{A}=\frac{4000}{200\times200}=0.1(\mathrm{kg/m^2})$$

代入公式可得一年后水面处污染物浓度为

$$C = \frac{2 \times 0.1}{\sqrt{4 \times 3.14 \times 8.64 \times 365}} \exp\left(-\frac{50 \times 50}{4 \times 8.64 \times 365}\right)$$

$$= 0.82 \times 10^{-3} (\mathrm{kg/m^3}) = 0.82 (\mathrm{mg/L})$$

故一年后水面处浓度为 $0.82\mathrm{mg/L}$。

2.3　连续源扩散

连续源(continuous source)是指扩散物质(如污染物、示踪物、药剂等)的排放持续一定的时间。常见的连续源的排放形式有:等强度连续点源、变强度连续点源及分布连续源。本节主要讨论等强度连续点源的一维扩散、三维扩散、迁移扩散,变强度连续点源的一维扩散以及分布连续源的一维扩散。

2.3.1　等强度连续点源的一维扩散

连续点源等强度排放是指示踪物(污染物)的排放浓度不随时间变化。现考察排放浓度不变的一维扩散,现在推求其浓度分布 $C(x,t)$。

一维扩散方程:

$$\frac{\partial C}{\partial t} = \frac{\partial}{\partial x}\left(D_x \frac{\partial C}{\partial x}\right) = D_x \frac{\partial^2 C}{\partial x^2} \tag{2-32}$$

初始条件:

$$t = 0, \quad C|_{|x|>0} = 0 \tag{2-33}$$

边界条件:

$$x = 0, C|_{t>0} = C_0 \tag{2-34}$$

式中, C_0 为投放浓度。

由量纲分析,可得无量纲变量 $\dfrac{x}{\sqrt{D_x t}}$。

设浓度分布

$$C(x,t) = C_0 \varphi\left(\frac{x}{\sqrt{D_x t}}\right) \tag{2-35}$$

令 $\xi = \dfrac{x}{\sqrt{D_x t}}$,则

$$C = C_0 \varphi(\xi) \tag{2-36}$$

$$\frac{\partial C}{\partial t} = C_0 \frac{\mathrm{d}\varphi}{\mathrm{d}\xi} \frac{\partial \xi}{\partial t} \tag{2-37}$$

考虑到 $\dfrac{\partial \xi}{\partial t} = -\dfrac{1}{2t} \dfrac{x}{\sqrt{D_x}} = -\dfrac{\xi}{2t}$,有

$$\frac{\partial C}{\partial t} = -\frac{C_0}{2t}\xi\frac{\mathrm{d}\varphi}{\mathrm{d}\xi} \tag{2-38}$$

$$\frac{\partial C}{\partial x} = C_0\frac{\mathrm{d}\varphi}{\mathrm{d}\xi}\frac{\partial\xi}{\partial x}, \quad \frac{\partial^2 C}{\partial x^2} = C_0\left(\frac{\mathrm{d}\varphi}{\mathrm{d}\xi}\frac{\partial^2\xi}{\partial x^2} + \frac{\partial\xi}{\partial x}\frac{\mathrm{d}^2\varphi}{\mathrm{d}\xi^2}\frac{\partial\xi}{\partial x}\right) \tag{2-39}$$

$$\frac{\partial\xi}{\partial x} = \frac{1}{\sqrt{D_x t}}, \quad \frac{\partial^2\xi}{\partial x^2} = 0 \tag{2-40}$$

$$\frac{\partial^2 C}{\partial x^2} = C_0\left(\frac{\partial\xi}{\partial x}\right)^2\frac{\mathrm{d}^2\varphi}{\mathrm{d}\xi^2} = \frac{C_0}{D_x t}\frac{\mathrm{d}^2\varphi}{\mathrm{d}\xi^2} \tag{2-41}$$

将式(2-38)和式(2-41)代入一维扩散方程式(2-32),得

$$\frac{\mathrm{d}^2\varphi}{\mathrm{d}\xi^2} + \frac{1}{2}\xi\frac{\mathrm{d}\varphi}{\mathrm{d}\xi} = 0 \tag{2-42}$$

这样把原来的偏微分方程化为常微分方程,相应的边界条件变为

$$x=0, \quad \varphi=1; \quad x=\infty, \quad \varphi=0 \tag{2-43}$$

解得

$$\varphi = 1 - \mathrm{erf}\left(\frac{x}{\sqrt{4D_x t}}\right) = \mathrm{erfc}\left(\frac{x}{\sqrt{4D_x t}}\right) \tag{2-44}$$

式中,误差函数(error function)、余误差函数(complementary error function)的定义为

$$\mathrm{erf}(x) = \frac{2}{\sqrt{\pi}}\int_0^z \exp(-z^2)\mathrm{d}z \tag{2-45}$$

$$\mathrm{erfc}(x) = 1 - \mathrm{erf}(x) \tag{2-46}$$

将函数 φ 的表达式(2-44)代入浓度分布式(2-36),得

$$\frac{C}{C_0} = \mathrm{erfc}\left(\frac{x}{\sqrt{4D_x t}}\right) \tag{2-47}$$

式(2-47)表明,等强度连续点源作一维扩散引起的浓度分布符合余误差函数规律。

2.3.2　等强度连续点源的三维扩散

由 2.2 节知,瞬时点源作三维扩散的浓度分布可表示成

$$C(x,y,z,t) = \frac{M}{(4\pi t)^{3/2}\sqrt{D_x D_y D_z}}\exp\left(-\frac{x^2}{4D_x t} - \frac{y^2}{4D_y t} - \frac{z^2}{4D_z t}\right) \tag{2-48}$$

考虑到在静止液体中 $D_x = D_y = D_z = D$,则式(2-48)可表示成

$$C(r,t) = \frac{M}{(4\pi Dt)^{3/2}}\exp\left(-\frac{r^2}{4Dt}\right) \tag{2-49}$$

式中, $r^2 = x^2 + y^2 + z^2$。

仿照瞬时点源作三维扩散的浓度分布表达式,现设单位时间投放扩散物质的量为 m,那么在 τ 时刻、$\mathrm{d}\tau$ 时段内的投放量为

$$\mathrm{d}C = \frac{m\mathrm{d}\tau}{[4\pi D(t-\tau)]^{3/2}} \exp\left[-\frac{r^2}{4D(t-\tau)}\right] \tag{2-50}$$

连续点源可看作许多瞬时点源的叠加,对式(2-50)积分可得连续点源作三维扩散的浓度分布,即

$$C(r,t) = \int_0^t \mathrm{d}C = \int_0^t \frac{m}{[4\pi D(t-\tau)]^{3/2}} \exp\left[-\frac{r^2}{4D(t-\tau)}\right]\mathrm{d}\tau \tag{2-51}$$

若令 $\eta = \dfrac{r}{[4D(t-\tau)]^{1/2}}$,则 $\mathrm{d}\eta = \dfrac{r}{\sqrt{4D}}\dfrac{\mathrm{d}\tau}{2(t-\tau)^{3/2}}$。

相应地,$\tau=0$ 时,$\eta = \dfrac{r}{\sqrt{4Dt}}$;$\tau=t$ 时,$\eta=\infty$。

将这些关系式代入式(2-51),得

$$C(r,t) = \frac{m}{4\pi Dr}\frac{2}{\sqrt{\pi}}\int_{r/\sqrt{4Dt}}^\infty \exp(-\eta^2)\mathrm{d}\eta = \frac{m}{4\pi Dr}\mathrm{erfc}\left(\frac{r}{\sqrt{4Dt}}\right) \tag{2-52}$$

式(2-52)表明,等强度连续点源作三维扩散引起的浓度分布仍然符合余误差函数规律。

2.3.3　等强度连续点源的迁移扩散

采用与瞬时源迁移扩散相类似的方法,设想观察者随平均流速 $\bar{u}$ 一起运动,这样通过动坐标系可将连续源的迁移扩散问题转换成连续源的纯扩散问题。

令 $\lambda = \dfrac{r\bar{u}}{4D}$,由式(2-52)可得

$$C(r,t) = \frac{m}{2rD\pi^{3/2}}\exp\left(\frac{x\bar{u}}{2D}\right)\int_{r/\sqrt{4Dt}}^\infty \exp\left[-\left(\eta^2+\frac{\lambda^2}{\eta^2}\right)\right]\mathrm{d}\eta \tag{2-53}$$

若 $t\to\infty$,则 $r/\sqrt{4Dt}\to 0$,这样式(2-53)中的积分下限为 0,并且当 $\lambda>0$ 时,有

$$\int_0^\infty \exp\left[-\left(\eta^2+\frac{\lambda^2}{\eta^2}\right)\right]\mathrm{d}\eta = \frac{\sqrt{\pi}}{2}\exp(-2\lambda) \tag{2-54}$$

由此可得连续点源作三维迁移扩散的浓度分布表达式:

$$C(x,y,z) = \frac{m}{4\pi Dr}\exp\left[-\frac{\bar{u}(r-x)}{2D}\right] \tag{2-55}$$

在连续点源下游较远的区域,式(2-55)中的 r 可用下列近似关系代替,即

$$r = \sqrt{x^2+y^2+z^2} \approx \left(1+\frac{y^2+z^2}{2x^2}\right)x \quad \text{或} \quad r-x \approx \frac{y^2+z^2}{2x} \text{及} r \approx x \tag{2-56}$$

于是,式(2-55)可化为

$$C(x,y,z) = \frac{m}{4\pi Dx}\exp\left[-\frac{\bar{u}(y^2+z^2)}{4Dx}\right] \tag{2-57}$$

相应地,连续点源作二维迁移扩散的浓度计算公式可写成

$$C(x,y) = \frac{m}{\bar{u}\ \sqrt{4\pi Dx/\bar{u}}} \exp\left(-\frac{y^2\bar{u}}{4Dx}\right) \tag{2-58}$$

应当指出,连续点源在明渠水流中扩散的浓度分布随水流流态而异,即浓度随水流 Froude 数的变化而呈现不同的分布形态。

2.3.4 变强度连续点源的一维扩散

若连续点源的投放浓度是随时间变化的,则称为变强度连续点源。分析变强度连续点源扩散的基本思想是把连续点源看作由许多强度不等的瞬时源组成,也就是说,在每个微分时段 $\delta\tau$ 投放的示踪物扩散的浓度 δC 可按瞬时源计算,然后再对时间积分以得变强度连续点源扩散的浓度分布。对于一维扩散问题,如图 2-4 所示,设在 τ 时刻、$\mathrm{d}\tau$ 微分时段内投放的示踪物的强度为:$\delta m = f(\tau)\mathrm{d}\tau$,则经历 $t-\tau$ 时段的扩散浓度可表示成

$$\delta C = \frac{f(\tau)\mathrm{d}\tau}{\sqrt{4\pi D(t-\tau)}} \exp\left[-\frac{x^2}{4D(t-\tau)}\right] \tag{2-59}$$

对式(2-59)积分,可得整个变强度连续点源扩散时的浓度分布,即

$$C(x,t) = \int_0^t \delta C = \int_0^t \frac{f(\tau)}{\sqrt{4\pi D(t-\tau)}} \exp\left[-\frac{x^2}{4D(t-\tau)}\right]\mathrm{d}\tau \tag{2-60}$$

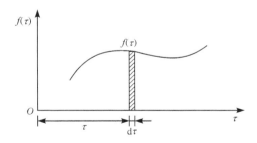

图 2-4 变强度连续点源示意图

2.3.5 分布连续源的一维扩散

若连续源的投放不是集中于一点,而是分布在一定的空间范围内,则称这种排放形式为分布连续源。现考虑分布连续源的一维扩散问题,假定在 x 轴上 $a \leqslant x \leqslant b$ 范围内有一分布连续源,投放的示踪物的强度为时间和空间的函数。在 $x=\xi$ 处取一微元段 $\mathrm{d}\xi$,并在 τ 时刻、$\mathrm{d}\tau$ 微分时段内投放示踪物的量为 $\delta m = f(\xi,\tau)\mathrm{d}\xi\mathrm{d}\tau$,则经历 $t-\tau$ 时段在 $x=\xi$ 处的扩散浓度可写成

$$\delta C = \frac{f(\xi,\tau)}{\sqrt{4\pi D(t-\tau)}} \exp\left[-\frac{(x-\xi)^2}{4D(t-\tau)}\right] \mathrm{d}\xi \mathrm{d}\tau \tag{2-61}$$

对式(2-61)积分可得分布连续源作一维扩散的浓度分布,即

$$C(x,t) = \int_a^b \int_0^t \frac{f(\xi,\tau)}{\sqrt{4\pi D(t-\tau)}} \exp\left[-\frac{(x-\xi)^2}{4D(t-\tau)}\right] \mathrm{d}\xi \mathrm{d}\tau \tag{2-62}$$

例 2-2　有一长直、宽浅矩形断面明渠,宽 $B=100\mathrm{m}$,水深 $h=5\mathrm{m}$,断面平均流速 $\bar{u}=0.3\mathrm{m/s}$,水流近似为均匀流。设流动方向为 x 轴,横向为 y 轴,若在 $x=0$ 处断面中心,以强度不变的连续点源排放污染物,试问在下游何处水面上可出现岸边浓度 C_b 为中心浓度 C_m 的 40%?(扩散系数 $D=0.048\mathrm{m}^2/\mathrm{s}$)

解　已知连续点源作二维迁移扩散的浓度计算式为

$$C(x,y) = \frac{m}{\bar{u}\sqrt{4\pi Dx/\bar{u}}} \exp\left(-\frac{\bar{u}y^2}{4Dx}\right)$$

由 $y=0$ 可得中线浓度 C_m:

$$C_m = \frac{m}{\bar{u}\sqrt{4\pi Dx/\bar{u}}}$$

对于岸边浓度的计算,应考虑边界反射的影响。由于对岸的反射影响较之同岸小得多,因而可略去,只考虑同岸的反射,即点源强度应乘以 2(见 2.4 节),那么岸边浓度 C_b 可表示成

$$C_b = \frac{2m}{\bar{u}\sqrt{4\pi Dx/\bar{u}}} \exp\left[-\frac{\bar{u}(B/2)^2}{4Dx}\right]$$

令 $\dfrac{C_b}{C_m}=0.4$,可得 $\exp\left[-\dfrac{\bar{u}(B/2)^2}{4Dx}\right]=0.2$,解得

$$x = 2428\mathrm{m}$$

即在距排放口下游 2428m 处水面上岸边浓度为中心浓度的 40%。

2.4　有限空间中扩散

2.3 节讨论了污染物在无限空间中的扩散。实际的受纳水体都是有边界的,如河岸、河床、海岸、湖底等。污染物在受纳水体中扩散至边界时,可能有这样三种情形:一种情形为污染物到达边界后被边界完全吸收(complete absorption);另一种情形为污染物到达边界后被边界完全反射(complete reflection)回来;再一种情形为污染物到达边界后,一部分被边界吸收,另一部分则被边界反射。在这三种情形中,前两种属于理想情形,后一种情形在实际中居多。污染物在边界处究竟发生吸收还是反射,主要取决于污染物的种类和边界的特性,其中最不利情形是发生完全反射,本节就完全反射情形作一简单讨论。

2.4.1　一侧有边界的一维扩散

设一瞬时平面源向右扩散，如图 2-5 所示，任一点的浓度 $C(x,t)$ 可表示成

$$C(x,t) = \frac{M}{\sqrt{4\pi tD_x}}\exp\left(-\frac{x^2}{4D_x t}\right) \tag{2-63}$$

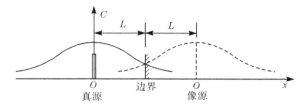

图 2-5　一侧有边界的一维扩散示意图

现在点 x 处插入一固体壁面，污染物遇到边界有几种情形：被边界完全吸收、完全反射、部分吸收和部分反射，其最不利情形为完全反射。应用物理学中的镜像法（method of image），即像源（image source）和真源（real source）。这样任一点处浓度为真源扩散与像源扩散之和，其数学表达式为

$$C(x,t) = \frac{M}{\sqrt{4\pi tD_x}}\exp\left(-\frac{x^2}{4D_x t}\right) + \frac{M}{\sqrt{4\pi tD_x}}\exp\left[-\frac{(2L-x)^2}{4D_x t}\right] \tag{2-64}$$

以 $x=L$ 代入式（2-64）可得边界上的浓度为

$$C(x,t) = \frac{2M}{\sqrt{4\pi tD_x}}\exp\left(-\frac{L^2}{4D_x t}\right) \tag{2-65}$$

由此表明，有边界时的浓度等于该处无边界时浓度的两倍。

2.4.2　两侧有边界的一维扩散

仅考虑完全反射情形。如图 2-6 所示，设在纵轴上有一瞬时平面源，向右扩散至边界 $x=L$ 时发生反射，这相当于在 $x=2L$ 处有一像源的作用。反射到左边界 $x=-L$ 时，相当于在 $x=-4L$ 处有一像源的作用。二次反射到右边界 $x=L$ 处时，相当于在 $x=6L$ 处有一像源的作用。这样，经 n 次反射后，任一点浓度 $C(x,t)$ 可表示成

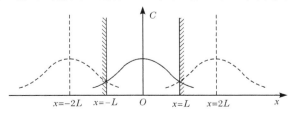

图 2-6　两侧有边界的一维扩散示意图

$$C(x,t) = \frac{M}{\sqrt{4\pi t D_x}} \sum_{n=-\infty}^{\infty} \exp\left[-\frac{(x+2nL)^2}{4D_x t}\right] \qquad (2\text{-}66)$$

式中，$n=0,\pm1,\pm2,\cdots,\pm\infty$，如取一次反射时，$n=\pm1$；取二次反射时，$n=\pm2$。实际应用中，一般考虑取一或二次反射即可满足要求。

2.5　分子扩散的随机游动理论

分子运动可看做一种随机过程（stochastic process）。现考虑一维扩散问题，即只考虑分子在一个方向上的运动。各个分子运动的速度是不一样的，在两次相邻的碰撞之间所运行的距离也是不一样的。现在假定每步运行的距离都等于分子的平均自由程 l，每一步运动时，向前运动和向后运动的机会相等，即概率相同。在这样简化情况下，任一个分子，经过 n 次运动以后，将从它原来位置向 $+x$ 方向行进的距离为

$$\pm l \pm l \pm l \pm \cdots, \quad 共\ n\ 项$$

因为每次运动前进和后退的机会一样，所以上面系列中出现"＋"号、"－"号的可能性完全相等。因一共有 n 次运动，每次有两种可能性，总共的可能性有 2^n 个。设出现"＋"号的次数为 p，出现"－"号的次数为 q，则

$$p+q=n \qquad (2\text{-}67)$$

令

$$p-q=s \qquad (2\text{-}68)$$

经过 n 次运动以后，分子从原地向 $+x$ 方向前进的距离为 sl，形成 sl 距离的可能组合为 $\dfrac{n!}{p!q!}$，经过 n 次运动后，一个分子在 $+x$ 方向行进 sl 距离的概率为

$$P=\frac{n!}{p!q!2^n} \qquad (2\text{-}69)$$

这就是求解随机游动（random walk）问题的关系式。随机游动是指每一步运动都是完全随机的，不受以前运动历史的影响。换言之，每步运动都是独立的，不受以前各步的影响，与以后的运动也没有关系。在一维随机游动中，每步运动要么向前要么向后，就是这两种可能性。如果每步都是独立的，与以前和以后的运动都无关系，结果就是向前和向后的机会均等，这是随机游动的主要标志。

将式（2-67）和式（2-68）相加、相减后可得

$$p=\frac{1}{2}(n+s)=\frac{n}{2}\left(1+\frac{s}{n}\right) \qquad (2\text{-}70)$$

$$q=\frac{1}{2}(n-s)=\frac{n}{2}\left(1-\frac{s}{n}\right) \qquad (2\text{-}71)$$

将式（2-70）和式（2-71）代入式（2-69），得

$$P=\frac{n!}{2^n\left[\frac{n}{2}\left(1+\frac{s}{n}\right)\right]!\left[\frac{n}{2}\left(1-\frac{s}{n}\right)\right]!} \tag{2-72}$$

在分子运动里，n 是个大数，$s\ll n$，因此，可用 Sterling 公式对式(2-72)进行简化。Sterling 公式可写成

$$\ln n! = \left(n+\frac{1}{2}\right)\ln n = n+\frac{1}{2}\ln 2\pi \tag{2-73}$$

或写成

$$n! = \sqrt{2n\pi}\left(\frac{n}{e}\right)^n \tag{2-74}$$

当 $n\to\infty$，$s\ll n$ 时，式(2-72)变为

$$\begin{aligned}\ln P \approx &\left(n+\frac{1}{2}\right)\ln n - \frac{1}{2}(n+s+1)\ln\left[\frac{n}{2}\left(1+\frac{s}{n}\right)\right]\\ &-\frac{1}{2}(n-s+1)\ln\left[\frac{n}{2}\left(1-\frac{s}{n}\right)\right]-\frac{1}{2}\ln(2\pi)-n\ln 2\end{aligned} \tag{2-75}$$

因 $s\ll n$，$\ln\left(1\pm\frac{s}{n}\right)$ 可按幂级数(power series)展开，即

$$\ln\left(1\pm\frac{s}{n}\right)=\pm\frac{s}{n}-\frac{s^2}{2n^2}\pm O\left(\frac{s^3}{n^3}\right) \tag{2-76}$$

式中，$O\left(\frac{s^3}{n^3}\right)$ 表示 $\frac{s}{n}$ 三阶以上项。

代入式(2-76)后，有

$$\begin{aligned}\ln P \approx &\left(n+\frac{1}{2}\right)\ln n - \frac{1}{2}\ln(2\pi)-n\ln 2-\frac{1}{2}(n+s+1)\left(\ln n-\ln 2+\frac{s}{n}-\frac{s^2}{2n^2}\right)\\ &-\frac{1}{2}(n-s+1)\left(\ln n-\ln 2-\frac{s}{n}-\frac{s^2}{2n^2}\right)\end{aligned} \tag{2-77}$$

当 $n\to\infty$ 时，式(2-77)可以写成

$$P=\sqrt{\frac{2}{n\pi}}\exp\left(-\frac{s^2}{2n}\right) \tag{2-78}$$

这就是一个分子在运动极大的 n 次以后，从原来位置前进一个 sl 距离的概率。

设 $\bar{u}$ 为分子运动的平均速度，t 为分子运动 n 次所经历的时间，并令

$$sl=x, \quad \frac{\bar{u}t}{l}=n$$

将此关系代入式(2-78)，得

$$P=\sqrt{\frac{2l}{\pi\bar{u}t}}\exp\left(-\frac{x^2}{2l\bar{u}t}\right) \tag{2-79}$$

式(2-79)与瞬时源一维扩散的浓度分布具有相同的形式。一个表示在 x 处 t

时刻的浓度,另一个表示一个分子在 t 时刻到达 x 处的概率。这两个概念是等价的,至少是成比例的。令两式的指数相等,则分子扩散系数 D 可表示成

$$D = \frac{1}{2} \bar{u} l = \frac{n l^2}{2t} \tag{2-80}$$

将式(2-80)代入式(2-79),有

$$P = \frac{l}{\sqrt{\pi D t}} \exp\left(-\frac{x^2}{4Dt}\right) \tag{2-81}$$

式(2-81)给出一个分子在 n 次运动后到达 x 的概率,现在要推求的是经过时间 t 后,分子位于 x 与 $x+\delta x$ 之间的概率。这个问题可以分析如下。

分子到达 x 以后,即开始下一步运动。有 1/2 机会向前,1/2 机会后退。假定分子每一步运动的距离为 l,于是分子下一步运动中没有离开 x 与 $x+\delta x$ 范围的机会为 $\delta x/2l$。所以分子在时间 t 位于 x 与 $x+\delta x$ 之内的概率为

$$\delta P = \left[\frac{l}{\sqrt{\pi D t}} \exp\left(-\frac{x^2}{4Dt}\right)\right]\frac{\delta x}{2l} = \frac{1}{\sqrt{4\pi D t}} \exp\left(-\frac{x^2}{4Dt}\right)\delta x \tag{2-82}$$

式(2-82)表明,分子在运动过程中,位于 x 与 $x+\delta x$ 之间的概率具有正态分布的规律。分布的均方差为

$$\sigma = \sqrt{2Dt} \tag{2-83}$$

分布的均值为

$$\bar{x} = \frac{\int_0^\infty x\,\mathrm{d}P}{\int_0^\infty \mathrm{d}P} = 2\sqrt{\frac{Dt}{\pi}} \tag{2-84}$$

式(2-84)表明,分子运动的平均距离与时间的平方根成比例。

分布的方差为

$$\bar{x^2} = \frac{\int_0^\infty x^2\,\mathrm{d}P}{\int_0^\infty \mathrm{d}P} = 2Dt \tag{2-85}$$

以上就是应用随机游动理论得出的分子扩散的结果。由于分子运动的随机性,其运动的平均距离与时间的平方根成比例,即游动 2km 所需要的时间为游动 1km 的 4 倍。这个分析生动地反映出分子扩散现象的真实过程。

2.6 紊动扩散的拉格朗日法

紊动扩散要比分子扩散快得多,紊动扩散系数比分子扩散系数大 $10^5 \sim 10^6$ 倍。例如,燃着的香烟,若用紊动来扩散,几秒钟内就可以使整个房间处处都能闻到烟味;若靠分子来扩散,则需要较长时间。

　　Taylor 于 1921 年最早应用拉格朗日法(Lagrangian method)研究了均匀紊流中单个质点的扩散问题,奠定了紊动扩散的理论基础。下面介绍 Taylor 解决这个问题的途径和方法。

　　众所周知,拉格朗日法的基本思想是研究流场中单个质点的运动规律。对于任一个质点而言,如 $t=t_0$ 时位于 x 处的质点,函数 $X(x,t)$ 就可以给出这个质点的全部过程。但在扩散问题中,最常用的不是 $X(x,t)$ 的函数,而是这个质点在某一时间 τ 的位移 Y,可表示成

$$Y(\tau) = X(x, t_0 + \tau) - x = \int_{t_0}^{t_0+\tau} V(x,t)\mathrm{d}t \tag{2-86}$$

　　在均匀紊流场中,设扩散方向为 x_1 方向,一个质点在 $t=t_0$ 时刚好位于原点,则在 $t+t_0$ 时刻,这个质点的位移应用式(2-86)得

$$Y_1(t+t_0) = X_1(0, t_0+t) - 0 = \int_{t_0}^{t_0+t} V_1(0, t+t_0)\mathrm{d}t \tag{2-87}$$

　　由于紊流是均匀的,无论何时开始扩散,也无论从何处开始扩散,作为一个统计特征值,即位移的方差 $\overline{Y_1^2}$ 只是时间 t 的函数,并可用时间平均代替统计平均,因此可以写出:

$$\overline{Y_1^2}(t) = \frac{1}{T}\int_0^T Y_1^2(t_0+t)\mathrm{d}t_0 \tag{2-88}$$

　　式(2-88)的平均是对许多从原点在不同时刻 t_0 出发的质点而言,应用式(2-87),式(2-88)可展开为

$$\begin{aligned}
\overline{Y_1^2}(t) &= \frac{1}{T}\int_0^T \mathrm{d}t_0 \int_0^t \mathrm{d}t_1 \int_0^t V_1(t_1+t_0)V_1(t_2+t_0)\mathrm{d}t_2 \\
&= \int_0^t \mathrm{d}t_1 \int_0^t \mathrm{d}t_2 \left[\frac{1}{T}\int_0^T V_1(t_1+t_0)V_1(t_2+t_0)\mathrm{d}t_0\right] \\
&= \int_0^t \mathrm{d}t_1 \int_0^t \overline{V_1(t_1+t_0)V_1(t_2+t_0)}\mathrm{d}t_2
\end{aligned} \tag{2-89}$$

　　t_1, t_2 的面积分为从 0 到 t 的正方形面积的积分,而正方形面积的积分等于对两个对角三角形面积分的 2 倍,考虑到被积函数对 t_1, t_2 是对称的,即

$$\int_0^t \int_0^t \mathrm{d}t_1 \mathrm{d}t_2 = 2\int_0^t \mathrm{d}t_1 \int_0^{t_1} \mathrm{d}t_2 \tag{2-90}$$

　　那么,$\overline{Y_1^2}(t)$ 可进一步写成

$$\overline{Y_1^2}(t) = 2\int_0^t \mathrm{d}t_1 \int_0^{t_1} \overline{V_1(t_1+t_0)V_1(t_2+t_0)}\mathrm{d}t_2 \tag{2-91}$$

　　被积函数 $\overline{V_1(t_1+t_0)V_1(t_2+t_0)}$ 的物理意义为同一质点在两个不同时刻速度乘积的时均值,可由拉格朗日自相关系数 $R_L(\tau)$ 来表示,即

$$R_L(\tau) = \frac{\overline{V_1(t)V_1(t+\tau)}}{V_1'^2} \tag{2-92}$$

式中，$V_1' = \sqrt{\overline{V_1^2}}$，将式(2-92)代入式(2-91)，得

$$\overline{Y_1^2}(t) = 2V_1'^2 \int_0^t dt_1 \int_0^{t_1} R_L(\tau) d\tau \tag{2-93}$$

若对式(2-93)进行分部积分，有

$$\int_0^t dt_1 \int_0^{t_1} R_L(\tau) d\tau = \left| t_1 \int_0^{t_1} R_L(\tau) d\tau \right|_0^t - \int_0^t t_1 R_L(t_1) dt_1$$
$$= t \int_0^t R_L(\tau) d\tau - \int_0^t \tau R_L(\tau) d\tau \tag{2-94}$$

这样，式(2-93)还可进一步写成

$$\overline{Y_1^2}(t) = 2V_1'^2 \int_0^t (t-\tau) R_L(\tau) d\tau \tag{2-95}$$

式(2-93)和式(2-95)即为 Taylor 应用拉格朗日法得到的扩散问题的表达式。求解扩散问题时，首先应已知 $R_L(\tau)$ 的函数关系，但除两种极限情况知其关系式外，目前从理论上尚未得到 $R_L(\tau)$ 随 τ 的一般变化关系式。拉格朗日法 $R_L(\tau)$ 的量测要比欧拉法的自相关系数困难得多，因为要跟踪一个质点量测其流速。量测拉格朗日法 $R_L(\tau)$ 通常用示踪摄影的方法，实测资料较少。

这两种极限情况为

当 $\tau \to 0$ 时，$R_L(0) \to 1$。

当 $\tau \to \infty$ 时，$R_L(\infty) \to 0$。

考虑到 $R_L(\tau)$ 随 τ 单调下降，并且紊流是均匀的，可假定 $R_L(\tau)$ 相对于 τ 是个对称函数。现就这两种极限情形讨论如下。

1) 扩散时间很短

若 τ 很小，可认为 $R_L(\tau)$ 为常数，并近似等于 1。由式(2-93)可得

$$\overline{Y_1^2}(t) \approx V_1'^2 t^2 \quad 或 \quad \sqrt{\overline{Y_1^2}(t)} \approx V_1'(t) \tag{2-96}$$

式(2-96)表明，在扩散的初期，质点的扩散距离与扩散时间 t 成正比。

2) 扩散时间很长

令 $t = t^*$，$R_L(t^*) \approx 0$。当 $t \gg t^*$ 时，式(2-91)可写成

$$\overline{Y_1^2}(t) = 2V_1'^2 t \int_0^{t^*} R_L(\tau) d\tau - \int_0^{t^*} \tau R_L(\tau) d\tau \tag{2-97}$$

当 $t > t^*$ 时，由于 $R_L(\tau)$ 较大，则 τ 很小；当 τ 很大时，$R_L(\tau)$ 又很小，因此式(2-97)右端第二项要比第一项小得多，可略去不计。式(2-97)右端第一项的积分，实际上为拉格朗日时间积分比尺(integral scale)，即

$$T_L = \int_0^{t^*} R_L(\tau) d\tau \tag{2-98}$$

式(2-98)表示一个质点在运动过程中所经历的时间。考虑到式(2-98)，那么式(2-96)又可表示成

$$\overline{Y_1^2}(t) \approx 2V_1'^2 t T_L \quad \text{或} \quad \sqrt{\overline{Y_1^2}(t)} \approx V_1' \sqrt{2t T_L} \tag{2-99}$$

式(2-99)表明,当扩散时间很长时,质点的扩散距离与$\sqrt{t}$成比例。

究竟如何来判断扩散时间的长短呢？可用拉格朗日时间积分比尺 T_L 来判断,即

当 $t \ll T_L$ 时,式(2-96)成立;当 $t \gg T_L$ 时,式(2-98)成立。

下面就紊动扩散与分子扩散作一比较。由分子扩散的随机游动理论知,分子到达某处的概率服从正态分布。其方差 σ^2 与扩散时间 t 成正比。在均匀紊流中扩散,当 $t \gg T_L$ 时,扩散的方差 $\overline{Y_1^2}(t)$ 也与时间 t 成正比。因此,这里可以引入一个类似于分子扩散系数的紊动扩散系数 ε,即

$$\varepsilon = \frac{\overline{Y_1^2}(t)}{2t} = V_1'^2 T_L = V_1'^2 \int_0^{t^*} R_L(\tau) \mathrm{d}\tau = V_1'^2 \int_0^\infty R_L(\tau) \mathrm{d}\tau \tag{2-100}$$

考虑到拉格朗日空间积分比尺 Λ_L,即

$$\Lambda_L = V_1' T_L = V_1' \int_0^\infty R_L(\tau) \mathrm{d}\tau \tag{2-101}$$

则式(2-100)可进一步写成

$$\varepsilon = V_1' \Lambda_L \tag{2-102}$$

通过上述紊动扩散的比拟,是否就可以认为当 $t \gg T_L$,紊动扩散到达某处的概率也服从正态分布呢？从数学上看,方差随 t 作线性变化是 Fick 定律的必要条件,但不是充分条件。不可由此推论,若 $t \gg T_L$,紊动扩散也符合正态分布,但这里可以引用中心极限定理,把

$$Y_1(t) = \int_{t_0}^t V_1(t_1) \mathrm{d}t_1 \tag{2-103}$$

看做是许多对一个固定间隔 τ 积分的总和,各个积分之间并无统计上的联系。

那么,当 $t - t_0 \to \infty$ 时,这种积分个数无限地增大。正像中心极限定理所指出的,总和的概率分布接近正态分布。因此,当 $t \gg T_L$,$Y_1(t)$ 可认为是按正态分布的,并被实测资料所证实。$Y_1(t)$ 按正态分布就意味着其概率密度函数:

$$C(Y_1, t \mid t_0) = \frac{1}{\sqrt{2\pi \overline{Y_1^2}}} \exp\left(-\frac{Y_1^2}{2\overline{Y_1^2}}\right) \tag{2-104}$$

即 C 满足下面的扩散方程:

$$\frac{\partial C}{\partial t} = \varepsilon \frac{\partial^2 C}{\partial x^2} \tag{2-105}$$

式中,$\varepsilon = \dfrac{1}{2} \dfrac{\mathrm{d}\overline{Y_1^2}(t)}{\mathrm{d}t}$。

应当指出,对于 $t - t_0$ 较小的扩散,其拉格朗日空间积分比尺(即扩散距离)不服从正态分布,因此扩散物质的浓度也就不满足扩散方程。

2.7 紊动扩散的欧拉法

欧拉法(Eulerian method)的基本思想是研究空间固定点上不同流体质点的运动情况,也就是从流场的角度来研究运动要素的分布场,所以欧拉法也称为流场法。

2.7.1 紊动扩散方程

紊流是一种随机过程,各物理量为随机变量。紊流中不但瞬时流速有脉动现象,所含扩散物质的瞬时浓度也有脉动现象。瞬时值(instantaneous value)可用时均值(time-averaged value)与脉动值(fluctuating value)之和来表示,即

$$u = \bar{u} + u', \quad v = \bar{v} + v', \quad w = \bar{w} + w', \quad C = \bar{C} + C' \tag{2-106}$$

式中,u、v、w 分别为 x、y、z 方向的瞬时流速;C 为瞬时浓度;时均值冠以"一杠",脉动值以"一撇"表示。将这些值代入扩散方程式(2-3),取时间平均整理后可得

$$\frac{\partial \bar{C}}{\partial t} + \frac{\partial (\bar{u}\bar{C})}{\partial x} + \frac{\partial (\bar{v}\bar{C})}{\partial y} + \frac{\partial (\bar{w}\bar{C})}{\partial z} = -\frac{\partial \overline{u'C'}}{\partial x} - \frac{\partial \overline{v'C'}}{\partial y} - \frac{\partial \overline{w'C'}}{\partial z}$$
$$+ \frac{\partial}{\partial x}\left(D_x \frac{\partial \bar{C}}{\partial x}\right) + \frac{\partial}{\partial y}\left(D_y \frac{\partial \bar{C}}{\partial y}\right) + \frac{\partial}{\partial z}\left(D_z \frac{\partial \bar{C}}{\partial z}\right)$$
$$\tag{2-107}$$

为书写简洁起见,脱掉式(2-107)中时均流速、时均浓度上面的时均符号"―",并写成张量形式,有

$$\frac{\partial C}{\partial t} + \frac{\partial}{\partial x_i}(u_i C) = -\frac{\partial}{\partial x_i}(\overline{u_i'C'}) + \frac{\partial}{\partial x_i}\left(D_i \frac{\partial C}{\partial x_j}\right) \tag{2-108}$$

这就是最基本的紊动扩散方程。式中,$\overline{u_i'C'}$ 称为紊动扩散通量,通常采用Boussinesq假定,即比拟于分子扩散的 Fick 定律的方法来确定:

$$\overline{u_i'C'} = -\varepsilon_{ij} \frac{\partial C}{\partial x_j} \tag{2-109}$$

式中,ε_{ij} 称为紊动扩散系数(turbulent diffusivity),是一个二阶张量。将式(2-109)代入式(2-108),考虑到紊流随机运动尺度远大于分子随机运动尺度,即 $\varepsilon_{ij} \gg D_i$,忽略分子扩散项,并利用连续性方程得

$$\frac{\partial C}{\partial t} + u_i \frac{\partial C}{\partial x_i} = \frac{\partial}{\partial x_i}\left(\varepsilon_{ij} \frac{\partial C}{\partial x_j}\right) \tag{2-110}$$

式(2-110)即为紊动扩散方程。若把式(2-109)展开,有

$$\overline{u_1'C'} = -\varepsilon_{11} \frac{\partial C}{\partial x_1} - \varepsilon_{12} \frac{\partial C}{\partial x_2} - \varepsilon_{13} \frac{\partial C}{\partial x_3} \tag{2-111}$$

$$\overline{u_2'C} = -\varepsilon_{21}\frac{\partial C}{\partial x_1} - \varepsilon_{22}\frac{\partial C}{\partial x_2} - \varepsilon_{23}\frac{\partial C}{\partial x_3} \qquad (2\text{-}112)$$

$$\overline{u_3'C} = -\varepsilon_{31}\frac{\partial C}{\partial x_1} - \varepsilon_{32}\frac{\partial C}{\partial x_2} - \varepsilon_{33}\frac{\partial C}{\partial x_3} \qquad (2\text{-}113)$$

紊动扩散系数 ε_{ij} 是空间坐标的函数,相对于张量主轴而言,当 $i \neq j$ 时, $\varepsilon_{ij} = 0$,因此只要流场坐标与张量主轴一致, ε_{ij} 中就只有三项不等于 0,即 ε_{11}、ε_{22}、ε_{33} 不等于 0,此时式(2-110)简化为

$$\frac{\partial C}{\partial t} + u_i\frac{\partial C}{\partial x_i} = \frac{\partial}{\partial x_i}\left(\varepsilon_{ii}\frac{\partial C}{\partial x_i}\right) \qquad (2\text{-}114)$$

式(2-114)实质上为线性方程,因此可用叠加原理进行问题的求解。若将上面张量形式的紊动扩散方程写成直角坐标形式,则有

$$\frac{\partial C}{\partial t} + u\frac{\partial C}{\partial x} + v\frac{\partial C}{\partial y} + w\frac{\partial C}{\partial z} = \frac{\partial}{\partial x}\left(\varepsilon_x\frac{\partial C}{\partial x}\right) + \frac{\partial}{\partial y}\left(\varepsilon_y\frac{\partial C}{\partial y}\right) + \frac{\partial}{\partial z}\left(\varepsilon_z\frac{\partial C}{\partial z}\right) \qquad (2\text{-}115)$$

式中, ε_x、ε_y、ε_z 分别为直角坐标系中三个坐标轴方向的紊动扩散系数。

2.7.2　紊动 Schmidt 数

通常,Schmidt 数可表示成

$$Sc = \frac{\nu}{D} \qquad (2\text{-}116)$$

式中, ν 为运动黏性系数; D 为分子扩散系数。 Sc 数用以表征同时存在动量扩散及质量扩散的流体流动的特性。对于紊动扩散过程,现定义紊动 Sc 数为

$$Sc' = \frac{\nu_t}{\varepsilon_t} \qquad (2\text{-}117)$$

式中, ν_t 为涡黏性系数(eddy viscosity),也称紊动黏性系数或动量扩散系数; ε_t 为紊动扩散系数。总动量扩散系数应为分子扩散和紊动扩散之和,即 $\nu + \nu_t$,其中 ν 是流体特性的反映, ν_t 则取决于流体的紊动特性。通常, ν 非常小,与 ν_t 相比可忽略不计。现以紊动圆形射流为例,采用柱坐标系,其雷诺应力可表示成

$$\overline{u'v'} = -\nu_t\frac{\partial u}{\partial r} \qquad (2\text{-}118)$$

由 2.7.1 节知,按照 Boussinesq 假定,其紊动扩散通量为

$$\overline{C'v'} = -D_t\frac{\partial C}{\partial r} \qquad (2\text{-}119)$$

假定速度剖面和浓度剖面均存在相似性,可得

$$\frac{\nu_t}{\varepsilon_t}\frac{\mathrm{d}(u/u_m)}{u/u_m} = \frac{\mathrm{d}(C/C_m)}{C/C_m} \qquad (2\text{-}120)$$

式中, u_m、C_m 分别为轴线速度、轴线浓度。假定 Sc 数为常数,对式(2-120)积分得

$$\frac{C}{C_m} = \left(\frac{u}{u_m}\right)^{Sc'} \qquad (2\text{-}121)$$

已有研究表明,自由紊动射流的速度剖面和浓度剖面符合正态分布,即

$$\frac{u}{u_{\mathrm{m}}}=\exp\left[-0.693\left(\frac{r}{b_{1/2}}\right)^2\right] \tag{2-122}$$

$$\frac{C}{C_{\mathrm{m}}}=\exp\left[-0.693\left(\frac{r}{\lambda b_{1/2}}\right)^2\right] \tag{2-123}$$

式中,$b_{1/2}$ 为速度的半值宽(half-value width);λ 为浓度分布与速度分布的比值。将速度剖面、浓度剖面式(2-122)和式(2-123)代入式(2-121),得

$$Sc'=\left(\frac{b_{1/2}}{\lambda b_{1/2}}\right)^2=\frac{1}{\lambda^2} \tag{2-124}$$

对于紊动圆形射流,若取 $\lambda=1.12$,则由式(2-124)得 $Sc'=0.8$,将其代入式(2-121)不难看出,紊动射流中的浓度扩散比动量扩散快。1955 年 Forstall 和 Gaylord 对于圆形水射流的试验,得出紊动 Sc 数为 0.75~0.85。

2.8　岸边排放与中心排放污染带的计算

经污水处理厂处理的生活污水、工业废水,通常就近排入附近的河流中。若排放口的位置位于河流的岸边,则称为岸边排放(side discharge);若排放口设置于河流的中央,则为中心排放(central discharge),如图 2-7 所示。由图可见,无论岸边排放,还是中心排放,在其后均会形成一个污染带(pollution zone)。已有研究资料表明,长江干流沿岸近 500 个取水口中,均不同程度地受到岸边排放污染带的影响。从平面上看,排放口的位置可近似看作一个点,所以岸边排放和中心排放又称为点源排放。岸边排放和中心排放污染带计算的任务就是要确定:污染带的浓度分布、污染带的宽度、从点源排放开始至全断面均匀混合所需的距离等。

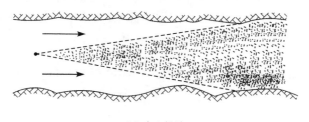

(a) 中心排放

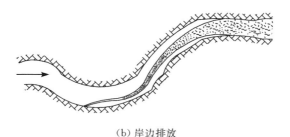

（b）岸边排放

图 2-7　中心排放与岸边排放示意图

2.8.1　污染带浓度分布

通常，对于宽浅河道，即 $B \gg h$，可看作平面二维流动。这样可假设污染物在垂向均匀混合，每一条垂线可视为浓度均匀分布的线源，污染带的扩展即从线源开始。取如图 2-8 所示的坐标系，沿水流方向设为 x 轴，沿横向设为 y 轴，沿垂向设为 z 轴。设线源的强度为 $\dot{M}$，则点源的强度为 $\dot{M}/h$。在无限空间中，连续点源作二维迁移扩散的浓度分布函数为

$$C(x,y) = \frac{\dot{M}/h}{\bar{u}} \frac{1}{\sqrt{4\pi D_y x / \bar{u}}} \exp\left(-\frac{\bar{u}y^2}{4D_y x}\right) \tag{2-125}$$

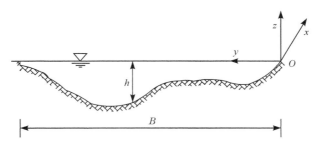

图 2-8　污染带扩展的坐标系定义

现有河岸存在，式（2-125）应加上边界反射项。首先设点源横坐标 $y = y_0$，以无量纲量表示的横坐标、纵坐标为

无量纲横坐标：$y' = y/B$

无量纲纵坐标：$x' = x \left/ \left(\dfrac{\bar{u}B^2}{D_y}\right)\right.$

无量纲点源坐标：$y_0' = y_0/B$

起始断面平均浓度：$C_0 = \dfrac{\dot{M}}{Q} = \dfrac{\dot{M}}{\bar{u}hB}$

考虑两岸边界的反射作用,由镜像法可得相对浓度分布:

$$\frac{C}{C_0} = \frac{1}{\sqrt{4\pi x'}} \sum_{n=-\infty}^{\infty} \left\{ \exp\left[-\frac{(y'-2n-y_0')^2}{4x'}\right] + \exp\left[-\frac{(y'-2n+y_0')^2}{4x'}\right] \right\}$$

(2-126)

由式(2-126)及已有实测资料可得出中心排放与岸边排放的扩散特性:①岸边排放的浓度约为中心排放的 2 倍;②岸边排放的横向扩展宽度约为中心排放的2 倍。

2.8.2　污染带宽度

实际上,污染带宽度计算是一个横向浓度分布问题。从理论上讲,污染物可扩散至无穷远,但从实际情况看,同一断面上边远点的浓度为最大浓度的 5%时,即

$$\frac{C(x,y)}{C(x,0)} = 0.05$$

(2-127)

则定义为污染带的边界点。对于中心排放,其最大浓度 C_{max} 在中心线上;对于岸边排放,C_{max} 位于排放岸。

2.8.3　均匀混合的纵向距离

连续点源二维扩散的横向浓度符合正态分布,随着纵向距离的增加,浓度分布曲线变平坦并趋于均匀化。通常,定义断面上最大浓度与最小浓度之差不超过5%,即认为均匀混合或称完全混合。

由式(2-126)绘制的相对浓度 C/C_0 随纵向距离 x' 的变化关系如图 2-9 所示,从图中可以看出,当 $x'\approx 0.1$ 时,沿中心线的浓度与沿岸边的浓度趋于相等,所以 $x'=0.1$ 所对应的距离就是断面上达到均匀混合所需的距离 L_m。

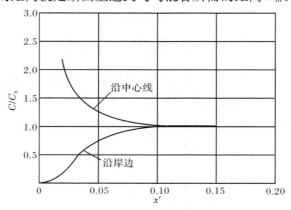

图 2-9　中心排放时沿中心线和岸边的纵向浓度分布

中心排放：

$$L_m = 0.1 \frac{\bar{u}B^2}{D_y} \tag{2-128}$$

岸边排放：

$$L_m = 0.4 \frac{\bar{u}B^2}{D_y} \tag{2-129}$$

由此可知，岸边排放需要 4 倍的中心排放距离才能达到断面上的均匀混合。

例 2-3 在一条宽阔略有弯曲的河流中心有一工业废水排放口，废水流量为 0.2m³/s，废水中 COD 浓度为 100mg/L，河流水深为 4m，流速为 1.0m/s，摩阻流速 $u_* = 0.061$m/s。假定废水排入河流后，在垂向立即均匀混合，已知横向扩散系数 $D_y = 0.4hu_*$。试估算排放口下游 400m 处污染带的宽度及断面上最大浓度。设排放口下游 400m 断面上允许最大浓度为 5mg/L，假定排放浓度维持不变，试问排放口的排放流量可增加多少倍？

解 （1）污染带宽度的计算。

利用连续点源作二维迁移扩散的浓度分布公式：

$$C(x,y) = \frac{\dot{M}}{\bar{u}h \sqrt{4\pi D_y x / \bar{u}}} \exp\left(-\frac{\bar{u}y^2}{4D_y x}\right)$$

距离为 x 处断面上最大浓度为 $C(x,0)$，同一断面上距中心点为 b 的浓度为 $C(x,b)$。

$\frac{C(x,b)}{C(x,0)} = 0.05$ 时的 y 值即为污染带的半宽：

$$\frac{C(x,b)}{C(x,0)} = \exp\left(-\frac{\bar{u}b^2}{4D_y x}\right) = 0.05$$

由上式可解出中心排放时污染带半宽的计算公式：

$$b = 3.46 \sqrt{D_y x / \bar{u}}$$

将已知数据代入上式可得距排放口下游 400m 处污染带宽度为

$$2b = 43.23\text{m}$$

（2）下游 400m 处断面上的最大浓度。

$$C_{max} = \frac{\dot{M}}{\bar{u}h \sqrt{4\pi D_y x / \bar{u}}} = 0.225\text{mg/L}$$

（3）按 400m 处断面允许最大浓度推求排放流量。

由最大浓度公式可解出排放口每秒钟内所排放的污染物质量为

$$\dot{M} = \bar{u}h C_{max} \sqrt{4\pi D_y x / \bar{u}} = 4.428 \times 10^5 \text{mg}$$

因排放浓度为 100mg/L，故允许排污流量为 4428L/s。

例 2-4 在一顺直矩形断面的河段，有一岸边排放口恒定连续排放污水。已

知河宽 $B=50\mathrm{m}$,水面比降 $J=0.0002$,水深 $h=2\mathrm{m}$,平均流速 $\bar{u}=0.8\mathrm{m/s}$,水流近似为均匀流。若取横向扩散系数 $D_y=0.4hu_*$,试估算污染物扩散至对岸以及达到断面均匀混合分别所需要的距离。

解　(1)估算到达对岸的距离。

由岸边排放所造成的浓度,可由式(2-122)导出,当尚未到达对岸以前,令式中 $n=0$,其浓度公式为

$$C(x,y)=\frac{2\dot{M}}{\bar{u}h\sqrt{4\pi D_y x/\bar{u}}}\exp\left(-\frac{\bar{u}y^2}{4D_y x}\right)$$

令式中 $y=0$,即为最大浓度,令 $y=B$,即为到达对岸时的浓度。

$\dfrac{C(x,B)}{C(x,0)}=0.05$ 时的距离 x,即为到达对岸所需的距离 L_B:

$$\frac{C(x,B)}{C(x,0)}=\exp\left(-\frac{\bar{u}B^2}{4D_y L_B}\right)=0.05$$

即可解出 $L_B=\dfrac{\bar{u}B^2}{11.97D_y}$。

摩阻流速 $u_*=\sqrt{ghJ}=0.0626\mathrm{m/s}$。

$D_y=0.4hu_*=0.05\mathrm{m^2/s}$。

代入 L_B 得: $L_B=3341.7\mathrm{m}$。

(2)求达到断面上均匀混合所需的距离。

岸边排放达到断面上均匀混合所需的距离 L_m:

$$L_\mathrm{m}=0.4\frac{\bar{u}B^2}{D_y}=16\mathrm{km}$$

第 3 章　剪切流离散

剪切流(shear flow)是指横断面上具有流速梯度的流动,即由于横断面上流速分布不均匀,在流体内部产生切应力(shear stress)的流动,如管流、明渠水流。剪切流中由于流速分布不均匀使污染物(或示踪物)随流散开的现象,称为剪切流离散(dispersion)。离散与扩散(diffusion)是两个不同的概念,扩散是指与分子运动和紊流脉动有关的输运,用于表征流场内某一点的混合情况。本章主要讨论圆管剪切流的离散、明渠剪切流的离散及非恒定剪切流的离散。

3.1　圆管剪切流离散

英国水力学家 Taylor 较早地对剪切流的离散问题进行了研究。他于 1953 年发表了一篇关于可溶解物质(溶质)在圆管层流中离散的论文,1954 年又将其推广到紊流情形。

3.1.1　剪切流离散基础

由圆管层流理论知,圆管断面上各点流速服从抛物线分布,如图 3-1 所示。现假设在圆管层流中有两个分子,一个位于圆管中心线上,另一个位于管壁附近。由于分子所处两点的流速不同,这两个分子随流迁移时,其差距将会越来越大。显然,这种差距要比单纯的分子运动所引起的差距要大得多,即圆管层流中离散的作用远大于扩散的作用。

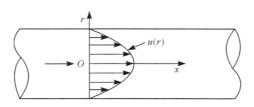

图 3-1　圆管层流速度分布

不失一般性,现考察一平行壁面间的恒定二维层流运动,如图 3-2(a)所示,设壁面间距为 d,流速分布为 $u(y)$,断面平均流速为 U。无论流速分布具有何种形式,其断面平均流速均可表示成下面的积分形式:

$$U = \frac{1}{d} \int_0^d u \mathrm{d}y \tag{3-1}$$

令断面上任一点的流速 $u(y)$ 与其断面平均流速 U 的差值为 $\hat{u}$，称为离散流速，即

$$\hat{u}(y) = u(y) - U \tag{3-2}$$

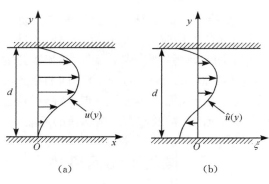

(a)　　　　　　　　　　(b)

图 3-2　二维层流运动的流速分布

设流动挟带溶质的浓度为 $C(x, y)$，分子扩散系数为 D，任意断面上的平均浓度 $\bar{C}$ 定义为

$$\bar{C} = \frac{1}{d} \int_0^d C \mathrm{d}y \tag{3-3}$$

令断面上任一点的浓度 $C(y)$ 与相应的断面平均浓度 $\bar{C}$ 的差值为 $\hat{C}(y)$，称为离散浓度，即

$$\hat{C}(y) = C(y) - \bar{C} \tag{3-4}$$

将 u、C 代入扩散方程，得

$$\frac{\partial}{\partial t}(\bar{C} + \hat{C}) + (U + \hat{u})\frac{\partial}{\partial x}(\bar{C} + \hat{C}) = D\left[\frac{\partial^2}{\partial x^2}(\bar{C} + \hat{C}) + \frac{\partial^2 \hat{C}}{\partial y^2}\right] \tag{3-5}$$

由于这里讨论的是层流运动，因此不需考虑紊动对质量输运的影响。下面通过坐标变换来化简式(3-5)，采用动坐标系，并设坐标原点以断面平均流速 U 运动。令

$$\xi = x - Ut, \quad \tau = t \tag{3-6}$$

由复合函数微分法则，知

$$\frac{\partial}{\partial x} = \frac{\partial \xi}{\partial x}\frac{\partial}{\partial \xi} + \frac{\partial \tau}{\partial x}\frac{\partial}{\partial \tau} = \frac{\partial}{\partial \xi}$$

及

$$\frac{\partial}{\partial t} = \frac{\partial \xi}{\partial t}\frac{\partial}{\partial \xi} + \frac{\partial \tau}{\partial t}\frac{\partial}{\partial \tau} = -U\frac{\partial}{\partial \xi} + \frac{\partial}{\partial \tau} \tag{3-7}$$

因此,式(3-5)变为

$$\frac{\partial}{\partial \tau}(\bar{C}+\hat{C})+\hat{u}\,\frac{\partial}{\partial \xi}(\bar{C}+\hat{C})=D\left[\frac{\partial^2}{\partial \xi^2}(\bar{C}+\hat{C})+\frac{\partial^2 \hat{C}}{\partial y^2}\right] \tag{3-8}$$

通过变换 ξ、τ,可以在动坐标系上来观察流动。在动坐标系中,唯一可观察的速度为 $\hat{u}$,如图 3-2(b)所示。因此在变换后的方程中不包括断面平均速度 U。前已述及,由速度剖面引起的沿流动方向的扩展率比由分子扩散引起的扩展率大得多。这样,可忽略式(3-8)中纵向扩散项,得

$$\frac{\partial \bar{C}}{\partial \tau}+\frac{\partial \hat{C}}{\partial \tau}+\hat{u}\,\frac{\partial \bar{C}}{\partial \xi}+\hat{u}\,\frac{\partial \hat{C}}{\partial \xi}=D\,\frac{\partial^2 \hat{C}}{\partial y^2} \tag{3-9}$$

式(3-9)仍难处理,因为 $\hat{u}$ 随 y 在变化。处理含变系数的偏微分方程的一般步骤还没有,找不到式(3-9)的一般解。Taylor 抛弃了方程左端四项中的三项,并且包括 $\dfrac{\partial \bar{C}}{\partial \tau}$ 项,该项正是要求解的浓度衰减率。这样剩下一个容易求解 $\hat{C}(y)$ 的方程:

$$\hat{u}\,\frac{\partial \bar{C}}{\partial \xi}=D\,\frac{\partial^2 \hat{C}}{\partial y^2} \tag{3-10}$$

并且在 $y=0,d$ 处,$\dfrac{\partial \hat{C}}{\partial y}=0$

如果对式(3-9)中的每一项取断面平均,即算子 $\dfrac{1}{d}\displaystyle\int_0^d(\ )\mathrm{d}y$,有

$$\frac{\partial \bar{C}}{\partial \tau}+\overline{\hat{u}\,\frac{\partial \hat{C}}{\partial \xi}}=0 \tag{3-11}$$

由式(3-10)减去式(3-11),得

$$\frac{\partial \hat{C}}{\partial \tau}+\hat{u}\,\frac{\partial \bar{C}}{\partial \xi}+\hat{u}\,\frac{\partial \hat{C}}{\partial \xi}-\overline{\hat{u}\,\frac{\partial \hat{C}}{\partial \xi}}=D\,\frac{\partial^2 \hat{C}}{\partial y^2} \tag{3-12}$$

在某些情形下,$\bar{C}$、$\hat{C}$ 均为缓变函数,并且 $\hat{C}$ 比 $\bar{C}$ 小得多。如果这样,则第三项、第四项彼此近乎平衡,并比第二项小得多。去掉第三项、第四项,得横断面上的扩散方程:

$$\frac{\partial \hat{C}}{\partial \tau}-D\,\frac{\partial^2 \hat{C}}{\partial y^2}=-\hat{u}\,\frac{\partial \bar{C}}{\partial \xi} \tag{3-13}$$

式(3-13)方程右端项起一个变强度源项的作用。若源项保持为常数,则式(3-13)的解即为由式(3-10)得到的稳态解。换言之,Taylor 抛弃式(3-9)中的前三项是不无道理的。式(3-10)的解隐含着断面浓度剖面 $\hat{C}(y)$ 是由纵向对流输运与断面扩散输运相平衡得出的,如图 3-3 所示。Taylor 假定这种平衡是可以达到

的。式(3-10)的解可表示为

$$\hat{C}(y) = \frac{1}{D}\frac{\partial \bar{C}}{\partial x}\int_0^y\int_0^y \hat{u}\mathrm{d}y\mathrm{d}y + \hat{C}(0) \tag{3-14}$$

现考虑沿流向通过横断面上单位时间的质量输运率 $\dot{M}$，相对于动坐标系可写为

$$\dot{M} = \int_0^d \hat{u}\hat{C}\mathrm{d}y = \frac{1}{D}\frac{\partial \bar{C}}{\partial x}\int_0^d \hat{u}\int_0^y\int_0^y \hat{u}\mathrm{d}y\,\mathrm{d}y\,\mathrm{d}y \tag{3-15}$$

考虑到 $\int_0^d \hat{u}\mathrm{d}y = 0$，则 $\int_0^d \hat{u}[\hat{C}(0)]\mathrm{d}y = 0$。注意到，流向的总质量输运与流向的浓度梯度成比例。对于分子扩散来说这是确切的结果，但现在是沿流动方向对扩散积分得到。

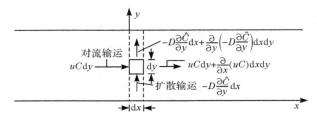

图 3-3　对流通量与扩散通量的平衡

比拟于分子扩散的 Fick 定律，纵向离散系数 E_L 可表示为

$$E_\mathrm{L} = -\frac{\dot{M}}{d\partial \bar{C}/\partial x} \tag{3-16}$$

将式(3-15)代入式(3-16)，得

$$E_\mathrm{L} = -\frac{1}{dD}\int_0^d \hat{u}\int_0^y\int_0^y \hat{u}\mathrm{d}y\,\mathrm{d}y\,\mathrm{d}y \tag{3-17}$$

因此，在动坐标系中可以写出断面平均的一维离散方程：

$$\frac{\partial \bar{C}}{\partial \tau} = E_\mathrm{L}\frac{\partial^2 \bar{C}}{\partial \xi^2} \tag{3-18}$$

欲还原为定坐标系，必须再引入包含断面平均流速的项，于是

$$\frac{\partial \bar{C}}{\partial t} + U\frac{\partial \bar{C}}{\partial x} = E_\mathrm{L}\frac{\partial^2 \bar{C}}{\partial x^2} \tag{3-19}$$

式(3-19)为一维离散方程，在离散问题的分析中经常会用到。

例 3-1　两平行平板间的层流运动，如图 3-4 所示。设平板间距为 d，顶板相对于底板以速度 U_0 运动。为简单计，假定顶板以速度 $U_0/2$ 向右运动，底板以速度 $U_0/2$ 向左运动。平板间层流运动的离散速度分布为：$\hat{u}(y) = yU_0/d$，现在平板

间投放一团示踪物,且经历时间 d^2/D 后消失,以使示踪物充分混合,试确定其离散系数。

解　由式(3-14)可写出示踪物在平行平板间的浓度分布:

$$\hat{C}(y) = \frac{1}{D} \frac{\partial \bar{C}}{\partial x} \int_{-d/2}^{y} \int_{-d/2}^{y} \frac{U_0 y}{d} \mathrm{d}y\,\mathrm{d}y + \hat{C}\left(-\frac{d}{2}\right)$$

$$= \frac{1}{D} \frac{\partial \bar{C}}{\partial x} \frac{U_0}{2d} \left(\frac{y^3}{3} - \frac{d^2 y}{4} - \frac{d^3}{12}\right) + \hat{C}\left(-\frac{d}{2}\right)$$

在 $y = -d/2$ 处,可由 $\hat{C}$ 的平均值为 0 的条件求得 $\hat{C}$,或简单地由对称条件,即在 $y=0$ 处 $\hat{C}=0$ 求得。图 3-4 中示出浓度分布,没有必要计算 $\hat{C}(-d/2)$ 的值,因为其积分为 0。由式(3-15)和式(3-16)可确定离散系数:

$$E_{\mathrm{L}} = -\frac{1}{d\partial\bar{C}/\partial x} \int_{-d/2}^{d/2} \hat{u}\hat{C}\mathrm{d}y$$

$$= -\frac{U_0}{2d^2 D} \int_{-d/2}^{d/2} \frac{U_0 y}{d} \left[\frac{y^3}{3} - \frac{d^2 y}{4} - \frac{d^3}{12} + \hat{C}\left(-\frac{d}{2}\right)\right]\mathrm{d}y = \frac{U_0^2 d^2}{120 D}$$

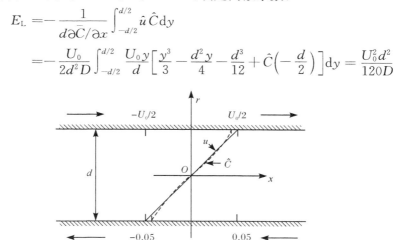

图 3-4　平行平板间流动的离散

3.1.2　圆管层流离散分析

Taylor 在 1953 年发表的经典论文中,分析了溶质在圆管层流中的离散。他假定溶质在横断面上混合均匀,这样可看作是轴对称的。流速分布可表示为

$$u(r) = u_{\mathrm{m}}(1 - r^2/r_0^2) \tag{3-20}$$

式中,r_0 为圆管半径;u_{m} 为轴线流速,即断面最大流速。由积分得平均流速为 $u_{\mathrm{m}}/2$。在柱坐标系中,扩散方程可写为

$$\frac{\partial C}{\partial t} + u_{\mathrm{m}}\left(1 - \frac{r^2}{r_0^2}\right)\frac{\partial C}{\partial x} = D\left(\frac{\partial^2 C}{\partial r^2} + \frac{1}{r}\frac{\partial C}{\partial r} + \frac{\partial^2 C}{\partial x^2}\right) \tag{3-21}$$

将式(3-21)变换为以平均速度 $u_{\mathrm{m}}/2$ 运动的动坐标系,同前面一样,忽略 $\partial^2 C/\partial x^2$ 和 $\partial C/\partial t$,并且令 $r' = r/r_0$,得

$$\frac{u_{\mathrm{m}}r_0^2}{D}\left(\frac{1}{2}-r'^2\right)\frac{\partial\bar{C}}{\partial x}=\frac{\partial^2\hat{C}}{\partial r'^2}+\frac{1}{r'}\frac{\partial\hat{C}}{\partial r'} \tag{3-22}$$

对式(3-22)积分两次,并应用边界条件:在 $r'=1$ 处, $\dfrac{\partial\hat{C}}{\partial r'}=0$,有

$$\hat{C}=\frac{u_{\mathrm{m}}r_0^2}{8D}\left(r'^2-\frac{r'^4}{2}\right)\frac{\partial\bar{C}}{\partial x}+\mathrm{const} \tag{3-23}$$

同前,令纵向离散系数 E_{L} 为

$$E_{\mathrm{L}}=-\frac{\dot{M}}{A\partial\bar{C}/\partial x}=\frac{1}{A\partial\bar{C}/\partial x}\int_A \hat{u}\hat{C}\mathrm{d}A \tag{3-24}$$

式中, $A=\pi r_0^2$ 为横断面积,对式(3-24)积分得

$$E_{\mathrm{L}}=\frac{r_0^2 u_{\mathrm{m}}^2}{192D} \tag{3-25}$$

这就是圆管层流纵向离散系数的表达式。式(3-25)表明,圆管层流的纵向离散系数与圆管半径、断面最大流速成正比,而与分子扩散系数成反比。可粗略估算一下纵向离散系数与分子扩散系数的大小,现考察盐在直径为 4mm 的圆管层流中的离散问题。已知盐在水中的分子扩散系数 $D=10^{-5}\,\mathrm{cm}^2/\mathrm{s}$,设圆管层流的轴线流速为 1cm/s,则由式(3-25)可得相应的纵向离散系数 $E_{\mathrm{L}}=21\mathrm{cm}^2/\mathrm{s}$,显然,盐的纵向离散系数约为其分子扩散系数的 200 万倍。

3.1.3　圆管紊流离散分析

在剪切紊流里,时均流速各处大小不一定相等,即有时均流速梯度的存在。由于各处的时均流速不同,时均流速就会使两处的两个质点产生相对扩散,这是剪切紊流扩散不同于均匀紊流扩散之所在。现将 Taylor 的层流离散分析推广到紊流情形。紊流的速度剖面不同于层流情形,断面上的紊动混合系数 ε_{m} 具有层流中分子扩散的作用。前面得到的关于一维离散方程的结论仍然适用,唯一的主要区别是断面混合系数随 y 而变,即 $\varepsilon_{\mathrm{m}}(y)$,如在平行平板间的紊流中,其离散方程和纵向离散系数可分别表示为

$$\hat{u}\frac{\partial\bar{C}}{\partial\xi}=\frac{\partial\varepsilon_{\mathrm{m}}}{\partial y}\frac{\partial\hat{C}}{\partial y} \tag{3-26}$$

$$E_{\mathrm{L}}=-\frac{1}{d}\int_0^h \hat{u}\int_0^y \frac{1}{\varepsilon_{\mathrm{m}}}\int_0^y \hat{u}\mathrm{d}y\mathrm{d}y\mathrm{d}y \tag{3-27}$$

对于紊动管流,前人的试验结果表明,速度剖面可写成下面的形式:

$$u=u_{\mathrm{m}}-\sqrt{\frac{\tau_0}{\rho}}f(r')=u_{\mathrm{m}}-u_* f(r') \tag{3-28}$$

式中, τ_0 为管壁切应力,其余符号同 3.1.2 节;摩阻流速 u_* 在管流分析中经常用

到；$f(r')$为一经验函数。

断面混合系数可由雷诺比拟得到，即动量混合系数与质量混合系数相同。也就是说，通过表面的动量通量等价于质量通量 q，其中 q 相当于 Fick 定律中扩散物质的输运率，可表示成该面上的切应力与密度之比 τ/ρ。另外，由距圆管中心线距离为 r 处力的平衡条件易知，某处切应力由 $\tau/\tau_0 = r/r_0$ 给出，因此

$$\varepsilon_m = -\frac{q}{\partial C/\partial r} = -\frac{\tau}{\rho \partial u/\partial r} = \frac{r_0 r'}{\mathrm{d}f/\mathrm{d}r} u_* \tag{3-29}$$

Taylor 把 $\hat{u}(r) = u(r) - U$ 和 $\varepsilon_m(r)$ 的值制成表，并把式(3-29)改用柱坐标表示，即

$$\hat{u}\frac{\partial \bar{C}}{\partial \xi} = \varepsilon_m\left(\frac{\partial^2 \hat{C}}{\partial r^2} + \frac{1}{r}\frac{\partial \hat{C}}{\partial r}\right) \tag{3-30}$$

对式(3-30)进行数值积分可得 $\hat{C}(r)$ 值，再由式(3-27)数值积分可得纵向离散系数 E'_L：

$$E'_L = 10.06 r_0 u_* \tag{3-31}$$

这就是 Taylor 最初得到的圆管紊流的纵向离散系数的表达式。在以上分析中，Taylor 没有考虑纵向紊动扩散系数 ε_L 的影响，后来对 ε_L 进一步研究后建议用式(3-32)计算：

$$\varepsilon_L = 0.052 r_0 u_* \tag{3-32}$$

综合式(3-31)和式(3-32)，可得圆管紊流纵向离散系数的计算式：

$$E_L = 10.1 r_0 u_* \tag{3-33}$$

由式(3-31)～式(3-33)不难看出，在圆管紊流的纵向离散问题中，纵向紊动扩散的作用比纵向离散的作用小得多。

3.2　明渠剪切流离散

二维明渠(open-channel)紊流与圆管紊流有同样的统计特性，Taylor 对管道剪切流的离散分析为解决二维明渠中的离散问题开辟了途径。如果二维明渠紊流沿程均匀，则质点速度在失去其投放点的影响之后，将是一个平稳的随机过程，相对于断面平均速度而言，质点速度将具有正态分布形式，从而表明离散系数将为一个常量。因此，可按 Taylor 分析管流离散那样来分析明渠离散问题。Elder 首先于 1959 年应用 Taylor 的分析方法求解了明渠水流的纵向离散问题。从紊动扩散方程出发，针对垂向二维明渠紊流情况，忽略方程中的分子扩散项及沿纵向的紊动扩散项，并令垂向流速 $v = 0$，可得二维明渠流动的紊动扩散方程如下：

$$\frac{\partial C}{\partial t} + u\frac{\partial C}{\partial x} = \frac{\partial}{\partial y}\left(\varepsilon_y \frac{\partial C}{\partial y}\right) \tag{3-34}$$

式中,ε_y 为垂向紊动扩散系数。考虑到 $C=C(x,y,t)$,于是有

$$\frac{\mathrm{d}C}{\mathrm{d}t}=\frac{\partial C}{\partial t}+\frac{\partial C}{\partial x}\frac{\mathrm{d}x}{\mathrm{d}t}+\frac{\partial C}{\partial y}\frac{\mathrm{d}y}{\mathrm{d}t}=\frac{\partial C}{\partial t}+u\frac{\partial C}{\partial x}+v\frac{\partial C}{\partial y}=\frac{\partial C}{\partial t}+u\frac{\partial C}{\partial x} \tag{3-35}$$

把式(3-35)代入式(3-34),得

$$\frac{\mathrm{d}C}{\mathrm{d}t}=\frac{\partial}{\partial y}\Big(\varepsilon_y\frac{\partial C}{\partial y}\Big)=\frac{\partial C}{\partial t}+u\frac{\partial C}{\partial x} \tag{3-36}$$

任一点的时均流速 u 由两部分组成,即

$$u=U+\hat{u} \tag{3-37}$$

式中,U 为断面平均流速;$\hat{u}$ 为任一点时均纵向流速与断面平均流速的差值,即离散流速。

将纵向固定坐标 x 改成以断面平均流速 U 移动的坐标 ξ,即

$$\xi=x-Ut \tag{3-38}$$

将式(3-37)及式(3-38)代入式(3-36),得

$$\frac{\mathrm{d}C}{\mathrm{d}t}=\frac{\partial C}{\partial t}+U\frac{\partial C}{\partial \xi}+\hat{u}\frac{\partial C}{\partial \xi} \tag{3-39}$$

仿照 Taylor 的做法,忽略式(3-39)中右端前两项的作用,即

$$\frac{\partial C}{\partial t}+U\frac{\partial C}{\partial \xi}=0 \tag{3-40}$$

则式(3-39)变为

$$\frac{\partial}{\partial y}\Big(\varepsilon_y\frac{\partial C}{\partial y}\Big)=\hat{u}\frac{\partial C}{\partial \xi} \tag{3-41}$$

铅垂方向采用无量纲坐标,即

$$\eta=y/h \tag{3-42}$$

式中,h 为明渠水深。这样,式(3-41)可写为

$$\frac{\partial}{\partial \eta}\Big(\varepsilon_y\frac{\partial C}{\partial \eta}\Big)=h^2\hat{u}\frac{\partial C}{\partial \xi} \tag{3-43}$$

设浓度剖面上任一点的时均浓度 C 与其断面平均浓度 $\bar{C}$ 的差值为 $\hat{C}$,即离散浓度:

$$C=\bar{C}+\hat{C} \tag{3-44}$$

考虑到 $\dfrac{\partial \bar{C}}{\partial \eta}=0,\dfrac{\partial \hat{C}}{\partial \xi}=0,\dfrac{\partial \bar{C}}{\partial \xi}=\mathrm{const}$,那么,式(3-46)可进一步表示为

$$\frac{\partial}{\partial \eta}\Big(\varepsilon_y\frac{\partial \hat{C}}{\partial \eta}\Big)=h^2\hat{u}\frac{\partial \bar{C}}{\partial \xi} \tag{3-45}$$

积分式(3-45),得

$$\hat{C}=h^2\frac{\partial \bar{C}}{\partial \xi}\int_0^{\eta}\frac{1}{\varepsilon_y}\Big(\int_0^{\eta}\hat{u}\mathrm{d}\eta\Big)\mathrm{d}\eta \tag{3-46}$$

设由纵向离散引起的任意断面的浓度通量 J 为

$$J = \int_A \hat{u}\hat{C}\mathrm{d}A \tag{3-47}$$

类比紊动扩散的处理方法,浓度通量 J 还可表示为

$$J = -E_\mathrm{L}\frac{\partial \bar{C}}{\partial \xi}A \tag{3-48}$$

联立式(3-47)和式(3-48),可得纵向离散系数的表达式:

$$E_\mathrm{L} = -\int_A \hat{u}\hat{C}\mathrm{d}A \Big/ A\,\frac{\partial \bar{C}}{\partial \xi} \tag{3-49}$$

对于矩形断面明渠,$A=bh$,$\mathrm{d}A=b\mathrm{d}y=bh\mathrm{d}\eta$,将这些关系式连同 $\hat{C}$ 的表达式(3-46)代入式(3-49)后,得

$$E_\mathrm{L} = -h^2\int_0^1 \hat{u}\left[\left[\int_0^\eta \frac{1}{D_y}\left(\int_0^\eta \hat{u}\mathrm{d}\eta\right)\mathrm{d}\eta\right]\mathrm{d}\eta \tag{3-50}$$

关于式中的垂向紊动扩散系数 ε_y,可用雷诺比拟确定,即

$$\varepsilon_y = -\frac{\tau/\rho}{\mathrm{d}u/\mathrm{d}y} \tag{3-51}$$

由断面上切应力的关系式,$\dfrac{\tau}{\tau_0}=\dfrac{y}{h}=\eta$,可得

$$\frac{\tau}{\rho} = \frac{\tau_0\eta}{\rho} = u_*^2\,\eta \tag{3-52}$$

应用速度亏损定律,并采用对数形式的断面流速分布函数,即

$$u = u_\mathrm{m} + \frac{u_*}{\kappa}\ln(1-\eta) \tag{3-53}$$

$$U = u_\mathrm{m} - u_*\int_0^1 f(\eta)\mathrm{d}\eta \tag{3-54}$$

式中,u_m 为垂线上最大流速;κ 为卡门常数;u_* 为摩阻流速(shear velocity),即 $u_* = \sqrt{\dfrac{\tau_0}{\rho}} = \sqrt{gRi}$,其中 R 为水力半径,i 为明渠底坡。

将式(3-51)～式(3-54)代入纵向离散系数的表达式(3-50),得

$$E_\mathrm{L} = \frac{hu_*}{\kappa^3}\int_0^1 \frac{1-\eta}{\eta}\big[\ln(1-\eta)\big]^2\mathrm{d}\eta \tag{3-55}$$

式(3-55)中的积分可由 Γ 函数得出,其值约为 0.4041,若取卡门常数 $\kappa=0.41$,则

$$E_\mathrm{L} = 5.86hu_* \tag{3-56}$$

以上推导中忽略了沿纵向的紊动扩散作用 ε_x,致使得出的纵向离散系数偏小。

将式(3-55)和式(3-56)代入式(3-54),得

$$\varepsilon_y = \kappa h u_* (1-\eta)\eta \tag{3-57}$$

若明渠水流为各向同性紊流,则有

$$\varepsilon_x = \varepsilon_y = \kappa h u_* (1-\eta)\eta \tag{3-58}$$

现设由纵向紊动扩散引起的离散系数为 E_*,则扩散物质沿纵向紊动扩散的单宽流量可表示为

$$-h\int_0^1 \varepsilon_x \frac{\partial \bar{C}}{\partial \xi} \mathrm{d}\eta = -E_* h \frac{\partial \bar{C}}{\partial \xi} \tag{3-59}$$

将式(3-58)代入式(3-59),得

$$E_* = h u_* \int_0^1 \kappa \eta (1-\eta)\mathrm{d}\eta = \frac{1}{6}\kappa h u_* = 0.067 h u_* \tag{3-60}$$

这样,修正后的纵向离散系数可表示为

$$E_M = E_L + E_* = (5.86 + 0.067)h u_* = 5.927 h u_* \tag{3-61}$$

式(3-61)即为 Elder 仿照 Taylor 分析法得到的矩形断面明渠水流的纵向离散系数的表达式。实测资料表明,Elder 的结果应用于非棱柱体明渠或天然河道时出入较大。据 Fischer 的分析,主要原因是由于垂线平均流速沿横向分布不均匀所致。影响纵向离散系数的因子不是紊动强度,而是时均流速分布不均匀,如垂向分布不均匀、侧向分布不均匀。天然河流的宽深比一般都在 10 以上,因此,横向流速分布不均匀的影响比垂向分布不均匀要大 100 倍以上。

对于天然河流的纵向离散系数,可用 Fischer 等(1979)提出的公式近似估算,即

$$E_M = 0.011\frac{B^2 U^2}{h u_*} \tag{3-62}$$

式中,B 为河流水面宽度;U 为断面平均流速。由于天然河流的情况复杂,影响因素众多,目前还没有公认的计算离散系数的普遍公式。

3.3 非恒定剪切流离散

3.2 节和 3.3 节主要讨论了恒定剪切流的离散问题。实际上,真实的环境流体常常是非恒定的,如潮汐河口的往复流、湖泊中的风生流等。Fischer 等(1979)曾将 Taylor 关于恒定剪切流的离散分析方法推广到非恒定剪切流的离散,即在恒定流分量上叠加一个振荡分量以形成非恒定流。这里不妨分析一下 3.1 节中例 3-1 具有正弦曲线振荡的线性速度剖面,即

$$u = U(y/d)\sin(2\pi t/T) \tag{3-63}$$

式中,T 为振荡周期。在其恒定剪切流情形,曾给出示踪物在平行平板间的浓度

剖面为

$$\hat{C}(y) = \frac{1}{D}\frac{\partial \bar{C}}{\partial x}\int_{-d/2}^{y}\int_{-d/2}^{y}\frac{U_0 y}{d}\mathrm{d}y\mathrm{d}y + \hat{C}\left(-\frac{d}{2}\right)$$

$$= \frac{1}{D}\frac{\partial \bar{C}}{\partial x}\frac{U_0}{2d}\left(\frac{y^3}{3} - \frac{d^2 y}{4} - \frac{d^3}{12}\right) + \hat{C}\left(-\frac{d}{2}\right) \qquad (3\text{-}64)$$

如果此流动可反向,即 $u = -Uy/d$,则浓度剖面也应反向,即在式(3-64)中以 $-y$ 代替 y,那么得到的离散系数也应当相同。

现在考虑这样一种反向流动,即经过每一时间间隔 $T/2$ 后,流速由 $u = Uy/d$ 反向为 $u = -Uy/d$。经每一反向后,浓度剖面发生改变,但是在浓度剖面完全响应新速度剖面前,需要经历的时间 $T_c = d^2/D$。在此,讨论两种极限情形,一种是反向周期 T 比 T_c 长得多,另一种是反向周期 T 比 T_c 短得多。

首先,考虑反向周期 T 很长情形,即 $T \gg T_c$,此时浓度剖面有足够的时间使其在每一方向来响应速度剖面,即 $\hat{C}$ 达到由式(3-64)给出的浓度剖面所需要的时间将变短,因此,其离散系数与恒定流情形相同。

其次,考虑反向周期 T 很短的情形(与横断面混合时间比较),即 $T \ll T_c$。在这种情形,浓度剖面尚来不及响应速度剖面,但可预期 $\hat{C}$ 将围绕轴对称剖面的平均值波动,此时 $\hat{C} = 0$,那么其离散系数趋于 0。

由上所述,可把这两种极限情形归纳如下:①若 $T \gg T_c$,则离散与恒定流情形相同;②若 $T \ll T_c$,则速度剖面没有引起离散。

第二种极限情形还可用图 3-5 示意性地说明。由图不难看出,当 $T \ll T_c$ 时瞬时线源短暂的变化情况。在此时段内,流动是单向的,线源被拉伸。但是当流动反向后,线源回复到原来的位置。这种结果发生在流动反向前,断面上基本没有混合的情形。

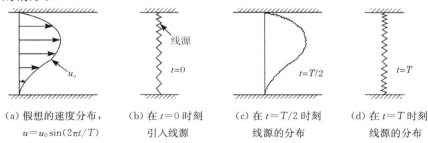

（a）假想的速度分布，　　（b）在 $t=0$ 时刻　　（c）在 $t=T/2$ 时刻　　（d）在 $t=T$ 时刻
　$u = u_0\sin(2\pi t/T)$　　　引入线源　　　　　线源的分布　　　　　线源的分布

图 3-5　当 $T \ll T_c$ 往复流的剪切效应

Taylor 曾做过这两种极限情形的试验。在一只圆形容器的中心安装一个圆柱体,以使圆柱体与容器同轴,并且圆柱体可在容器内旋转。在圆柱体与容器间

的环形空间内充满甘油,并在甘油表面用颜料画了一条直线。当圆柱体旋转时,可产生平行壁面间的剪切流。试验中观察到颜色线被扭曲,直到圆柱体旋转几圈后变得难以辨别。然后,圆柱体再以反方向旋转同样的圈数,当回复到原有位置时,颜色线再现在甘油表面,仿佛变魔术似的!

若要定量地分析非恒定流的离散,则需要求解式(3-13),即由 Taylor 方法简化后的扩散方程,但保留了 $\hat{C}$ 的非恒定项及式(3-63)给出的速度剖面。其边界条件可表示成

$$在 y=\pm\frac{d}{2}处,\frac{\partial\hat{C}}{\partial y}=0 \tag{3-65}$$

不失一般性,可假定初始条件:$\hat{C}(y,0)=0$。式(3-13)中的对流项为一非恒定源项,可近似用一个等强度源项代替此非恒定源项,若令 $t=t_0$,则式(3-13)变为

$$\frac{\partial C^*}{\partial t}-D\frac{\partial^2 C^*}{\partial y^2}=-\frac{Uy}{d}\frac{\partial\bar{C}}{\partial x}\sin\left(\frac{2\pi t_0}{T}\right) \tag{3-66}$$

$$y=\pm\frac{d}{2},\quad C^*(y,0)=0:\frac{\partial C^*}{\partial y}=0 \tag{3-67}$$

式中,C^* 为瞬时加入一个等强度源而引起的浓度分布。对一系列变强度源引起的浓度分布积分,有

$$\hat{C}(y,t)=\int_0^t\frac{\partial}{\partial t}C^*(y,t-t_0;t_0)\mathrm{d}t_0 \tag{3-68}$$

另外,当 $t-t_0$ 变大时,$\frac{\partial C^*}{\partial t}\to 0$。于是,这个解仅取决于 $C^*(y,t;t_0)$ 的新值。因此,对于较大的 t 值,可写出:

$$\hat{C}(y,t)=\int_{-\infty}^t\frac{\partial}{\partial t}C^*(y,t-t_0;t_0)\mathrm{d}t_0 \tag{3-69}$$

经过冗长的分析,积分后得

$$\hat{C}=\frac{2Ud^2}{\pi^3 D}\frac{T}{T_C}\frac{\partial\bar{C}}{\partial x}\sum_{n=1}^{\infty}\frac{(-1)^n}{(2n-1)^2}\sin(2n-1)\pi\frac{y}{d}$$
$$\times\left\{\left[\frac{\pi}{2}(2n-1)^2\frac{T}{T_C}\right]^2+1\right\}^{-1/2}\sin\left(\frac{2\pi t}{T}+\theta_{2n-1}\right) \tag{3-70}$$

其中,$\theta_{2n-1}=\sin^{-1}\left\langle-\left\{\left[\frac{\pi}{2}(2n-1)^2\frac{T}{T_C}\right]^2+1\right\}^{-1/2}\right\rangle$。

在一个振荡周期内,离散系数的平均值可表示为

$$E=\frac{1}{T}\int_0^T\left(-\int_{-d/2}^{d/2}\hat{u}C\mathrm{d}y\Big/d\frac{\partial\bar{C}}{\partial x}\right)\mathrm{d}t$$
$$=\frac{u^2 d^2}{\pi^4 D}\left(\frac{T}{T_C}\right)^2\sum_{n=1}^{\infty}(2n-1)^{-2}\left\{\left[\frac{\pi}{2}(2n-1)^2\left(\frac{T}{T_C}\right)^2\right]^2+1\right\}^{-1} \tag{3-71}$$

对于 $T \ll T_c$,则 $E \to 0$;对于 $T \gg T_c$,则

$$E = \frac{U^2 h^2}{240D} = E_0 \tag{3-72}$$

对于恒定流的线性速度剖面,$u = U\left(\dfrac{y}{d}\right)\sin\alpha$,其中 α 为常数,其离散系数可表示为

$$E = \frac{1}{120} \frac{U^2 d^2 \sin^2\alpha}{D} \tag{3-73}$$

关于所有 α,对 E 取系综平均得

$$\bar{E} = \frac{1}{240} \frac{u^2 d^2}{D} \tag{3-74}$$

对于介于上述两者之间的离散系数,可由式(3-71)求得,并示于图 3-6 中。

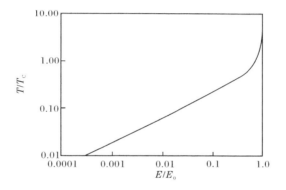

图 3-6　离散系数与振荡周期的关系

依照 Fischer 等的思路,现在恒定流分量上叠加一个振荡分量,其数学表达式为

$$u(y) = u_1(y)\sin\frac{2\pi t}{T} + u_2(y) \tag{3-75}$$

若式中,$u_1 = u_2 = U\dfrac{y}{d}$,则 $u(y)$ 表示一种脉冲流动,如血管中的脉冲流动等。

令 $\hat{C}_1$ 是方程(3-76)的解。

$$\frac{\partial \hat{C}_1}{\partial t} + u_1 \sin\left(\frac{2\pi t}{T}\right)\frac{\partial \bar{C}}{\partial x} = \varepsilon \frac{\partial^2 \hat{C}_1}{\partial y^2} \tag{3-76}$$

式中,ε 为紊动扩散系数。另外,令 $\hat{C}_2$ 是方程(3-77)的解。

$$\frac{\partial \hat{C}_2}{\partial t} + u_2 \frac{\partial \bar{C}}{\partial x} = \varepsilon \frac{\partial^2 \hat{C}_2}{\partial y^2} \tag{3-77}$$

那么,$\hat{C} = \hat{C}_1 + \hat{C}_2$ 是下面方程的解:

$$\frac{\partial \hat{C}}{\partial t}+u(t)\frac{\partial \hat{C}}{\partial x}=\varepsilon \frac{\partial^2 \hat{C}}{\partial y^2} \tag{3-78}$$

其周期平均的离散系数可表示为

$$\widetilde{E}=\frac{1}{T}\int_0^T -\frac{1}{d\partial \bar{C}/\partial x}\int_{-d/2}^{d/2}\left(u_1 \sin \frac{2\pi t}{T}+u_2\right)(\hat{C}_1+\hat{C}_2)\mathrm{d}y\mathrm{d}t \tag{3-79}$$

由前述知，$\hat{C}_1$ 为正弦函数，那么被积函数的叉积项在振荡周期上的积分应为 0。因此，有

$$\widetilde{E}=-\frac{1}{d\partial \bar{C}/\partial x}\left(\frac{1}{T}\int_0^T\int_{-d/2}^{d/2}u_1 \hat{C}_1 \sin \frac{2\pi t}{T}\mathrm{d}y\mathrm{d}t+\int_{-d/2}^{d/2}u_2 \hat{C}_2 \mathrm{d}y\right)=E_1+E_2$$

$$\tag{3-80}$$

式中，E_1 为振荡分量的离散系数；E_2 为恒定流分量的离散系数。E_1 受 T/T_C 的影响，E_2 不受其影响。

以上分析了非恒定流振荡对纵向离散系数的影响，下面以潮汐河口的离散问题为例作一简要分析。若令 $T/T_\mathrm{C}=T'$ 表示横断面混合的无量纲时间比尺，T 为潮周期，T_C 为横断面混合时间。联立式（3-71）和式（3-72），得

$$E=E_0 f(T') \tag{3-81}$$

式中，E_0 表示潮周期 T 比横断面混合时间 T_C 长得多时的离散系数，即式（3-72）。

若河口横断面相对宽而浅，并且可忽略密度效应，则可用式（3-82）计算河口的纵向离散系数（Fischer et al.，1979）：

$$E=0.1\,\overline{u'^2}T\left[\left(\frac{1}{T'}\right)f(T')\right] \tag{3-82}$$

式中，函数 $[(1/T')f(T')]$ 与 T' 的关系如图 3-7 所示，由图可以看出，当 T' 约为 1.0 时，$[(1/T')f(T')]$ 的值最大，约为 0.8。由此表明，若河口很宽（T' 很小）或很窄（T' 很大），则剪切流离散系数很小。如果潮周期与横断面混合需要的时间相当，则剪切流离散可达到其最大值。

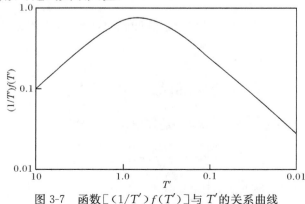

图 3-7　函数 $[(1/T')f(T')]$ 与 T' 的关系曲线

第 4 章　射流、羽流和浮射流

通常,污水或烟流以射流(jet)形式排入受纳水体(receiving waters)或大气中。所谓射流是指流体从各种形式的孔口或喷嘴射入同一种或另一种流体的流动。按照驱使射流在周围环境流体(ambient fluid)中进一步运动和扩散的动力来划分,可分为动量射流(简称射流)、浮力羽流(简称羽流)及浮力射流(简称浮射流)。本章就射流、羽流及浮射流的基本特性、基本理论进行较为系统的论述。

对于污水或烟流排放的变密度射流,其中一个很重要的特征数为密度 Froude 数 F_d,其定义为

$$F_d = \frac{U}{\sqrt{\dfrac{\rho_a - \rho}{\rho_a} gL}} = \frac{U}{\sqrt{g'L}} \tag{4-1}$$

式中,U 为特征流速;L 为特征长度;ρ 为污水或烟流排放的密度;ρ_a 为周围环境流体的密度;g' 为折减重力加速度(reduced gravitational acceleration)。由式(4-1)可得出:

当 $F_d \to \infty$ 时,变密度射流为动量射流(momentum jet)。

当 $F_d \to 0$ 时,变密度射流为羽流(plume)。

当 $0 < F_d < \infty$ 时,变密度射流为浮射流(buoyant jet)。

周围环境流体的条件直接影响污水或烟流排放的行为,不仅会产生浮力效应(buoyancy effect),而且还有分层效应(stratification effect)、横流效应(crossflow effect)等(Fan and Brooks,1969)。由于污水或烟流排放的密度一般不同于周围环境流体的密度。例如,污水排入大海,污水排放的密度几乎相同,约比海水轻 2.6%,虽然其密度差较小,但其对射流行为的浮力效应却较为显著。如图 4-1(a)所示,射流水平向排入较重的环境流体中,将会发生向上弯曲现象。诸如此类具有初始浮力通量及初始动量通量的射流,称为浮射流。其极限情形,流动只是由浮力通量引起,则称为羽流。热电厂冷却水排入受纳水体或烟流排入大气即为典型的浮力效应现象。海洋、水库及大气由于盐度、温度在铅垂方向不均匀一般存在密度分层现象。例如,在稳定分层的海洋中,由于浮射流与较重的下层水体的快速混合,并在中轴线上方形成浮云(buoyant cloud),可防治污水到达水面,如图 4-1(b)所示。此种污水排放场的淹没度以及在浮云中的稀释度常常是污染控制中最为关心的问题。若河流、大气或海洋处于流动状态,相对于污水或烟流排放而言,将其称为横流。这种环境横流直接影响排放污水或烟流的扩散特性,如图 4-1(c)所示。

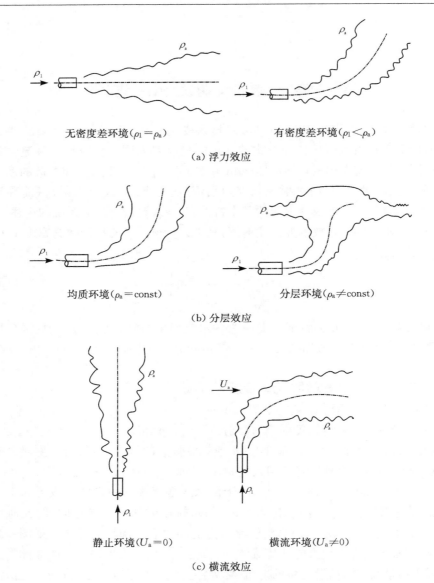

无密度差环境($\rho_1 = \rho_a$)　　　　　　　　　有密度差环境($\rho_1 < \rho_a$)

（a）浮力效应

均质环境($\rho_a = \text{const}$)　　　　　　　　　分层环境($\rho_a \neq \text{const}$)

（b）分层效应

静止环境($U_a = 0$)　　　　　　　　　横流环境($U_a \neq 0$)

（c）横流效应

图 4-1　环境条件对射流行为的影响

4.1　紊动射流基本方程

4.1.1　紊流基本方程

紊流（turbulent flow）是黏性流体（viscous fluid）在一定条件下所产生的一种

运动状态,因而描述黏性流体的运动方程同样适用于紊流。从概率统计的角度来看,紊流实质上是一种随机过程,最简单的统计特征是平均值。下面从雷诺平均概念出发,建立紊流运动的基本方程,其方法就是把黏性流体的连续性方程和运动方程中的各个变量看作随机变量,即由时均值与脉动值组成,然后取时间平均,即可得到紊流时均流动的基本方程。

黏性不可压缩流体(incompressible fluid)的连续性方程(equation of continuity)为

$$\frac{\partial u_i}{\partial x_i} = 0 \tag{4-2}$$

以 $u_i = \bar{u}_i + u_i'$ 代入式(4-2),并取时间平均得

$$\frac{\partial \bar{u}_i}{\partial x_i} = 0 \tag{4-3}$$

因 $\frac{\partial u_i}{\partial x_i} = \frac{\partial \bar{u}_i}{\partial x_i} + \frac{\partial u_i'}{\partial x_i} = 0$,并考虑到式(4-3),则有

$$\frac{\partial u_i'}{\partial x_i} = 0 \tag{4-4}$$

式(4-4)表明脉动流速也满足连续性方程。

黏性不可压缩流体的运动方程(equation of motion),即 Navier-Stokes 方程可写为

$$\frac{\partial u_i}{\partial t} + u_j \frac{\partial u_i}{\partial x_j} = f_i - \frac{1}{\rho} \frac{\partial p}{\partial x_i} + \nu \frac{\partial^2 u_i}{\partial x_j \partial x_j} \tag{4-5}$$

以 $u_i = \bar{u}_i + u_i'$,$p = \bar{p} + p'$ 代入式(4-5),并取时间平均得

$$\frac{\partial \bar{u}_i}{\partial t} + \bar{u}_j \frac{\partial \bar{u}_i}{\partial x_j} + \overline{u_j' \frac{\partial u_i'}{\partial x_j}} = f_i - \frac{1}{\rho} \frac{\partial \bar{p}}{\partial x_i} + \nu \frac{\partial^2 \bar{u}_i}{\partial x_j \partial x_j} \tag{4-6}$$

式(4-6)中左边第三项可改写如下:

$$\overline{u_j' \frac{\partial u_i'}{\partial x_j}} = \frac{\partial}{\partial x_j} (\overline{u_i' u_j'}) - \overline{u_i' \frac{\partial u_j'}{\partial x_j}}$$

据式(4-4)、式(4-6)右边第二项为 0,故

$$\overline{u_j' \frac{\partial u_i'}{\partial x_j}} = \frac{\partial}{\partial x_j} (\overline{u_i' u_j'})$$

将这个关系代入式(4-5),则得

$$\frac{\partial \bar{u}_i}{\partial t} + \bar{u}_j \frac{\partial \bar{u}_i}{\partial x_j} = f_i - \frac{1}{\rho} \frac{\partial \bar{p}}{\partial x_i} + \frac{1}{\rho} \frac{\partial}{\partial x_j} \left(\mu \frac{\partial \bar{u}_i}{\partial x_j} - \rho \overline{u_i' u_j'} \right) \tag{4-7}$$

式(4-7)即为紊流时均运动方程,常称为雷诺方程(Reynolds equation)。式(4-7)中的 $-\rho \overline{u_i' u_j'}$ 称为雷诺应力(Reynolds stress),它表示脉动对时均流动的影响,这是雷诺方程不同于 Navier-Stokes 方程而特有的一项。雷诺方程式(4-7)与连续性方程式(4-3)一起构成紊流时均运动的基本方程组,其未知量共 10 个,但

只有 4 个方程,方程组不封闭。为使方程组封闭,必须寻求其他途径来解决这个问题(见4.2节)。

4.1.2　紊流边界层方程

不可压缩流体的紊流边界层(boundary layer)方程可由雷诺方程简化得到。按照边界层厚度 δ 远小于其长度 L 的特性,用量级比较的方法,忽略方程中量级较小的项后可导出不可压缩恒定流动的边界层方程。现给出常用的两种形式。

1) 恒定二维(two-dimensional)边界层方程

$$\frac{\partial \bar{u}}{\partial x}+\frac{\partial \bar{v}}{\partial y}=0 \tag{4-8}$$

$$\bar{u}\frac{\partial \bar{u}}{\partial x}+\bar{v}\frac{\partial \bar{u}}{\partial y}=f-\frac{1}{\rho}\frac{\partial \bar{p}}{\partial x}+\frac{1}{\rho}\frac{\partial}{\partial y}\left(\mu\frac{\partial \bar{u}}{\partial y}-\rho\overline{u'v'}\right) \tag{4-9}$$

$$\frac{\partial \bar{p}}{\partial y}=0 \tag{4-10}$$

2) 恒定轴对称(axisymmetric)边界层方程

$$\frac{\partial \bar{u}}{\partial x}+\frac{1}{r}\frac{\partial (r\bar{v})}{\partial r}=0 \tag{4-11}$$

$$\bar{u}\frac{\partial \bar{u}}{\partial x}+\bar{v}\frac{\partial \bar{u}}{\partial r}=f-\frac{1}{\rho}\frac{\partial \bar{p}}{\partial x}+\frac{1}{\rho r}\frac{\partial}{\partial r}\left[r\left(\mu\frac{\partial \bar{u}}{\partial r}-\rho\overline{u'v'}\right)\right] \tag{4-12}$$

$$\frac{\partial \bar{p}}{\partial r}=0 \tag{4-13}$$

在紊动射流中,黏性切应力项 $\mu\dfrac{\partial \bar{u}}{\partial y}$ 远小于雷诺应力项 $-\rho\overline{u'v'}$,可以忽略不计。对于自由射流,压力梯度近似为 0,即 $\dfrac{\partial \bar{p}}{\partial x}\approx 0$,因此方程又可进一步简化。

为简洁起见,今后在使用本节给出的各时均流方程时,常常脱掉冠以变量上面的时均符号。

4.2　紊流的半经验理论

由 4.1 节可知,由于雷诺应力的出现使得描述紊流运动的基本方程组不封闭,人们无法通过雷诺方程求解紊流问题。虽然紊流理论和试验研究已取得很大进展,但迄今为止,关于紊流的机理还未彻底搞清,还谈不上有一种紊流理论能普遍而有效地应用于工程实际问题。另外,工程中有大量的紊流问题需要解决,不能束手等待理论的发展。于是使得根据经验方法或实验数据等建立起来的一些半经验理论(semi-empirical theory)方法得到了发展和应用。本节主要介绍在紊动射流中常用的 Prandtl 混合长度(mixing length)理论、Prandtl 自由紊流(free turbulence)理论。关于其他半经验理论可参阅《冲击射流》(董志勇,1997)。

4.2.1　Prandtl 混合长度理论

Prandtl 于 1925 年提出了混合长度理论,其基本思想是把紊流脉动比拟于分子运动。由分子动量输运而引起的黏性切应力可表示为

$$\tau_l = \mu \frac{\mathrm{d}u}{\mathrm{d}y} \tag{4-14}$$

与此相应,认为紊动引起的紊动切应力也可表示成上述形式,即

$$\tau_t = -\rho \overline{u'v'} = \mu_t \frac{\mathrm{d}\overline{u}}{\mathrm{d}y} \tag{4-15}$$

并称 μ_t 为紊动黏性系数(turbulence viscosity)或涡黏性系数。

下面研究图 4-2 所示的简单平行流动。ox 轴取在壁面上,oy 轴垂直向上,平均流速为 $\overline{u}$,它只是 y 的函数,即 $\overline{u} = \overline{u}(y)$。

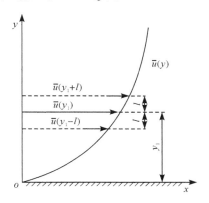

图 4-2　混合长度理论示意图

现考察 $y = y_1$ 上的雷诺应力。设在 $y_1 - l$ 处具有速度为 $\overline{u}(y_1 - l)$ 的流体微团(clump)向上移动一段距离 l,这个距离 l 称为 Prandtl 混合长度。若该流体微团保持原有的动量,则当它到达新的流层 y_1 处,此微团之速度较 y_1 处流体的速度为小。这个速度差可展开为 Taylor 级数,略去高阶小量,则有

$$\Delta u_1 = \overline{u}(y_1) - \overline{u}(y_1 - l) \approx l \left(\frac{\mathrm{d}\overline{u}}{\mathrm{d}y} \right)_{y_1} \tag{4-16}$$

由于流体微团是从下向上运动,故 y 方向的脉动速度为正,即 $v' > 0$。同样,自 $y_1 + l$ 处具有速度 $\overline{u}(y_1 + l)$ 的流体微团向 y_1 处流层运动,将具有比 y_1 处流体有较高的速度,其速度差为

$$\Delta u_2 = \overline{u}(y_1 + l) - \overline{u}(y_1) \approx l \left(\frac{\mathrm{d}\overline{u}}{\mathrm{d}y} \right)_{y_1} \tag{4-17}$$

由于流体微团是从上向下运动,因此,$v' < 0$。混合长度把上面所说的任一速

度差,假定为 $y=y_1$ 流层处由流体微团横向运动所引起的 x 方向紊流脉动速度,即

$$|u'|=\frac{1}{2}(|\Delta u_1|+|\Delta u_2|)=l\left|\frac{\mathrm{d}\bar{u}}{\mathrm{d}y}\right| \qquad (4\text{-}18)$$

y 方向脉动速度 v' 的量级可由下面假设得出:流体微团从上侧或下侧进入所讨论的那一层,它们以相对速度 $l\dfrac{\mathrm{d}\bar{u}}{\mathrm{d}y}$ 互相接近或离开,于是由此而引起同样量级的横向速度,因此 v' 必定也是 u' 的量级,故

$$|v'|\sim l\left|\frac{\mathrm{d}\bar{u}}{\mathrm{d}y}\right| \qquad (4\text{-}19)$$

而横向脉动 v' 与纵向脉动 u' 的符号相反,即

$$\overline{u'v'}=-k\,\overline{|u'|\,|v'|} \qquad (4\text{-}20)$$

式中,k 为常数。将式(4-18)和式(4-19)代入式(4-20),得

$$\overline{u'v'}=-cl^2\left(\frac{\mathrm{d}\bar{u}}{\mathrm{d}y}\right)^2 \qquad (4\text{-}21)$$

应当注意,常数 c 与式(4-20)中的常数 k 并不相同,若将式(4-21)中的常数归并到前面引入的但尚未确定的混合长度 l 中去,则式(4-21)可写为

$$\overline{u'v'}=-l^2\left(\frac{\mathrm{d}\bar{u}}{\mathrm{d}y}\right)^2 \qquad (4\text{-}22)$$

将式(4-22)代入式(4-15),得

$$\tau_{\mathrm{t}}=\rho l^2\left(\frac{\mathrm{d}\bar{u}}{\mathrm{d}y}\right)^2 \qquad (4\text{-}23)$$

考虑到 τ_{t} 的符号必须随 $\mathrm{d}\bar{u}/\mathrm{d}y$ 的符号而改变,所以更正确的写法是

$$\tau_{\mathrm{t}}=\rho l^2\left|\frac{\mathrm{d}\bar{u}}{\mathrm{d}y}\right|\frac{\mathrm{d}\bar{u}}{\mathrm{d}y} \qquad (4\text{-}24)$$

这就是 Prandtl 的混合长度理论,后面将会看到,它在紊动射流的理论分析中是非常有用的。

式(4-24)还可写为

$$\tau_{\mathrm{t}}=\mu_{\mathrm{t}}\frac{\mathrm{d}\bar{u}}{\mathrm{d}y},\quad \mu_{\mathrm{t}}=\rho l^2\left|\frac{\mathrm{d}\bar{u}}{\mathrm{d}y}\right| \qquad (4\text{-}25)$$

值得指出,层流黏性系数 μ 是分子的运动特性,与宏观运动无关;而紊动黏性系数不仅与紊流脉动有关,而且与平均流场有关。所以这种比拟的混合长度理论在本质上是有缺陷的。然而,实验表明,这种理论对于某些流动,的确与实验符合得很好。

4.2.2　Prandtl 自由紊流理论

Prandtl 的混合长度理论在 $\mathrm{d}\bar{u}/\mathrm{d}y$ 等于 0 的那些点上,即在速度有最大值和

最小值的那些点上,涡黏性系数等于 0。事实上,在最大速度点上,紊动掺混并未消失,已被许多试验所证实。为了克服这些困难,Prandtl 于 1942 年建立了一个相当简单的涡黏性系数表达式,它只适用于自由紊流(混合层、射流及尾流)情形,而且是根据 Reichardt(1942)年对自由紊流的大量测量数据得出的。在建立这个理论时,Prandtl 假定紊流混合中沿横向运动的流体微团的尺度与混合区的宽度有相同的量级。由 4.2.1 节可以看出,混合长度理论中的流体微团与流动区域的横向尺度相比是小量。现在涡黏性系数由时均速度的最大差值与正比于混合区宽度 b 的一个长度的积组成,即

$$\mu_t = \rho k b (\bar{u}_{\max} - \bar{u}_{\min}) \tag{4-26}$$

或

$$\nu_t = k b (\bar{u}_{\max} - \bar{u}_{\min}) \tag{4-27}$$

式中,k 为常数,由实验确定;$\bar{u}_{\max}$、$\bar{u}_{\min}$ 分别为轴向最大、最小时均速度。由式(4-27)可知,在每个横截面的整个宽度上 μ_t 保持常数,而混合长度理论,即使假定混合长度 l 不变,μ_t 也是变化的。紊动切应力可由式(4-28)给出:

$$\tau_t = \rho k b (\bar{u}_{\max} - \bar{u}_{\min}) \frac{d\bar{u}}{dy} \tag{4-28}$$

上述半经验理论在早期看来很满意,因为当时只量测了时均流速分布,而这个分布对于半经验理论中的假定又不太敏感,尤其是有些系数需由实测资料加以确定,理论结果与实测资料甚为一致。但当更精细的实测资料积累以后,不难看出这些理论在原理上的缺陷和应用上的局限性。为了弥补这些缺陷,人们从雷诺应力方程出发来建立紊流模型,感兴趣的读者可参阅《射流力学》(董志勇,2005)。从紊流模型的角度来看,半经验理论属于零方程模型。有了 4.1 节的基本方程和本节的半经验理论后,下面就可以着手讨论紊动射流的特性了。

4.3　自由紊动射流的一般特性

本节先介绍自由紊动射流(turbulent jets)的一些基本特性,以对射流有一定的初步认识。

射流以初始流速 u_0 自孔口出射后与周围静止流体间形成速度不连续的间断面,如图 4-3 所示。由紊流理论知,速度间断面是不稳定的,必定会产生波动,并发展成涡旋,从而引起紊动。这样就会把原来周围处于静止状态的流体卷吸(entrainment)到射流中,这就是射流的卷吸现象。随着紊动的发展,被卷吸并与射流一起运动的流体不断增多,射流边界逐渐向两侧扩展,流量沿程增大。由于周围静止流体与射流的掺混,相应产生了对射流的阻力,使射流边缘部分流速降低,难以保持原来的初始流速。射流与周围流体的掺混自边缘逐渐向中心发展,

经过一定距离发展到射流中心,自此以后射流的全断面上都发展成紊流。由孔口边界开始向内外扩展的掺混区称为剪切层(shear layer)或混合层(mixing layer)。其中心部分未受掺混的影响,仍保持原出口流速 u_0 的区域称为射流的势流核(potential core)。从孔口至势流核末端之间的这一段称为射流的初始段(zone of flow establishment)。紊流充分发展以后的射流称为射流的主体段(zone of established flow)。在初始段与主体段之间有一个很短的过渡段(transition),一般在分析中不予考虑。

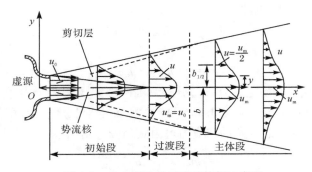

图 4-3　自由紊动射流流动特征示意图

据 Albertson 等(1950)、Абрамович(1960)的试验研究和理论分析表明,自由紊动射流具有以下重要特性。

4.3.1　断面流速分布的相似性

图 4-4(a)为自由紊动平面射流不同断面的流速分布图,各个断面流速分布显示出相似性(similarity),轴线上流速最大,距轴越远流速越小。若将流速 u 和断面上横向坐标 y 分别以无量纲坐标 u/u_m 和 $y/b_{1/2}$ 来表示,则所有各断面上无量纲流速分布均落在同一条曲线上,如图 4-4(b)所示。u 表示任意断面上距轴线 y 处流速,u_m 为该断面轴线流速(axis velocity),$b_{1/2}$ 为半值宽,即 $u = 0.5u_m$ 处的 y 值。其无量纲流速分布符合正态分布或称高斯分布:

$$\frac{u}{u_m} = \exp\left[-\left(\frac{y}{b_{1/2}}\right)^2\right] \tag{4-29}$$

4.3.2　射流边界的线性扩展

实测结果与理论分析表明,紊动射流的剪切层厚度随距离发展呈线性增加。若将主体段射流的上下边界线延长,则交汇于 O 点,该点称为射流的"虚源"(virtual origin)。根据厚度线性增长的规律,则有

$$b/x = \tan\theta = \text{const} \tag{4-30}$$

式中，θ 为射流边界线与轴线的夹角。初始段边界的发展也为直线，但扩散角与主体段不同。

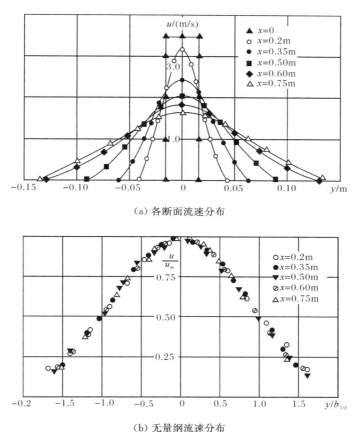

（a）各断面流速分布

（b）无量纲流速分布

图 4-4　射流横断面流速分布

若从相干结构（coherent structures）理论来考察，射流边界的线性扩展则由涡旋配对（vortex pairing）所致，即在涡旋配对过程中，周围流体被卷吸到射流中，涡旋合并以后，射流断面随之扩大（Winant and Browant，1974），如图 4-5 所示。

应当指出，射流的边界为线性扩展，这仅仅是宏观的概念，由于紊动作用在边界面附近表现得很剧烈，从试验观察到的边界线并不是一条光滑笔直的直线，而是锯齿形线。

4.3.3　动量通量守恒

自由射流（free jet）中的压强可认为等于周围流体的压强。根据这一特性，射流中的压强沿 x 方向没有变化，即

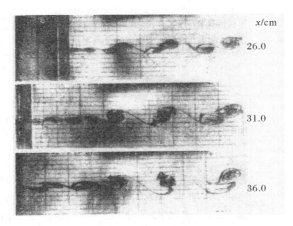

$$x/\text{cm}$$
$$26.0$$
$$31.0$$
$$36.0$$

图 4-5　涡旋配对现象

$$\frac{\partial p}{\partial x}=0 \tag{4-31}$$

既然在 x 方向没有压差存在,则在 x 方向必定保持动量通量守恒(conservation of momentum flux),即

$$\int_A \rho u^2 \,\mathrm{d}A = \text{const} \tag{4-32}$$

通过以上讨论,已对自由紊动射流的一般物理特性有了初步了解。为了深入理解紊动射流的特性,将在 4.4 节和 4.5 节中分别对紊动平面射流和紊动圆形射流的时均流动特性进行理论分析。

4.4　紊动平面射流

本节对自由紊动平面射流(plane jet)进行理论分析。首先介绍 Gortler 的经典解答,其次介绍主体段和初始段一些特征物理量的变化规律。

从缝隙(slot)或狭长孔口喷出的射流可按平面问题分析。一般当出口雷诺数 $Re=2b_0 u_0/\nu>30$ 时,可认为射流是紊动的。本节讨论无限静止流体空间中紊动平面射流的运动。由于射流的纵向尺度远大于其横向尺度,可应用边界层理论进行分析。对于恒定紊动平面射流,忽略黏性切应力后,其基本微分方程组式(4-8)～式(4-10)变为

$$u\frac{\partial u}{\partial x}+v\frac{\partial u}{\partial y}=\frac{1}{\rho}\frac{\partial \tau}{\partial y} \tag{4-33}$$

$$\frac{\partial u}{\partial x}+\frac{\partial v}{\partial y}=0 \tag{4-34}$$

式中，$\tau = -\rho\overline{u'v'}$，即雷诺应力。

　　求解上面的方程组时，关键在于对雷诺应力项的模拟。Tollmien 于 1926 年应用 Prandtl 混合长度理论作了求解，其后 Gortler 于 1942 年基于 Prandtl 的自由紊流理论提出了解答。4.4.1 节将对 Gortler 的经典解做介绍，至于 Tollmien 的经典解可参阅《冲击射流》(董志勇，1997)。

4.4.1　紊动平面射流的理论解

　　Gortler 根据 Prandtl 的自由紊流理论，求解了平面射流的流速分布，现介绍如下。

　　对于在静止流体中扩散的射流，Prandtl 自由紊流理论中的 $u_{\min} = 0$，则 $\nu_t = kbu_m$，u_m 为轴线流速。将 ν_t 值代入紊流边界层方程(4-9)，得

$$u\,\frac{\partial u}{\partial x} + v\,\frac{\partial u}{\partial y} = kbu_m\,\frac{\partial^2 u}{\partial y^2} \tag{4-35}$$

　　取某一特征断面，x 坐标值为 s，射流宽度为 b_s，轴线流速为 u_{ms}，则按动量通量守恒条件可得到 $u_m \propto 1/\sqrt{x}$ 及 $b \propto x$ 的关系。对于距离为 x 的任意断面，其轴线流速和射流宽度可写为

$$\frac{u_m}{u_{ms}} = \sqrt{\frac{s}{x}}, \quad \frac{b}{b_s} = \frac{x}{s}$$

$$\frac{\nu_t}{\nu_{ts}} = \sqrt{\frac{x}{s}}$$

式中，$\nu_{ts} = kb_s u_{ms}$。

　　引入新变量 $\eta = \sigma y/x$，σ 为一待定常数，并引入流函数(stream function)ψ：

$\psi = \dfrac{u_{ms}}{\sigma}s^{1/3}x^{1/2}F(\eta)$，则有

$$\frac{u}{u_{ms}} = \sqrt{\frac{s}{x}}F'$$

$$\frac{v}{u_{ms}} = \sqrt{\frac{s}{x}}\,\frac{1}{\sigma}\left(\eta F' - \frac{1}{2}F\right)$$

　　将上列关系式代入式(4-35)得出求 $F(\eta)$ 的微分方程：

$$\frac{1}{2}F' + \frac{1}{2}FF'' + \frac{\nu_{ts}}{u_{ms}}\sigma^2 F''' = 0 \tag{4-36}$$

其边界条件为，当 $\eta = 0$ 时，$F = 0$ 及 $F' = 1$；当 $\eta = \infty$ 时，$F' = 0$。

　　方程(4-33)的解为

$$F = \tanh\eta \tag{4-37}$$

由此得流速 u 为

$$\frac{u}{u_{ms}} = \sqrt{\frac{s}{x}}(1 - \tanh^2 \eta) \tag{4-38}$$

特征断面的轴线流速 u_{ms} 可通过单宽射流的动量通量守恒条件推求,动量通量为

$$J = \rho \int_{-\infty}^{\infty} u^2 \mathrm{d}y$$

积分后得 $J = \frac{4}{3}\rho u_{ms}^2 \frac{s}{\sigma}$。

令 $K = J/\rho$,最后得流速分布表达式为

$$u = \frac{\sqrt{3}}{2}\sqrt{\frac{K\sigma}{x}}(1 - \tanh^2 \eta) \tag{4-39}$$

$$v = \frac{\sqrt{3}}{4}\sqrt{\frac{K}{x\sigma}}\big[2\eta(1 - \tanh^2 \eta) - \tanh\eta\big] \tag{4-40}$$

唯一的经验常数 σ 的值由 Reichardt 于 1942 年求得 $\sigma = 7.67$。

图 4-6 绘出了 Gortler 解与 Tollmien 解及 Forthmann 于 1933 年实验结果的比较。由图可知,在轴线附近,Gortler 解比 Tollmien 解与实测值吻合得好些,而在靠近射流边缘处后者比前者符合得好些。

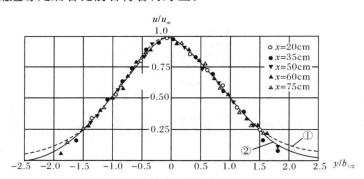

图 4-6　紊动平面射流速度分布理论与试验比较
①Gortler 解;②Tollmien 解

4.4.2　紊动平面射流的主体段

1. 轴线流速衰减(decay)规律

现利用射流动量通量守恒原理来推导射流轴线流速的沿程变化规律。射流任意断面上单位宽度沿 x 方向的动量通量应为

$$J = \int_{-\infty}^{\infty} \rho u^2 \mathrm{d}y \tag{4-41}$$

由孔口出射的初始单宽动量通量为

$$J_0 = 2b_0 \rho u_0^2 \tag{4-42}$$

由动量通量守恒原理得

$$\int_{-\infty}^{\infty} \rho u^2 \, \mathrm{d}y = 2b_0 \rho u_0^2 \tag{4-43}$$

考虑到断面流速分布的相似性,即

$$\frac{u}{u_{\mathrm{m}}} = f\left(\frac{y}{b}\right) \tag{4-44}$$

式中,b 为射流的特征半厚度,可视计算方便加以选择;函数 $f(y/b)$ 通常采用高斯分布形式,即

$$\frac{u}{u_{\mathrm{m}}} = \exp\left[-\left(\frac{y}{b}\right)^2\right] \tag{4-45}$$

关于射流特征半厚度 b,这样选择比较方便:当 y 等于该特征半厚度时,刚好使 $u/u_{\mathrm{m}} = 1/\mathrm{e}$,令满足这种条件的特征半厚度为 b_{e},显然在 $y = b_{\mathrm{e}}$ 的点上,$u/u_{\mathrm{m}} = 1/\mathrm{e}$。将式(4-45)代入式(4-41),动量积分式成为

$$\rho \int_{-\infty}^{\infty} u^2 \, \mathrm{d}y = 2\rho \int_{0}^{\infty} u_{\mathrm{m}}^2 \exp\left[-2\left(\frac{y}{b}\right)^2\right] \mathrm{d}y = \rho b_{\mathrm{e}} \sqrt{\frac{\pi}{2}} u_{\mathrm{m}}^2 \tag{4-46}$$

由式(4-43),有

$$\frac{b_{\mathrm{e}}}{b_0} = \sqrt{\frac{\pi}{8}} \left(\frac{u_{\mathrm{m}}}{u_0}\right)^2 \tag{4-47}$$

考虑到射流厚度的线性扩展,可令

$$b_{\mathrm{e}} = cx \tag{4-48}$$

将式(4-48)代入式(4-47),得

$$\frac{u_{\mathrm{m}}}{u_0} = \left(\sqrt{\frac{2}{\pi}} \frac{1}{c}\right)^{1/2} \left(\frac{2b_0}{x}\right)^{1/2} \tag{4-49}$$

据 Albertson 等的实验,$c = 0.154$,代入式(4-49)可得射流轴线流速 u_{m} 沿程变化关系式:

$$\frac{u_{\mathrm{m}}}{u_0} = 2.28 \sqrt{\frac{2b_0}{x}} \tag{4-50}$$

式(4-50)表明,紊动平面射流轴线流速随 $x^{-1/2}$ 而变化。另外,由 Tollmien 解得到的轴线流速 u_{m} 随 x 的衰减关系为

$$\frac{u_{\mathrm{m}}}{u_0} = 1.2 \Big/ \sqrt{\frac{ax}{b_0}} \tag{4-51}$$

式中,$a = \sqrt[3]{2c^2}$。

紊动平面射流虚源(图 4-7)位于孔口之内,系射流主体段两条外边界线的交点,也是理论分析中的坐标原点。若设孔口出口断面的位置以 s_0 表示,则

$$\frac{s_0}{b_0}=\frac{0.41}{a}=\frac{0.41}{(2c^2)^{1/3}}=1.12 \tag{4-52}$$

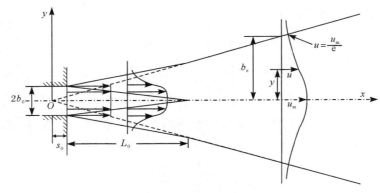

图 4-7　平面自由紊动射流

2. 流量沿程变化

由于射流的卷吸作用,流量将沿程增大,任意断面上单宽流量(discharge per unit width)为

$$q=\int_{-\infty}^{\infty}u\mathrm{d}y \tag{4-53}$$

将式(4-45)代入式(4-53),得

$$q=2\int_{-\infty}^{\infty}u_{\mathrm{m}}\exp\left[-\left(\frac{y}{b_{\mathrm{e}}}\right)^2\right]\mathrm{d}y=\sqrt{\pi}b_{\mathrm{e}}u_{\mathrm{m}} \tag{4-54}$$

设孔口出射的初始单宽流量为 q_0,即 $q_0=2b_0u_0$,因而

$$\frac{q}{q_0}=\frac{\sqrt{\pi}}{2}\frac{b_{\mathrm{e}}}{b_0}\frac{u_{\mathrm{m}}}{u_0} \tag{4-55}$$

将式(4-47)和式(4-49)代入式(4-55),得

$$\frac{q}{q_0}=0.62\sqrt{\frac{x}{2b_0}} \tag{4-56}$$

若射流为污水,则 q/q_0 表示污水在水体中的稀释度。

3. 射流卷吸系数

将式(4-47)和式(4-49)代入式(4-55)微分得

$$\frac{\mathrm{d}q}{\mathrm{d}x}=\frac{1}{2}(\sqrt{2\pi}c)^{1/2}\left(\frac{2b_0}{x}\right)^{1/2}u_0=\frac{\sqrt{\pi}}{2}cu_{\mathrm{m}} \tag{4-57}$$

若射流为不可压缩流体,按照连续性原理,在 $\mathrm{d}x$ 流段内流量的增加,应当与从正交于射流轴线方向卷吸的流量相等。设两侧的卷吸速度为 v_{e},则单宽卷吸流

量为 $\mathrm{d}q = 2v_{\mathrm{e}}\mathrm{d}x$，即

$$\frac{\mathrm{d}q}{\mathrm{d}x} = 2v_{\mathrm{e}} \qquad (4\text{-}58)$$

将式(4-58)与式(4-57)比较得

$$2v_{\mathrm{e}} = \frac{\sqrt{\pi}}{2}cu_{\mathrm{m}} \qquad (4\text{-}59)$$

由此可见，卷吸速度 v_{e} 与 u_{m} 成比例，于是可令

$$v_{\mathrm{e}} = \alpha u_{\mathrm{m}} \qquad (4\text{-}60)$$

式中，α 为卷吸系数。对于平面射流，有

$$\alpha = \frac{\sqrt{\pi}}{4}c \qquad (4\text{-}61)$$

采用 Albertson 等(1950)的实验结果，$c = 0.154$，则平面射流的卷吸系数 $\alpha = 0.069$。

4.4.3　紊动平面射流的初始段长度

利用射流轴线流速变化关系式(4-50)，令式中 $u_{\mathrm{m}} = u_0$，则可求出初始段的长度：

$$L_0 = 5.2(2b_0) \qquad (4\text{-}62)$$

4.4.4　紊动平面射流的浓度分布

若射流为污水，设污水中污染物引起射流密度的变化可以忽略不计，并且污染物浓度分布对流速分布的影响可以忽略，则可以分别计算污染物浓度分布和流速分布。

据前人实验研究表明，在射流主体段，污染物浓度在断面上的分布也存在相似性。在背景浓度为 0 的静止环境中，流速分布与浓度分布存在下列关系：

$$\frac{C}{C_{\mathrm{m}}} = \left(\frac{u}{u_{\mathrm{m}}}\right)^{1/2} \qquad (4\text{-}63)$$

式中，C_{m} 为射流轴线浓度；C 为同断面上任意点的浓度。设断面浓度分布符合高斯分布：

$$\frac{C}{C_{\mathrm{m}}} = \exp\left[-\left(\frac{y}{\lambda b_{\mathrm{e}}}\right)^2\right] \qquad (4\text{-}64)$$

式中，λ 为大于 1 的系数，由实验得 $\lambda = 1.41$。

根据物质守恒原理，射流任意断面上污染物的含量应保持相等，故

$$\int_{-\infty}^{\infty} uC\mathrm{d}y = 2u_0 C_0 b_0 \qquad (4\text{-}65)$$

式中，C_0 为射流出口处污染物浓度。

将式(4-45)和式(4-64)代入式(4-65)左端,得

$$\int_{-\infty}^{\infty} uC\mathrm{d}y = 2\int_{0}^{\infty} C_{\mathrm{m}} \exp\left[-\left(\frac{y}{\lambda b_{\mathrm{e}}}\right)^2\right] u_{\mathrm{m}} \exp\left[-\left(\frac{y}{b_{\mathrm{e}}}\right)^2\right] \mathrm{d}y = \sqrt{\frac{\pi\lambda^2}{1+\lambda^2}} u_{\mathrm{m}} C_{\mathrm{m}} b_{\mathrm{e}}$$

(4-66)

联立式(4-65)和式(4-66),并令 $b_{\mathrm{e}} = \varepsilon x$,则

$$\frac{C_{\mathrm{m}}}{C_0} = \left(\frac{1+\lambda^2}{\lambda^2 \varepsilon} \frac{1}{\sqrt{2\pi}}\right)^{1/2} \left(\frac{2b_0}{x}\right)^{1/2}$$

(4-67)

令式(4-67)中 $\lambda = 1.41, \varepsilon = 0.154$,得轴线浓度衰减规律:

$$\frac{C_{\mathrm{m}}}{C_0} = 2.34 \left(\frac{2b_0}{x}\right)^{1/2}$$

(4-68)

例 4-1　某排污管将初步处理的生活污水排入湖泊,其出口为狭长矩形,孔宽为 0.2m,污水出流方向垂直向上,出射流速为 4.0m/s,出口平面位于湖面下 24m,排放污水浓度为 1200mg/L,设污水与湖水密度基本相同,试求到达湖面时的最大流速、最大浓度和稀释度。

解　按平面射流问题处理。

射流到达水面时

$$\frac{2b_0}{x} = \frac{0.2}{24}$$

射流到达湖面时的最大流速为

$$u_{\mathrm{m}} = 2.28 u_0 \sqrt{\frac{2b_0}{x}} = 0.83\mathrm{m/s}$$

射流到达湖面时的最大浓度为

$$C_{\mathrm{m}} = 2.34 C_0 \sqrt{\frac{2b_0}{x}} = 256.33\mathrm{mg/L}$$

射流到达湖面时的稀释度为

$$\frac{q}{q_0} = 0.62 \sqrt{\frac{x}{2b_0}} = 6.79$$

4.5　紊动圆形射流

紊动平面射流(plane jet)和紊动圆形射流(circular jet)是实际应用中常见的两种射流形态。本书在 4.4 节中已对紊动平面射流作了较详细的讨论,本节讨论紊动圆形射流,与 4.4 节类似,主要从理论解、主体段和初始段等方面加以论述。

4.5.1　紊动圆形射流的理论解

Schlichting(1979)应用 Prandtl 自由紊流理论,将雷诺应力表示为

$$-\rho\overline{u'v'}=\rho\nu_{\rm t}\frac{\partial u}{\partial r} \tag{4-69}$$

考虑到 $b\propto x$，$u_{\rm m}\propto 1/x$ 的关系，则

$$\nu_{\rm t}\propto x\cdot\frac{1}{x}=x^0 \tag{4-70}$$

故沿流 $\nu_{\rm t}=$ const，表明在整个射流中涡黏性系数保持为常数。

控制方程的边界条件为

$$r=0\,\text{处}:v=0,\frac{\partial u}{\partial r}=0;\quad r=\infty\,\text{处}:u=0 \tag{4-71}$$

设断面上流速分布是相似的，令 $\eta=\sigma r/x$，并引入流函数 $\psi=\nu_{\rm t}xF(\eta)$，则流速分量为

$$u=\frac{\sigma^2\nu_{\rm t}}{x}\frac{F'}{\eta} \tag{4-72}$$

$$v=\frac{\sigma\nu_{\rm t}}{x}\Big(F'-\frac{F}{\eta}\Big) \tag{4-73}$$

将式(4-73)代入轴对称紊流边界层方程(4-12)，得

$$\frac{FF'}{\eta^2}-\frac{F'^2}{\eta}-\frac{FF''}{\eta}=\frac{\rm d}{{\rm d}\eta}\Big(F''-\frac{F'}{\eta}\Big) \tag{4-74}$$

其边界条件：当 $\eta=0$ 时，$F=0,F'=0$。

积分式(4-74)一次得

$$FF'=F'-\eta F'' \tag{4-75}$$

式(4-75)满足边界条件的一个特解为

$$F=\eta^2\Big/\Big(1+\frac{1}{4}\eta^2\Big) \tag{4-76}$$

因此，由式(4-72)和式(4-73)得

$$u=\frac{\nu_{\rm t}}{x}\sigma\frac{1}{\eta}\frac{{\rm d}F}{{\rm d}\eta}=\frac{\nu_{\rm t}}{x}\frac{2\sigma^2}{\Big(1+\frac{1}{4}\eta^2\Big)^2} \tag{4-77}$$

$$v=\frac{\nu_{\rm t}}{x}\sigma\Big(\frac{{\rm d}F}{{\rm d}\eta}-\frac{F}{\eta}\Big)=\frac{\nu_{\rm t}}{x}\sigma\frac{\eta-\frac{1}{4}\eta^3}{\Big(1+\frac{1}{4}\eta^2\Big)^2} \tag{4-78}$$

射流的动量通量可写为

$$J=2\pi\rho\int_0^\infty u^2r{\rm d}r=\frac{16}{3}\pi\rho\sigma^2\nu_{\rm t}^2 \tag{4-79}$$

最后，式(4-77)和式(4-78)可写成以 $\nu_{\rm t}$ 及 $K=J/\rho$ 表示的形式：

$$u=\frac{3}{8\pi\nu_{\rm t}x}\frac{K}{(1+\eta^2/4)^2} \tag{4-80}$$

$$v = \frac{1}{4}\sqrt{\frac{3}{\pi}}\frac{\sqrt{K}}{x}\frac{\eta - \eta^3/4}{(1 + \eta^2/4)^2} \tag{4-81}$$

式中，$\eta = \sqrt{\dfrac{3}{16\pi}}\dfrac{\sqrt{K}}{\nu_t}\dfrac{r}{x}$。式(4-81)即为紊动圆形射流的速度分布，与层流情形的速度分布(董志勇，2005)对比，不难发现两者在形式上完全相同。

图 4-8 绘出 Schlichting 解与 Tollmien 解(1926 年)和 Reichardt 于 1942 年的实测值对比的流速分布。由图可知，类似于紊动平面射流情形，在靠近射流轴线处，Schlichting 解优于 Tollmien 解，而在靠近射流边缘处，Tollmien 解比 Schlichting 解符合得更好。

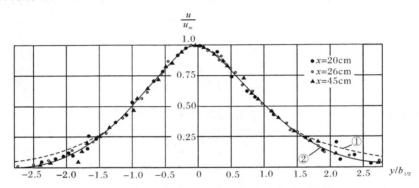

图 4-8　紊动圆形射流速度分布理论与试验比较
①Schlichting 解；②Tollmien 解

4.5.2　紊动圆形射流的主体段

1. 轴线流速衰减规律

与平面射流一样，流场按静压分布，射流各断面动量通量守恒，均等于出口断面的动量通量，即

$$J = \int_0^\infty \rho u^2 \cdot 2\pi r \mathrm{d}r = \rho u_0^2 \pi r_0^2 \tag{4-82}$$

式中，u_0、r_0 分别为出口断面的流速和半径，如图 4-9 所示。

考虑到主体段各断面的流速分布存在相似性，即

$$\frac{u}{u_m} = f\left(\frac{r}{b}\right) = \exp\left[-\left(\frac{r}{b}\right)^2\right] \tag{4-83}$$

取 b_e 作为特征半宽度，当 $r = b_e$ 时，$u = u_m/e$，以其代入式(4-81)积分，得

$$\int_0^\infty u^2 \cdot 2\pi r \mathrm{d}r = \frac{\pi}{2}u_m^2 b_e^2 = u_0^2 \frac{\pi D^2}{4} \tag{4-84}$$

设射流宽度呈线性扩展，即

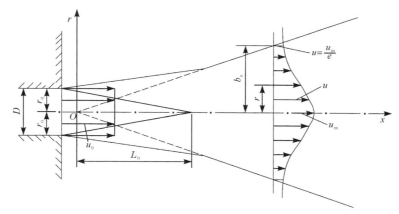

图 4-9　轴对称自由射流

$$b_e = cx \tag{4-85}$$

式中，c 为扩展系数。代入式(4-84)得

$$\frac{u_m}{u_0} = \frac{1}{\sqrt{2}c}\left(\frac{D}{x}\right) \tag{4-86}$$

据 Albertson 等(1950)的实测资料得 $c = 0.114$，则式(4-86)变为

$$\frac{u_m}{u_0} = 6.2\frac{D}{x} \tag{4-87}$$

式(4-87)表明，紊动圆形射流的轴线流速随 x^{-1} 而变化。

2. 流量沿程变化

射流任意断面的流量可表示为

$$\begin{aligned}
Q &= \int_0^\infty u \cdot 2\pi r \mathrm{d}r = 2\pi \int_0^\infty u_m \exp\left[-\left(\frac{r}{b_e}\right)^2\right]r\mathrm{d}r \\
&= 2\pi u_m \frac{b_e^2}{2}\int_0^\infty \exp\left[-\left(\frac{r}{b_e}\right)^2\right]\mathrm{d}\left(\frac{r}{b_e}\right)^2 = \pi u_m b_e^2
\end{aligned} \tag{4-88}$$

考虑到出口流量 $Q_0 = \frac{1}{4}\pi D^2 u_0$，故流量比为

$$\frac{Q}{Q_0} = \frac{4c^2 x^2}{D^2}\frac{u_m}{u_0} \tag{4-89}$$

将式(4-87)及 c 值代入式(4-89)，得

$$\frac{Q}{Q_0} = 0.32\frac{x}{D} \tag{4-90}$$

4.5.3　紊动圆形射流的初始段长度

令 $u_m = u_0$，可得紊动圆形射流初始段长度：

$$L_0 = 6.2D \tag{4-91}$$

4.5.4　紊动圆形射流的浓度分布

由主体段流速分布的相似性,有

$$\frac{u}{u_{\mathrm{m}}} = f\left(\frac{r}{b_{\mathrm{e}}}\right) \tag{4-92}$$

若流速分布采用高斯分布,则有

$$\frac{u}{u_{\mathrm{m}}} = \exp\left[-\left(\frac{r}{b_{\mathrm{e}}}\right)^2\right] \tag{4-93}$$

式中,b_{e} 为特征半宽度,类似于平面射流,取 $\dfrac{u}{u_{\mathrm{m}}} = \dfrac{1}{\mathrm{e}}$ 处的 r 值。若浓度分布也采用高斯分布,则有

$$\frac{C}{C_{\mathrm{m}}} = \exp\left[-\left(\frac{r}{\lambda b_{\mathrm{e}}}\right)^2\right] \tag{4-94}$$

根据物质守恒原理,射流任意断面上污染物的含量应当守恒,于是

$$\int_0^\infty uC \cdot 2\pi r \mathrm{d}r = u_0 C_0 \frac{\pi D^2}{4} \tag{4-95}$$

将式(4-93)和式(4-94)代入式(4-95)左端项,有

$$\int_0^\infty uC \cdot 2\pi r \mathrm{d}r = \frac{\pi \lambda^2 b_{\mathrm{e}}^2}{1+\lambda^2} u_{\mathrm{m}} C_{\mathrm{m}} \tag{4-96}$$

将式(4-96)代入式(4-95),整理得

$$\frac{C_{\mathrm{m}}}{C_0} = \frac{u_0}{u_{\mathrm{m}}} \frac{1+\lambda^2}{\lambda^2 b_{\mathrm{e}}^2} \frac{D^2}{4} \tag{4-97}$$

假定射流边界线性扩展,其扩展系数 $\varepsilon = 0.114$,另外由实验得 $\lambda = 1.12$,将 ε 值、λ 值及轴线流速衰减公式(4-87)代入式(4-97),可得轴线浓度衰减规律为

$$\frac{C_{\mathrm{m}}}{C_0} = 5.59 \frac{D}{x} \tag{4-98}$$

由式(4-98)可知,射流断面上污染物最大浓度(即轴线浓度)与 x 成反比,但比轴线流速衰减慢,这点与平面射流不同。

平面射流与圆形射流的主要特性见表 4-1。

表 4-1　静止均质环境中平面射流与圆形射流主要特征量的比较

参数	平面射流	圆形射流
轴线流速	$\dfrac{u_{\mathrm{m}}}{u_0} = 2.28\sqrt{\dfrac{2b_0}{x}}$	$\dfrac{u_{\mathrm{m}}}{u_0} = 6.2\dfrac{D}{x}$
轴线浓度	$\dfrac{C_{\mathrm{m}}}{C_0} = 2.34\sqrt{\dfrac{2b_0}{x}}$	$\dfrac{C_{\mathrm{m}}}{C_0} = 5.59\dfrac{D}{x}$

续表

参数	平面射流	圆形射流
稀释度	$\dfrac{q}{q_0}=0.62\sqrt{\dfrac{x}{2b_0}}$	$\dfrac{Q}{Q_0}=0.32\dfrac{x}{D}$
扩展系数	$\varepsilon=0.154$	$\varepsilon=0.114$
浓度分布与流速分布的宽度比	$\lambda=1.41$	$\lambda=1.12$
卷吸系数	$\alpha=0.069$	$\alpha=0.056$
断面流速分布	$\dfrac{u}{u_m}=\exp\left[-\left(\dfrac{y}{b_e}\right)^2\right]$	$\dfrac{u}{u_m}=\exp\left[-\left(\dfrac{r}{b_e}\right)^2\right]$
断面浓度分布	$\dfrac{C}{C_m}=\exp\left[-\left(\dfrac{y}{\lambda b_e}\right)^2\right]$	$\dfrac{C}{C_m}=\exp\left[-\left(\dfrac{r}{\lambda b_e}\right)^2\right]$

例 4-2　某排污管将初步处理的生活污水排入湖泊,其排污管直径为 0.2m,污水出流方向垂直向上,出射流速为 4.0m/s,出口平面位于湖面下 24m,排放污水浓度为 1200mg/L,设污水与湖水密度基本相同,试求到达湖面处的最大流速、最大浓度及稀释度。

解　可按圆形射流问题处理。

圆形射流到达水面处,$\dfrac{D}{x}=\dfrac{0.2}{24}$。

圆形射流到达湖面处的最大流速为

$$\frac{u_m}{u_0}=6.2\frac{D}{x}$$

$$u_m=0.21\text{m/s}$$

圆形射流到达湖面处的最大浓度为

$$\frac{C_m}{C_0}=5.59\frac{D}{x}$$

$$C_m=55.9\text{mg/L}$$

圆形射流到达湖面处的稀释度为

$$\frac{Q}{Q_0}=0.32\frac{x}{D}=38.4$$

4.6　羽　　流

4.4 节和 4.5 节主要讨论了密度不变的均质射流,但在环境工程中经常会遇到密度变化的非均质射流,常见的射流形式有:羽流、浮射流。射流密度的变化通常由两种因素引起:一种是浓度变化,另一种是温度变化。由密度差或温度差而产生的浮力作用决定了这类射流的流动特性。本节着重讨论羽流问题。羽流是指射流的初始出射动量很小,进入环境流体以后靠浮力的作用来促使其进一步运动和扩散,浮力起着支配作用。由于浮力引起的扩散云团形似羽毛状,故称羽流。浮力的产生一般来自两种原因:一是由于射流流体本身的密度和周围环境的流体密度不同,如密度小的废水排入盐度大的海水中;二是由于温差引起的浮力,如冷却水排入河流,烟囱排入大气的烟流等。本节应用积分方法(integral method)、量纲分析法(method of dimensional analysis)分别对圆形羽流(circular plume)、平面羽流的流动特性进行分析,并给出特征量的计算式。

4.6.1 积分方法

1. 圆形羽流

圆形羽流可概化为点源(point source)羽流,即在无限空间静止环境中从点源发生的羽流,如图 4-10 所示。由于圆形羽流的轴对称性,可采用柱坐标系,沿羽流上升方向设为 x 轴,径向为 r 轴,相应的轴向流速(axial velocity)为 u,径向流速(radial velocity)为 v。在恒定流状态下,以柱坐标形式表示的羽流控制方程(governing equation)如下。

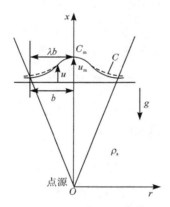

图 4-10　点源羽流示意图

连续性方程:

$$\frac{\partial u}{\partial x}+\frac{1}{r}\frac{\partial}{\partial r}(rv)=0 \tag{4-99}$$

运动方程:因羽流在径向的尺度 r 比其轴向尺度 x 小得多,和射流一样可采用边界层方程,考虑到质量力只有重力,并忽略黏性切应力,则柱坐标形式的边界层方程式(4-12)可写为

$$u\frac{\partial u}{\partial x}+v\frac{\partial u}{\partial r}=-g-\frac{1}{\rho}\frac{\partial p}{\partial x}-\frac{1}{r}\frac{\partial}{\partial r}(r\overline{u'v'}) \tag{4-100}$$

以 ρ_a 表示周围流体密度,并设周围流体的压强在垂向为静压分布,有

$$\frac{\partial p}{\partial x} = -\rho_a g \tag{4-101}$$

在密度差不大的情形,可采用 Boussinesq 的方法,即只在重力上保留密度变化的作用,其余各项都把密度当做常数,在式(4-100)中压力梯度项的 ρ 以 ρ_a 代替,则式(4-100)变为

$$u\frac{\partial u}{\partial x} + v\frac{\partial u}{\partial r} = \frac{\rho_a - \rho}{\rho_a}g - \frac{1}{r}\frac{\partial}{\partial r}(r\overline{u'v'}) \tag{4-102}$$

柱坐标形式的扩散方程可表示为

$$u\frac{\partial C}{\partial x} + v\frac{\partial C}{\partial r} = -\frac{1}{r}\frac{\partial}{\partial r}(r\overline{u'C'}) \tag{4-103}$$

若羽流中某点浓度 C 与周围浓度 C_a 之差为 ΔC,则相应的扩散方程可写为

$$u\frac{\partial \Delta C}{\partial x} + v\frac{\partial \Delta C}{\partial r} = -\frac{1}{r}\frac{\partial}{\partial r}(r\overline{u'\Delta C'}) \tag{4-104}$$

若羽流中某点温度 T 与周围流体温度 T_a 之差为 ΔT,则温差扩散方程可写为

$$u\frac{\partial \Delta T}{\partial x} + v\frac{\partial \Delta T}{\partial r} = -\frac{1}{r}\frac{\partial}{\partial r}(r\overline{u'\Delta T'}) \tag{4-105}$$

在浓度差、温度差较小的情形,可认为浓度差、温度差与密度差之间存在线性关系,即 $\Delta C \infty \Delta \rho$,$\Delta T \infty \Delta \rho$。

上述运动方程、扩散方程中含有脉动量的二阶相关项 $\overline{u'v'}$、$\overline{u'\Delta C'}$ 等,可用紊流模型直接求解上述微分方程。工程中常采用一些较合理的假定,用积分方法求得表征羽流特性的有关参数,其中一些待定系数则由试验确定。现介绍积分法,有两个假定。

1）相似性假定

假定羽流各横断面上流速分布 $u(x,r)$、浓度分布 $C(x,r)$ 等存在相似性,并服从高斯分布,即

$$\frac{u}{u_m} = \exp\left[-\left(\frac{r}{b}\right)^2\right] \tag{4-106}$$

$$\frac{\Delta C}{\Delta C_m} = \exp\left[-\left(\frac{r}{\lambda b}\right)^2\right] \tag{4-107}$$

$$\frac{\Delta \rho}{\Delta \rho_m} = \exp\left[-\left(\frac{r}{\lambda b}\right)^2\right] \tag{4-108}$$

式中,λ 为浓度分布与流速分布的厚度比;b 为羽流特征半厚度,并满足:

当 $r=b$ 时,

$$\frac{u}{u_m} = \frac{1}{e} \tag{4-109}$$

当 $r=\lambda b$ 时,

$$\frac{C}{C_m} = \frac{1}{e} \tag{4-110}$$

由试验得知,λ 为略大于 1 的系数,说明浓度分布曲线比速度分布曲线要平坦些,即浓度扩散比动量扩散要快些。

2) 卷吸假定

认为羽流的卷吸速度 v_e 与轴线流速 u_m 成比例,即 $v_e \propto u_m$。根据连续性原理,沿轴向羽流流量的变化应等于单位长度被卷吸的流量,因此单位长度羽流的卷吸流量为

$$Q_e = \frac{\mathrm{d}}{\mathrm{d}x} \int_0^\infty u \cdot 2\pi r \mathrm{d}r = 2\pi b \alpha u_m \tag{4-111}$$

式中,α 为卷吸系数,对于点源羽流可设 α 为常数。

有了这两个假定就可以对控制方程积分。将流速分布相似剖面式(4-106)代入式(4-111)积分,得

$$\frac{\mathrm{d}}{\mathrm{d}x}(\pi u_m b^2) = 2\pi \alpha u_m b \tag{4-112}$$

对运动方程式(4-102)从 $r=0$ 到 $r=\infty$ 对断面积分,并注意到当 $r=0$,$r=\infty$ 时,$v=0$,$\overline{u'v'}=0$,可得

$$\frac{\mathrm{d}}{\mathrm{d}x} \int_0^\infty u^2 \cdot 2\pi r \mathrm{d}r = \int_0^\infty \frac{\rho_a - \rho}{\rho_a} g \cdot 2\pi r \mathrm{d}r \tag{4-113}$$

式(4-113)的左边是单位质量流体的动量通量沿程的变化率,右边是单位质量流体在单位流程上的浮力。将式(4-106)和式(4-108)代入式(4-113),并令 $\rho_a - \rho = \Delta \rho_m$,积分整理得

$$\frac{\mathrm{d}}{\mathrm{d}x}\left(\frac{\pi}{2} u_m^2 b^2\right) = \pi \frac{\Delta \rho_m}{\rho_a} g \lambda^2 b^2 \tag{4-114}$$

根据质量守恒原理,可得密度差 $\Delta \rho$ 通量守恒关系:

$$\int_0^\infty u \frac{\Delta \rho}{\rho_a} g \cdot 2\pi r \mathrm{d}r = \mathrm{const} \tag{4-115}$$

以式(4-106)和式(4-108)代入式(4-115)积分,得

$$\frac{\mathrm{d}}{\mathrm{d}x}\left(\pi \frac{\lambda^2}{1+\lambda^2} u_m \frac{\Delta \rho_m}{\rho_a} g b^2\right) = 0 \tag{4-116}$$

通过上述推导,就把原来的连续性方程、运动方程和扩散方程化为式(4-112)、式(4-114)及式(4-116)三个常微分方程。解这组方程可求出 u_m、b 和 $\Delta \rho_m$。

为便于求解,对应于上述三个常微分方程可分别定义单位质量流体的质量通量、动量通量和浮力通量,即

比质量通量(specific mass flux)(体积流量):

$$Q = \pi u_m b^2 \tag{4-117}$$

比动量通量(specific momentum flux):

$$M = \frac{m}{\rho} = \frac{\pi}{2} u_m^2 b^2 \tag{4-118}$$

式中，m 为动量通量。

比浮力通量（specific buoyancy flux）：

$$B = \frac{\pi\lambda^2}{1+\lambda^2} u_m \frac{\Delta\rho_m}{\rho_a} gb^2 \qquad (4\text{-}119)$$

由此可得

$$u_m = 2M/Q \qquad (4\text{-}120)$$

$$b = Q/\sqrt{2\pi M} \qquad (4\text{-}121)$$

根据式(4-112)和式(4-114)，有

$$\frac{\mathrm{d}Q}{\mathrm{d}x} = \alpha\sqrt{8\pi M} \qquad (4\text{-}122)$$

$$\frac{\mathrm{d}M}{\mathrm{d}x} = \frac{B(1+\lambda^2)Q}{2M} \qquad (4\text{-}123)$$

又

$$\frac{\mathrm{d}M^2}{\mathrm{d}x} = 2M\frac{\mathrm{d}M}{\mathrm{d}x} = B(1+\lambda^2)Q \qquad (4\text{-}124)$$

从而

$$\frac{\mathrm{d}^2 M^2}{\mathrm{d}x^2} = \alpha B(1+\lambda^2)\sqrt{8\pi M} \qquad (4\text{-}125)$$

因为 $M(0)=0$，可设 $M(x)$ 的解为幂函数（power law），即

$$M(x) = ax^n \qquad (4\text{-}126)$$

则

$$\frac{\mathrm{d}^2 M^2}{\mathrm{d}x^2} = 2na^2(2n-1)x^{2n-2} \qquad (4\text{-}127)$$

由式(4-126)，有 $\sqrt{M} = \sqrt{a}x^{n/2}$，那么式(4-127)可写为

$$\frac{\mathrm{d}^2 M^2}{\mathrm{d}x^2} = \alpha B(1+\lambda^2)\sqrt{8\pi}\sqrt{a}x^{n/2} \qquad (4\text{-}128)$$

比较式(4-127)和式(4-128)中 x 的指数关系，可得 $n=4/3$，且有

$$\alpha B(1+\lambda^2)\sqrt{8\pi}\sqrt{a} = a^2 2n(2n-1) \qquad (4\text{-}129)$$

则

$$a = \left(\frac{9}{40}\right)^{2/3}\left[\alpha B(1+\lambda^2)\sqrt{8\pi}\right]^{2/3} \qquad (4\text{-}130)$$

所以

$$M(x) = \left(\frac{9}{40}A\right)^{2/3}x^{4/3} \qquad (4\text{-}131)$$

式中，$A = \alpha B(1+\lambda^2)\sqrt{8\pi} = \mathrm{const}$，于是有

$$\frac{\mathrm{d}M}{\mathrm{d}x} = \frac{4}{3}\left(\frac{9}{40}A\right)^{2/3}x^{1/3} \qquad (4\text{-}132)$$

联立式(4-131)和式(4-123)及式(4-132),得

$$Q = \frac{6}{5} \left[\frac{9}{20} (1+\lambda^2) \right]^{1/3} (2\pi)^{2/3} \alpha^{4/3} B^{1/3} x^{5/3} \qquad (4\text{-}133)$$

将式(4-133)代入式(4-120),得

$$u_m = \frac{5}{3(2\pi)^{1/3}} \left[\frac{9}{20} (1+\lambda^2) \right]^{1/3} \alpha^{-2/3} B^{1/3} x^{-1/3} \qquad (4\text{-}134)$$

将式(4-133)代入式(4-121),得

$$b = \frac{6}{5} \alpha x \qquad (4\text{-}135)$$

将式(4-120)和式(4-121)及式(4-133)代入式(4-119),得

$$\frac{\Delta\rho_m}{\rho_a} g = \left(\frac{6}{5} \alpha \right)^{-1} \left(\frac{9\alpha\lambda^2}{5} \right)^{-1/3} \left(\frac{1+\lambda^2}{\pi\lambda^2} \right)^{2/3} B^{2/3} x^{-5/3} \qquad (4\text{-}136)$$

联立式(4-117)和式(4-119),得

$$B = \frac{\lambda^2}{1+\lambda^2} \frac{\Delta\rho_m}{\rho_a} gQ \qquad (4\text{-}137)$$

由式(4-116)知,$dB/dx=0$,即比浮力通量沿程不变,可得

$$B = \frac{\lambda^2}{1+\lambda^2} \frac{\Delta\rho_m}{\rho_a} gQ = B_0 = \frac{\Delta\rho_0}{\rho_a} gQ_0 \qquad (4\text{-}138)$$

式中,B_0、$\Delta\rho_0$ 及 Q_0 分别表示羽流初始断面的比浮力通量、密度差及体积流量。式(4-138)在羽流计算中会经常用到,其单位为 m^4/s^3。由式(4-138)可得

$$\frac{\Delta\rho_m}{\Delta\rho_0} = \frac{1+\lambda^2}{\lambda^2} \frac{Q_0}{Q} \qquad (4\text{-}139)$$

根据浓度差与密度差的线性比例关系,可得

$$\frac{\Delta C_m}{\Delta C_0} = \frac{\Delta\rho_m}{\Delta\rho_0} = \left(\frac{1+\lambda^2}{2\pi} \right)^{2/3} \frac{1}{\lambda^2} \left(\frac{625}{486} \right)^{1/3} \alpha^{-4/3} Q_0 B^{-1/3} x^{-5/3} \qquad (4\text{-}140)$$

若背景浓度为 0,则

$$\frac{\Delta C_m}{\Delta C_0} = \frac{C_m}{C_0} \qquad (4\text{-}141)$$

式中,C_0、ΔC_0 分别表示羽流初始断面的浓度、浓度差。实际上,$\Delta C_m/\Delta C_0$ 是轴线上的稀释度。

若把密度 Froude 数写成如下形式:

$$F_d = \frac{u_m}{\sqrt{gb\Delta\rho_m/\rho_a}} \qquad (4\text{-}142)$$

将式(4-134)~式(4-136)代入式(4-142),得

$$F_d = \sqrt{\frac{5}{4}} \frac{\lambda}{\sqrt{\alpha}} = \text{const} \qquad (4\text{-}143)$$

由此可见,在整个羽流过程中,密度 Froude 数保持不变,即惯性力与浮力之

比保持不变。

Rouse 等(1952)的试验结果给出, $\alpha = 0.085, \lambda = 1.16$, 将其代入上述圆形羽流特征量的表达式, 得

体积流量:

$$Q = 0.156 B_0^{1/3} x^{5/3} \qquad (4-144)$$

比动量通量:

$$M = 0.37 B_0^{2/3} x^{4/3} \qquad (4-145)$$

轴线流速:

$$u_m = 4.74 B_0^{1/3} x^{-1/3} \qquad (4-146)$$

轴线浓度:

$$C_m = 11.17 Q_0 C_0 B_0^{-1/3} x^{-5/3} \qquad (4-147)$$

羽流半厚度:

$$b = 0.102 x \qquad (4-148)$$

密度 Froude 数:

$$F_d = 4.45 \qquad (4-149)$$

利用这些公式可计算圆形羽流任一断面的流量、轴线流速、轴线浓度等特征量。

2. 平面羽流

平面羽流可概化为线源羽流, 其分析方法与圆形羽流相同, 这里不再赘述。这里只介绍平面羽流的主要特征量的计算式。

卷吸系数:

$$\alpha = 0.13 \qquad (4-150)$$

浓度分布与流速分布的厚度比:

$$\lambda = 1.24 \qquad (4-151)$$

初始比浮力通量:

$$B_0 = g Q_0 \Delta \rho_0 / \rho_a \qquad (4-152)$$

体积流量:

$$Q = 0.535 B_0^{1/3} x \qquad (4-153)$$

比动量通量:

$$M = 0.774 B_0^{2/3} x \qquad (4-154)$$

轴线流速:

$$u_m = 2.05 B_0^{1/3} \qquad (4-155)$$

轴线浓度:

$$C_m = 2.4 Q_0 C_0 B_0^{-1/3} x^{-1} \qquad (4-156)$$

羽流半厚度：

$$b = 0.147x \qquad (4\text{-}157)$$

密度 Froude 数：

$$F_d = 3.48 \qquad (4\text{-}158)$$

例 4-3 排污管出口沿水平方向将污水排入海中，污水排放浓度 $C_0 = 1000\text{mg/L}$，出口位于海面下 24m 深处。出口直径 $D = 0.2\text{m}$，出口流速 $u_0 = 0.4\text{m/s}$，出口断面处污水与海水相对密度差 $\Delta\rho_0/\rho_a = 0.02$，试计算当污水到达海面后的最大流速、最大浓度及平均稀释度。

解 因污水比海水密度小，加之出口流速 u_0 较小，污水扩散主要受浮力作用，可按圆形羽流处理。

初始流量为

$$Q_0 = \frac{1}{4}\pi D^2 u_0 = 0.0126\text{m}^3/\text{s}$$

初始断面比浮力通量为

$$B_0 = \frac{\Delta\rho_0}{\rho_a}gQ_0 = 0.002\ 47\text{m}^4/\text{s}^3$$

到达海面处的最大流速为

$$u_m = 4.74B_0^{1/3}x^{-1/3} = 0.22\text{m/s}$$

到达海面处的最大浓度为

$$C_m = 11.17Q_0C_0B_0^{-1/3}x^{-5/3} = 5.21\text{mg/L}$$

到达海面处的体积流量为

$$Q = 0.156B_0^{1/3}x^{5/3} = 4.21\text{m}^3/\text{s}$$

到达海面处的稀释度

$$S = \frac{Q}{Q_0} = 334$$

4.6.2 量纲分析法

1. 时均特征参数

考虑恒定羽流情形，忽略羽流的初始流量和初始动量，并认为羽流的时均特性是比浮力通量 B、轴向距离 x、运动黏性系数 ν 及热扩散系数 k 的函数（Rodi, 1982）。例如，羽流时均轴线流速 u_m 可表示为

$$u_m = f(B, x, \nu, k) \qquad (4\text{-}159)$$

对点源羽流（圆形羽流），经量纲分析得

$$u_m = \left(\frac{B}{x}\right)^{1/3} f\left(\frac{B^{1/3}x^{2/3}}{\nu}, \frac{\nu}{k}\right) \qquad (4\text{-}160)$$

式中，$B^{1/3}x^{2/3}/\nu$ 为当地雷诺数；ν/k 为 Prandtl 数。

对于充分发展的紊动羽流，可假定流动存在相似性。这意味着式(4-160)中函数 f 趋于一个非零极限常数 K_r。因此，对于圆形羽流，有

$$u_m = K_r \left(\frac{B}{x} \right)^{1/3} \tag{4-161}$$

同理，经量纲分析可得圆形羽流其他特征参数的表达式。

体积流量：

$$Q = K_Q B^{1/3} x^{5/3} \tag{4-162}$$

比动量通量：

$$M = K_M B^{2/3} x^{4/3} \tag{4-163}$$

轴线浓度：

$$C_m = K_C Y B^{-1/3} x^{-5/3} \tag{4-164}$$

式中，Y 为羽流示踪物的总通量，即 $Y = QC$。

对于线源羽流(平面羽流)，用同样的量纲分析，可得

$$u_m = K_p B^{1/3} \tag{4-165}$$

$$Q = K'_Q B^{1/3} x \tag{4-166}$$

$$M = K'_M B^{2/3} x \tag{4-167}$$

$$C_m = K'_C Y B^{-1/3} x^{-1} \tag{4-168}$$

关于圆形羽流、平面羽流特征参数表达式中系数的取值，对于轴线流速，Rouse 等(1952)取 $K_r = 4.7$；Chen 和 Rodi(1980)取 $K_r = 3.5$，$K_p = 1.9$；后来 Rodi 又认为取 $K_p = 1.66$ 更合理；George 等(1977)、Nakagome 和 Hirata(1976)及 Beuther(1980)的试验结果为：$K_r = 3.4 \sim 3.9$，其平均值为 3.65。关于轴线浓度，Kotsovinos(1978)、Chen 和 Rodi 对于圆形羽流的试验给出 $K_C = 9.1$；Kotsovinos 和 List(1977)对于平面羽流的试验给出 $K'_C = 2.4$。对于体积流量、比动量通量中的系数，圆形羽流可取 $K_Q = 0.156$，$K_M = 0.37$；平面羽流可取 $K'_Q = 0.535$，$K'_M = 0.774$。

羽流的一个重要特征是，仅用一个羽流特征参数比浮力通量 B 来描述羽流的时均特性。

2. 羽流不变量

对于圆形羽流，从体积流量表达式(4-162)、比动量通量表达式(4-163)中消去比浮力通量 B，得

$$\frac{Q}{M^{1/2}} = \frac{K_Q}{K_M^{1/2}} x \tag{4-169}$$

由此引出一个羽流不变量(invariant)：

$$C_r = \frac{Q}{\sqrt{M} x} = 0.25 \tag{4-170}$$

同理,从式(4-162)和式(4-163)中消去 x,可得另一个羽流不变量,即羽流的 Richardson 数:

$$R_{\mathrm{r}} = \frac{QB^{1/2}}{M^{5/4}} = 0.55 \tag{4-171}$$

对于平面羽流,同理可得相应的不变量:

$$C_{\mathrm{p}} = \frac{Q^2}{Mx} = 0.29 \tag{4-172}$$

$$R_{\mathrm{p}} = \frac{Q^2 B^{2/3}}{M^2} = 0.74 \tag{4-173}$$

3. 羽流卷吸率

卷吸率即羽流单位长度卷吸的流量。对于圆形羽流,对体积流量表达式(4-162)微分,得

$$\frac{\mathrm{d}Q}{\mathrm{d}x} = \frac{5}{3} K_{\mathrm{Q}} B^{1/3} x^{2/3} = \frac{5}{3} C_{\mathrm{p}} M^{1/2} \tag{4-174}$$

式(4-174)表明,羽流单位长度的卷吸流量由比动量通量所决定。类似地,对于平面羽流,可得

$$\frac{\mathrm{d}Q}{\mathrm{d}x} = \sqrt{C_{\mathrm{p}} \frac{M}{x}} \tag{4-175}$$

4.7　圆形浮射流

浮射流既受射流初始动量的作用,又受周围环境流体浮力的影响,是介于动量射流与浮力羽流之间的一种射流形态。Fan 和 Brooks(1969)、Lee(1981)、赵文谦(1986)较早地论述了这个问题。设射流的密度为 ρ,周围环境流体的密度为 ρ_{a},若 $\rho < \rho_{\mathrm{a}}$,则为正浮力射流;反之,$\rho > \rho_{\mathrm{a}}$,则为负浮力射流。通常,浮射流又分为圆形浮射流(round buoyant jet)和平面浮射流(plane buoyant jet)。根据紊动浮射流所处周围环境的不同,本节分别讨论静止均质环境和静止线性密度分层环境中圆形浮射流的特性。

4.7.1　静止均质环境中圆形浮射流

不失一般性,现考察一倾斜圆形浮射流,如图 4-11 所示。设其倾角为 θ_0,浮射流出射速度为 u_0,出口密度为 ρ_1,周围环境流体密度为 ρ_{a},对于均质环境,$\rho_{\mathrm{a}} = \mathrm{const}$,喷口直径为 D,将坐标原点放在喷口中心 o,分别采用直角坐标系和自然坐标系来描述(图 4-11)。

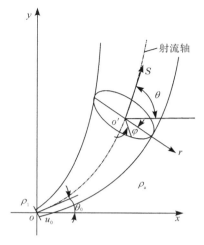

图 4-11 静止均质环境中圆形浮射流示意图

1. 基本假定

1）卷吸假定

沿浮射流单位长度流量的变化等于从周围卷吸的流量，即

$$\frac{\mathrm{d}Q}{\mathrm{d}s}=2\pi bu_{\mathrm{e}}=2\pi b\alpha u_{\mathrm{m}} \tag{4-176}$$

式中，u_{e}、u_{m} 分别为浮射流的卷吸速度、轴线速度；α 为浮射流的卷吸系数；b 为浮射流的特征半厚度。

2）相似性假定

假定浮射流的流速分布、浓度分布及密度差分布存在相似性，并服从高斯分布，即

$$\frac{u(s,r)}{u_{\mathrm{m}}(s)}=\exp\left[-\left(\frac{r}{b}\right)^2\right] \tag{4-177}$$

$$\frac{C(s,r)}{C_{\mathrm{m}}(s)}=\exp\left[-\left(\frac{r}{\lambda b}\right)^2\right] \tag{4-178}$$

$$\frac{\rho_0-\rho(s,r)}{\rho_0-\rho_{\mathrm{m}}(s)}=\exp\left[-\left(\frac{r}{\lambda b}\right)^2\right] \tag{4-179}$$

式中，ρ_0 为参考密度，通常取喷口处周围环境流体密度，即 $\rho_0=\rho_{\mathrm{a}}(0)$。

2. 基本方程

1）浮射流轨迹方程

根据图 4-2 的几何关系，可得

$$\frac{\mathrm{d}x}{\mathrm{d}s} = \cos\theta \tag{4-180}$$

$$\frac{\mathrm{d}y}{\mathrm{d}s} = \sin\theta \tag{4-181}$$

2) 连续性方程

按照卷吸假定,有

$$\frac{\mathrm{d}}{\mathrm{d}s}(u_{\mathrm{m}}b^2) = 2b\alpha u_{\mathrm{m}} \tag{4-182}$$

3) 动量方程

沿 x 方向压力不变,动量守恒,可得

$$\frac{\mathrm{d}}{\mathrm{d}s}\left[\int_0^\infty \rho u(u\cos\theta) \cdot 2\pi r\mathrm{d}r\right] = 0 \tag{4-183}$$

将流速分布式(4-177)代入式(4-183)积分,得

$$\frac{\mathrm{d}}{\mathrm{d}s}\left(\frac{u_{\mathrm{m}}^2 b^2}{2}\cos\theta\right) = 0 \tag{4-184}$$

沿 y 方向动量的改变应等于密度差引起的浮力,即

$$\frac{\mathrm{d}}{\mathrm{d}s}\left[\int_0^\infty \rho u(u\sin\theta) \cdot 2\pi r\mathrm{d}r\right] = \int_0^\infty g(\rho_0 - \rho) \cdot 2\pi r\mathrm{d}r \tag{4-185}$$

将流速分布式(4-177)、密度差分布式(4-179)代入后积分,得

$$\frac{\mathrm{d}}{\mathrm{d}s}\left(\frac{u_{\mathrm{m}}^2 b^2}{2}\sin\theta\right) = \frac{\rho_0 - \rho_{\mathrm{m}}}{\rho_0}g\lambda^2 b^2 \tag{4-186}$$

4) 密度差通量守恒方程

与羽流类似,浮射流的密度差通量也沿程不变,即

$$\frac{\mathrm{d}}{\mathrm{d}s}\left[\int_0^\infty u(\rho_0 - \rho) \cdot 2\pi r\mathrm{d}r\right] = 0 \tag{4-187}$$

将式(4-187)括弧内积分,得

$$\frac{\mathrm{d}}{\mathrm{d}s}\left[u_{\mathrm{m}}b^2(\rho_0 - \rho_{\mathrm{m}})\right] = 0 \tag{4-188}$$

5) 示踪物浓度方程

由质量守恒原理,有

$$\frac{\mathrm{d}}{\mathrm{d}s}\left(\int_0^\infty Cu \cdot 2\pi r\mathrm{d}r\right) = 0 \tag{4-189}$$

将流速分布式(4-177)、浓度分布式(4-178)代入式(4-189)积分,得

$$\frac{\mathrm{d}}{\mathrm{d}s}(C_{\mathrm{m}}u_{\mathrm{m}}b^2) = 0 \tag{4-190}$$

以上共导出 7 个微分方程,未知量也正好 7 个:u_{m}、C_{m}、ρ_{m}、b、θ、x、y,所以方程组是封闭的。在这 7 个方程中,3 个守恒方程可直接求解。

x 方向的动量守恒方程积分后得

$$\frac{u_m^2 b^2}{2}\cos\theta = \text{const} \tag{4-191}$$

密度差通量守恒方程积分后得

$$u_m b^2(\rho_m - \rho_a) = u_0 b_0^2(\rho_m - \rho_a) \tag{4-192}$$

示踪物浓度质量守恒方程积分后得

$$C_m u_m b^2 = C_0 u_0 b_0^2 \tag{4-193}$$

但是,对 7 个微分方程全部给出解析解相当困难,通常用数值解。

3. 边界条件

当 $s=0$ 时,$u_m = u_0$,$C_m = C_0$,$\rho_m = \rho_1$,$b = b_0$,$\theta = \theta_0$,$x=0$,$y=0$。

4. Fan-Brooks 法

本节介绍美国加州理工学院水力学与水资源实验室的 Fan 和 Brooks(1969)关于浮射流的数值解(numerical solution)。他们将数值解结果绘制成较完整的曲线,在实际应用中较为方便。

1) 方程无量纲化

为使计算方便和成果应用的通用性,Fan 和 Brooks 将各种变量无量纲化,并使相应的微分方程变为标准化的无量纲微分方程。首先,定义无量纲变量如下。

无量纲流量:

$$\mu = \frac{u_m b^2}{u_0 b_0^2} \tag{4-194}$$

无量纲动量:

$$m = \left[\frac{g\lambda^2 u_0^3 b_0^6(\rho_0 - \rho_1)}{4\sqrt{2}\alpha\rho_0}\right]^{-2/5}\frac{u_m^2 b^2}{2} \tag{4-195}$$

m 的水平分量以 h 表示:

$$h = m\cos\theta \tag{4-196}$$

m 的铅垂分量以 v 表示:

$$v = m\sin\theta \tag{4-197}$$

无量纲轴向坐标:

$$\zeta = R_1 s \tag{4-198}$$

无量纲水平坐标:

$$\eta = R_1 x \tag{4-199}$$

无量纲垂向坐标:

$$\xi = R_1 y \tag{4-200}$$

式中,ζ、η、ξ 分别对应于 s、x、y。

$$R_1 = \left[\frac{\rho_0 u_0^2 b_0^4}{32\alpha^4 \lambda^2 g (\rho_0 - \rho_1)} \right]^{-1/5} \tag{4-201}$$

其次,将方程标准化。将上述无量纲变量式(4-194)~式(4-200)代入基本微分方程式(4-180)~式(4-182)、式(4-184)、式(4-186)、式(4-188)、式(4-190)整理后得

$$\frac{\mathrm{d}\mu}{\mathrm{d}\zeta} = \sqrt{m} \tag{4-202}$$

$$h = \sqrt{m^2 - v^2} = h_0 = \text{const} \tag{4-203}$$

$$\frac{\mathrm{d}v}{\mathrm{d}\zeta} = \frac{\mu}{m} \tag{4-204}$$

$$\frac{\mathrm{d}\eta}{\mathrm{d}\zeta} = \frac{h}{m} \tag{4-205}$$

$$\frac{\mathrm{d}\xi}{\mathrm{d}\zeta} = \frac{v}{m} \tag{4-206}$$

相应的边界条件变为:当 $\zeta = 0$ 时,$\mu = 1$,$m = m_0$,$\eta = 0$,$\xi = 0$,$\theta = \theta_0$。

2) 数值解曲线

Fan 和 Brooks 以浮射流初始角 θ_0、初始动量 m_0 为参数进行数值积分,绘出特殊角 $\theta_0 = 0°$,$15°$,$30°$,$45°$,$60°$ 及 $90°$ 的数值解曲线。图 4-12(a)~(e)为圆形浮射流轨迹及厚度的求解图,由图可见,除了图 4-12(e)外,图中有两族曲线,一族以 m_0 为参数的曲线用以求解浮射流的轴线轨迹;另一族以 b/b_0 为参数的曲线用以求解浮射流的特征半厚度 b_0。曲线的横坐标为 $\eta \sqrt{m_0}$,纵坐标为 $\xi \sqrt{m_0}$,并与浮射流轴线坐标 x,y 有下列关系:

$$\frac{x}{b_0} = \frac{\eta \sqrt{m_0}}{2\alpha} \tag{4-207}$$

$$\frac{y}{b_0} = \frac{\xi \sqrt{m_0}}{2\alpha} \tag{4-208}$$

现将浮射流初始断面的浓度 C_0 与轴线上任意点的浓度 C_m 之比定义为浮射流轴线上任意点处的稀释比(dilution ratio),即

$$S_0 = C_0 / C_m \tag{4-209}$$

图 4-13(a)~(f)为圆形浮射流稀释比 S_0 的求解图。只要已知 θ_0、m_0 及轴线上某点纵坐标 ξ 值,则由图可查得相应点的稀释比。这里须指出,当 $\xi \sqrt{m_0} > 50$,且 m_0 较小时,可利用羽流的计算公式来计算稀释比 S_0,即

$$S_0 = 0.46 \xi^{5/3} \tag{4-210}$$

最后需要指出,图 4-12 和图 4-13 的图解曲线是根据 $\alpha = 0.082$,$\lambda = 1.16$ 所作的数值计算得到的结果。关于 α 的取值问题,下面将在量纲分析法中作进一步阐述。

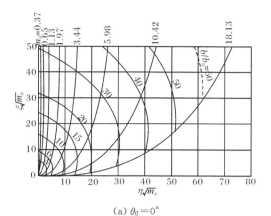

(a) $\theta_0 = 0°$

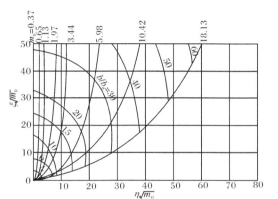

(b) $\theta_0 = 15°$

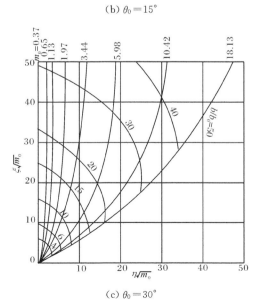

(c) $\theta_0 = 30°$

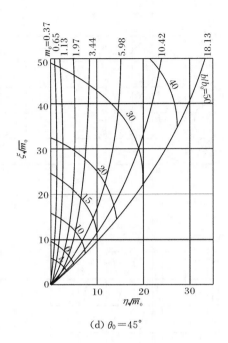

(d) $\theta_0 = 45°$

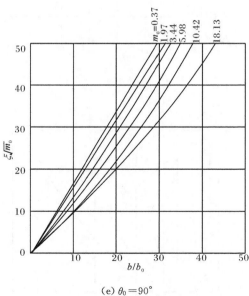

(e) $\theta_0 = 90°$

图 4-12　静止均质环境中圆形浮射流轨迹和厚度求解图

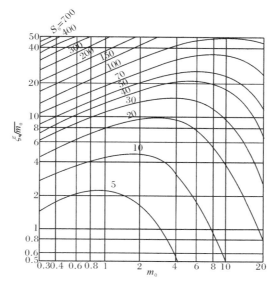

（a）$\theta_0 = 0°$

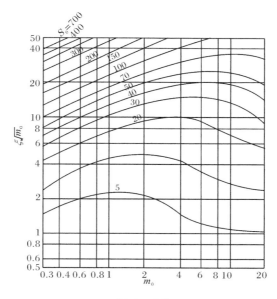

（b）$\theta_0 = 15°$

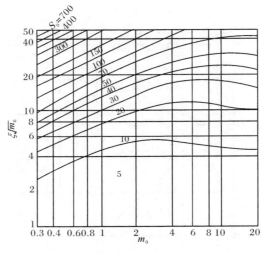

(c) $\theta_0 = 30°$

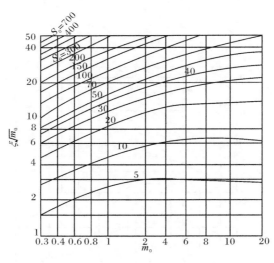

(d) $\theta_0 = 45°$

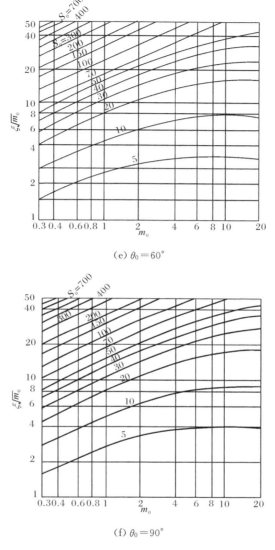

(e) $\theta_0 = 60°$

(f) $\theta_0 = 90°$

图 4-13　静止均质环境中圆形浮射流稀释比求解图

3) 浮射流初始段的修正

图 4-12 和图 4-13 的图解曲线是针对浮射流初始段末端得到的,即基于浮射流起始断面为充分发展的紊流,断面上的流速剖面、浓度剖面符合高斯分布。然而,实际的浮射流从喷口出射后要经历一段距离(相当于普通射流的初始段)后,才变为充分发展的紊流,因此需对上述结果加以修正。

(1) 浮射流初始段末端断面的扩展厚度。

若忽略初始段浮力的影响,则沿 s 轴的动量守恒关系为

$$\int_A u^2 \mathrm{d}A = \frac{\pi}{4}D^2 u_0^2 \qquad (4\text{-}211)$$

将流速分布式(4-162)代入式(4-211)左端并积分可得初始段末端的特征半厚度为

$$b_0 = D/\sqrt{2} \qquad (4\text{-}212)$$

(2) 初始段末端断面 m_0 值。

以 $b_0 = D/\sqrt{2}$ 代入无量纲动量式(4-188),并考虑到 $u_m = u_0, b = b_0$,可得

$$m_0 = \left(\frac{2\alpha^2}{\lambda^4}\right)^{1/5} F_\mathrm{d}^{4/5} \qquad (4\text{-}213)$$

若取 $\alpha = 0.082, \lambda = 1.16$,则式(4-206)可表示为

$$m_0 = 0.375 F_\mathrm{d}^{4/5} \qquad (4\text{-}214)$$

式中,F_d 为密度 Froude 数。其表达式为

$$F_\mathrm{d} = u_0 \left/ \sqrt{gD\frac{\rho_0 - \rho_1}{\rho_0}}\right. \qquad (4\text{-}215)$$

(3) 轴线稀释比。

若假定初始段的浓度通量守恒,则

$$\int_A uC\mathrm{d}A = \frac{\pi D^2}{4}u_0 C_0' \qquad (4\text{-}216)$$

式中,C_0' 为喷口断面示踪物浓度。将流速分布及浓度分布表达式代入式(4-216)积分整理得

$$\frac{C_0}{C_0'} = \frac{1+\lambda^2}{2\lambda^2} \qquad (4\text{-}217)$$

用图解曲线计算稀释比时,取初始段末端断面 C_0 为参考浓度,即

$$S_0 = \frac{C_0}{C} \qquad (4\text{-}218)$$

若以喷口断面 C_0' 为参考浓度,那么稀释比可写为

$$S = \frac{C_0'}{C} = \frac{2\lambda^2}{1+\lambda^2}S_0 \qquad (4\text{-}219)$$

若以 $\lambda = 1.16$ 代入式(4-219),得

$$S = 1.15 S_0 \qquad (4\text{-}220)$$

(4) 浮射流轨迹坐标。

由式(4-207)和式(4-208)求浮射流轴线坐标 (x, y) 是基于坐标原点在初始段末端断面中心点 O 上,若将原点放在喷口中心 O' 上,则浮射流轨迹坐标 (x', y') 可表示为

$$x' = x + L_0\cos\theta, \quad y' = y + L_0\sin\theta \tag{4-221}$$

式中，L_0 为初始段长度，对于圆形浮射流，可取 $L_0 = 6.2D$。将初始段末端断面浮射流半厚度 $b_0 = D/\sqrt{2}$ 代入式(4-207)和式(4-208)，得

$$x = \frac{\eta D}{2\alpha}\sqrt{\frac{m_0}{2}} \tag{4-222}$$

$$y = \frac{\xi D}{2\alpha}\sqrt{\frac{m_0}{2}} \tag{4-223}$$

例 4-4　某排污管出口沿水平方向将污水排入海中，污水排放浓度 $C_0 = 1000\text{mg/L}$，出口位于海面下 24m 深处。出口直径 $D = 0.2\text{m}$，出口流速 $u_0 = 0.4\text{m/s}$，出口断面处污水与海水相对密度差 $\Delta\rho_0/\rho_a = 0.02$，试计算当污水到达海面时的平均稀释比。

解　按浮射流来处理，$\theta_0 = 0°$，利用稀释比求解曲线时，需要知道 m_0 和 $\xi\sqrt{m_0}$，已知密度 Froude 数可表示为

$$F_d = \frac{u_0}{\sqrt{\dfrac{\rho_0 - \rho_1}{\rho_a}gD}} = 2.02$$

$$m_0 = 0.375F_d^{4/5} = 0.658$$

由式(4-208)得，$\xi\sqrt{m_0} = 39.36$。

由图查得稀释比：$S_0 = 330$。

4.7.2　线性分层环境中圆形浮射流

本小节讨论流体静止、密度分层(density stratification)环境中的圆形浮射流问题。在许多实际问题中，密度分层沿垂线分布近似为线性关系，因此，这里只讨论环境流体密度为线性变化的情况，即

$$\frac{d\rho_a}{dy} = \text{const} \tag{4-224}$$

线性分层环境中的浮射流在开始阶段由于初始动量和浮力的共同作用而弯曲向上，如图 4-14 所示。随着浮射流逐渐扩展，不断卷吸较重的周围流体，浮射流本身密度逐渐变重，相应的周围流体越往高处变得越轻，向上的浮力越来越小。乃至最后浮力反向。在铅垂方向，动量最后消失的地方，浮射流停止上升，该点称为浮射流上升的极限高度 ξ_t。下面仍介绍 Fan-Brooks 的求解方法。

1. 基本方程

线性分层环境中浮射流的基本微分方程基本上与均质环境时相同，所不同的是只有 2 个微分方程，即 y 方向的动量方程和密度差通量守恒方程，现介绍如下。

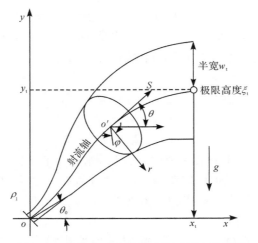

图 4-14　线性分层环境中圆形浮射流示意图

在线性分层环境中,环境流体密度 ρ_a 不再是常数,$\rho_a = \rho_a(y)$,y 方向的动量方程变为

$$\frac{\mathrm{d}}{\mathrm{d}s}\left(\frac{u_m^2 b^2}{2}\sin\theta\right) = \frac{\rho_a - \rho_m}{\rho_0} g\lambda b^2 \tag{4-225}$$

分层环境中浮射流的密度差通量方程为

$$\frac{\mathrm{d}}{\mathrm{d}s}\left[u_m b^2(\rho_a - \rho)\right] = \frac{1+\lambda^2}{\lambda^2} b^2 u_m^2 \frac{\mathrm{d}\rho_a}{\mathrm{d}s} \tag{4-226}$$

与均质环境类似,分层环境中同样有 7 个微分方程,相应的边界条件也和均质环境基本相同。对于 x 方向动量方程、示踪物浓度方程仍可通过简单积分来求解,但对整个方程组求解析解仍有困难,只能用数值解法。

2. 无量纲化方程

为使方程无量纲化、标准化,现将无量纲变量定义如下。

无量纲流量:

$$\mu = \left[\frac{G^5}{64 F_0^6 \alpha^4 (1+\lambda^2)}\right]^{1/8} u_m b^2 \tag{4-227}$$

无量纲动量:

$$m = \left[\frac{G}{(1+\lambda^2)F_0^2}\right] \frac{b^4 u_m^4}{4} \tag{4-228}$$

m 在水平方向的分量:

$$h = m\cos\theta$$

m 在铅垂方向的分量:

$$v = m\sin\theta \tag{4-229}$$

无量纲浮力：

$$\beta = \left[\frac{\lambda^2}{1+\lambda^2} b^2 u_m g \frac{\rho_a - \rho_m}{\rho_0}\right] \Big/ F_0 \tag{4-230}$$

无量纲轴向坐标：

$$\zeta = R_2 s \tag{4-231}$$

无量纲水平坐标：

$$\eta = R_2 x \tag{4-232}$$

无量纲垂向坐标：

$$\xi = R_2 y \tag{4-233}$$

$$R_2 = \left[\frac{64 G^3 \alpha^4 (1+\lambda^2)}{F_0^2}\right]^{1/8} \tag{4-234}$$

其中，G、F_0 为有量纲的参数，其定义为

$$G = -\frac{g}{\rho_0}\frac{d\rho_a}{dy} \tag{4-235}$$

$$F_0 = \frac{\lambda^2}{1+\lambda^2} b_0^2 u_0 g \frac{\rho_0 - \rho_1}{\rho_0} \tag{4-236}$$

将上列无量纲变量代入线性分层环境下浮射流的基本方程，得

$$\frac{d\mu}{d\zeta} = m^{1/4} \tag{4-237}$$

$$h = \sqrt{m^2 - v^2} = h_0 = \text{const} \tag{4-238}$$

$$\frac{dv}{d\zeta} = \beta\mu \left(\frac{v}{m}\right)^{1/2} \tag{4-239}$$

$$\frac{d\beta}{d\zeta} = -\mu \left(\frac{v}{m}\right)^{1/2} \tag{4-240}$$

$$\frac{d\eta}{d\zeta} = \left(\frac{h}{m}\right)^{1/2} \tag{4-241}$$

$$\frac{d\xi}{d\zeta} = \left(\frac{v}{m}\right)^{1/2} \tag{4-242}$$

相应的边界条件变为

$$\zeta = 0: \mu = \mu_0, m = m_0, \theta = \theta_0, \beta = 1, \xi = 0, \eta = 0.$$

3. 数值解曲线

与均质环境情形相同，Fan 和 Brooks 以 μ_0、m_0 和 θ_0 为参数，给出了分层环境中圆形浮射流的求解曲线，如图 4-15～图 4-18 所示。排放初始角 θ_0 对浮射流轨迹的影响如图 4-15 及图 4-16 所示，图中分别绘出 $\mu_0 = 0$ 时，$m_0 = 0.2$ 和 2.0 浮射

流轨迹随初始角 θ_0 的变化关系,从图中不难看出,浮射流上升极限高度 ξ_t 随初始角的增大而增加。当 $\mu_0 = 0 \sim 0.01$ 时,浮射流上升极限高度 ξ_t 的变化关系如图 4-17 所示。由图可见,相对于较小 m_0 值情形,$m_0 = 2.0$ 的曲线表明极限高度 ξ_t 随初始角 θ_0 的减小而快速降低。对于 $m_0 = 0$ 的羽流情形,极限高度与排放初始角无关。图 4-18 绘出在相同初始条件情形终点(极限高度)体积流量 μ_t 的变化关系。可以看出,大 m_0 值时,体积流量 μ_t 随初始角的减小而增大。图 4-17 和图 4-18 均给出终点处物理量 ξ_t 和 μ_t 的变化几乎不依赖于初始体积流量 $\mu_0 = 0 \sim 0.01$。由于轴线稀释比 S_0 在终点处为终点体积流量与初始体积流量的比值,即 $S_0 = \mu_t / \mu_0$,显然,当 μ_0 减小时,终点处稀释比则增大。

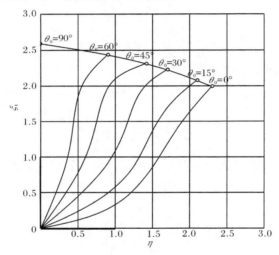

图 4-15　线性分层环境中圆形浮射流轨迹 $(\mu_0 = 0, m_0 = 0.2)$

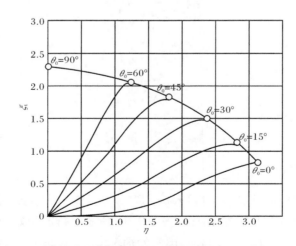

图 4-16　线性分层环境中圆形浮射流轨迹 $(\mu_0 = 0, m_0 = 2.0)$

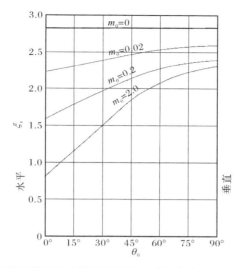

图 4-17　线性分层环境中圆形浮射流上升极限高度 ξ_t ($\mu_0 = 0 \sim 0.01$)

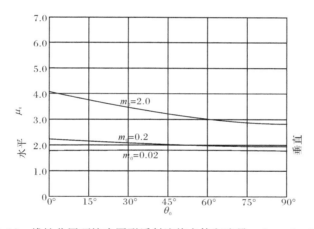

图 4-18　线性分层环境中圆形浮射流终点体积流量 μ_t ($\mu_0 = 0 \sim 0.01$)

　　关于水平圆形浮射流在分层环境中流量、浮力和垂向动量沿浮射流轴线的变化如图 4-19 所示。由图可见，由于浮射流的卷吸作用，流量 μ 沿轴线逐渐增大；垂直动量 v 起初沿轴线增大至极大值，然后下降为 0，v 降到零点即为浮射流上升的极限高度；浮力 β 由起初的极大值单调地逐渐下降，β 下降到 0 时恰好为垂直动量为极大值时所对应的点，其后浮力反向变为负值。

　　初始段的修正方法与均质环境浮射流情形基本相同，唯初始段末端断面的 m_0、μ_0 不同，其表达式为

$$m_0 = \frac{(1+\lambda^2)F_d^2}{4\lambda^4 T} \tag{4-243}$$

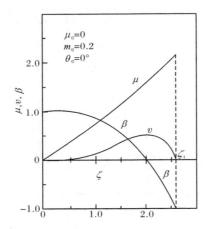

图 4-19　线性分层环境中水平圆形浮射流的无量纲 μ、v 和 β 沿 ζ 轴的变化($\mu_0 = 0, m_0 = 0.2$)

$$\mu_0 = \frac{(1+\lambda^2)^{5/8} F_d^{1/4}}{2\sqrt{2}\lambda^{3/2} T^{5/8}} \tag{4-244}$$

式中，$T = (\rho_1 - \rho_0) \Big/ \Big(D \dfrac{\mathrm{d}\rho_a}{\mathrm{d}y}\Big)$。

4.8　平面浮射流

　　平面浮射流是指从缝隙或扁的矩形孔口射出的浮射流，如图 4-20 所示，由于孔口的宽度比其厚度大得多，可视为二维流动，因此也称为二维浮射流。仅需考虑在 x-y 平面上的流动，并取其单位宽度来研究。分析平面浮射流的基本假定、基本原理与圆形浮射流基本相同，所不同的只是沿断面积分时微分单元面积代之以矩形面积，因此本节只作简要介绍。

4.8.1　静止均质环境中平面浮射流

1. 基本方程

　　为便于分析，设浮射流轴线为 s，其法线为 n，那么在静止均质环境下平面浮射流如图 4-20 所示，其基本方程如下。

　　连续性方程：

$$\frac{\mathrm{d}q}{\mathrm{d}s} = \frac{\mathrm{d}}{\mathrm{d}s}\int_{-\infty}^{\infty} u\,\mathrm{d}n = 2\alpha u_m \tag{4-245}$$

式中，q 为单宽流量，将高斯流速剖面代入积分，得

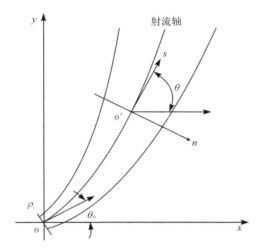

图 4-20　静止均质环境下平面浮射流

$$\frac{\mathrm{d}}{\mathrm{d}s}(u_{\mathrm{m}}b) = \frac{2\alpha u_{\mathrm{m}}}{\sqrt{\pi}} \qquad (4\text{-}246)$$

x 方向的动量方程：

$$\frac{\mathrm{d}}{\mathrm{d}s}\int_{-\infty}^{\infty}\rho u\,(u\cos\theta)\,\mathrm{d}n = 0 \qquad (4\text{-}247)$$

积分得

$$\frac{\mathrm{d}}{\mathrm{d}s}\left(\frac{u_{\mathrm{m}}^2 b}{\sqrt{2}}\cos\theta\right) = 0 \qquad (4\text{-}248)$$

y 方向的动量方程：

$$\frac{\mathrm{d}}{\mathrm{d}s}\int_{-\infty}^{\infty}\rho u\,(u\sin\theta)\,\mathrm{d}n = g\int_{-\infty}^{\infty}(\rho_0 - \rho)\,\mathrm{d}n \qquad (4\text{-}249)$$

式中，$\rho_0 = \mathrm{const}$ 为喷口处周围环境流体的密度。对式(4-249)积分得

$$\frac{\mathrm{d}}{\mathrm{d}s}\left(\frac{u_{\mathrm{m}}^2 b}{\sqrt{2}}\cos\theta\right) = g\lambda b\frac{\rho_0 - \rho}{\rho_0} \qquad (4\text{-}250)$$

密度差通量守恒方程：

$$\frac{\mathrm{d}}{\mathrm{d}s}\left[u_{\mathrm{m}}b(\rho_0 - \rho)\right] = 0 \qquad (4\text{-}251)$$

浓度通量守恒方程：

$$\frac{\mathrm{d}}{\mathrm{d}s}(C_{\mathrm{m}}u_{\mathrm{m}}b) = 0 \qquad (4\text{-}252)$$

浮射流轴线轨迹：

$$\frac{\mathrm{d}x}{\mathrm{d}s} = \cos\theta \qquad (4\text{-}253)$$

$$\frac{\mathrm{d}y}{\mathrm{d}s}=\sin\theta \tag{4-254}$$

与圆形浮射流一样,也有 7 个方程,并且未知量也为 7 个,方程组是封闭的。其边界条件为

当 $s=0$ 时, $x=0$, $y=o$, $u_{\mathrm{m}}(0)=u_0$, $C_{\mathrm{m}}(0)=C_0$, $\rho_{\mathrm{m}}(0)=\rho_1$, $b(0)=b_0$, $\theta(0)=\theta_0$。

2. 方程组无量纲化

首先,定义下列无量纲变量。

无量纲流量:

$$\mu=\frac{u_{\mathrm{m}}b}{u_0 b_0} \tag{4-255}$$

无量纲动量:

$$m=\left[\frac{4\alpha\rho_0}{\sqrt{\pi}\lambda g u_0^4(\rho_0-\rho_1)}\right]^{1/3}\frac{u_{\mathrm{m}}^2 b}{\sqrt{2}} \tag{4-256}$$

m 的水平分量为

$$h=m\cos\theta \tag{4-257}$$

m 的垂直分量为

$$v=m\sin\theta \tag{4-258}$$

无量纲坐标:

$$\zeta=P_1 s \tag{4-259}$$

$$\eta=P_1 x \tag{4-260}$$

$$\xi=P_1 y \tag{4-261}$$

式中, $P_1=\left[\dfrac{4\sqrt{2}g\alpha^2\lambda(\rho_0-\rho_1)}{\pi\rho_0 u_0^2 b_0^2}\right]^{1/3}$。

其次,将上述无量纲变量式(4-255)~式(4-261)代入方程式(4-246)、式(4-248)~式(4-254),得

$$\frac{\mathrm{d}\mu}{\mathrm{d}\zeta}=\frac{m}{\mu} \tag{4-262}$$

$$h=\sqrt{m^2-v^2}=h_0=\mathrm{const} \tag{4-263}$$

$$\frac{\mathrm{d}v}{\mathrm{d}\zeta}=\frac{\mu}{m} \tag{4-264}$$

$$\frac{\mathrm{d}\eta}{\mathrm{d}\zeta}=\frac{h}{m} \tag{4-265}$$

$$\frac{\mathrm{d}\xi}{\mathrm{d}\zeta}=\frac{v}{m} \tag{4-266}$$

相应的边界条件变为

当 $\zeta = 0$ 时，$\eta = 0$，$\xi = 0$，$\mu(0) = 1$，$m(0) = m_0$，$\theta(0) = \theta_0$。

3. Fan-Brooks 数值解曲线

平面浮射流的轨迹坐标、厚度的图解曲线如图 4-21(a)~(e)所示。图中曲线的横坐标为 ηm_0，纵坐标为 ξm_0，以 m_0 为参数的曲线用于求解浮射流轨迹，以 b/b_0 为参数的曲线用于求解浮射流厚度。

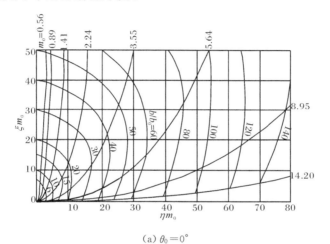

(a) $\theta_0 = 0°$

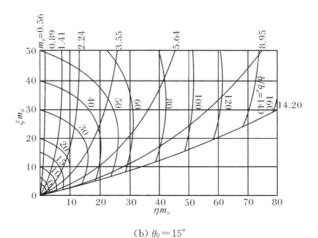

(b) $\theta_0 = 15°$

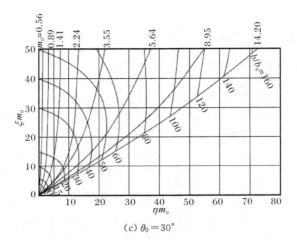

(c) $\theta_0 = 30°$

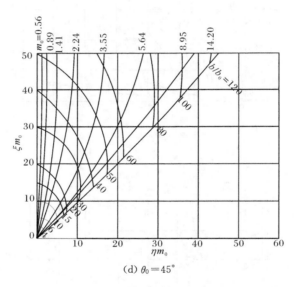

(d) $\theta_0 = 45°$

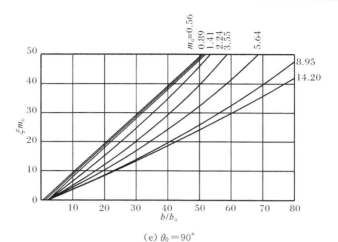

(e) $\theta_0 = 90°$

图 4-21　静止均质环境中平面浮射流轨迹、厚度求解图

浮射流坐标 x、y 与其无量纲坐标 ξm_0、ηm_0 的关系如下：

$$x = \frac{b_0 \sqrt{\pi}}{2\alpha} \eta m_0, \quad y = \frac{b_0 \sqrt{\pi}}{2\alpha} \xi m_0 \qquad (4\text{-}267)$$

轴线稀释比：

$$S_0 = \frac{C_0}{C_m} \qquad (4\text{-}268)$$

平面浮射流稀释比求解图如图 4-22(a)～(f)所示。

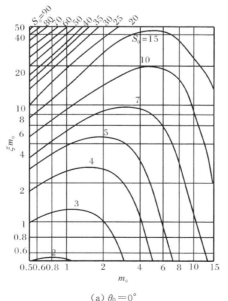

(a) $\theta_0 = 0°$

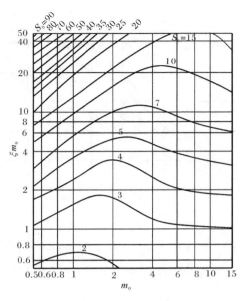

(b) $\theta_0 = 15°$

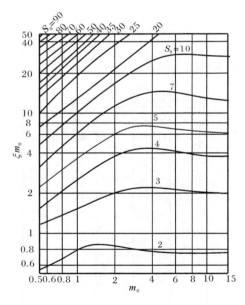

(c) $\theta_0 = 30°$

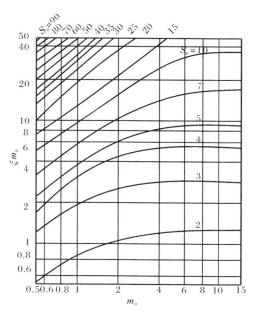

(d) $\theta_0 = 45°$

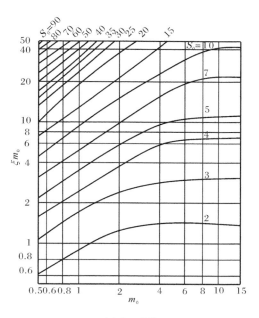

(e) $\theta_0 = 60°$

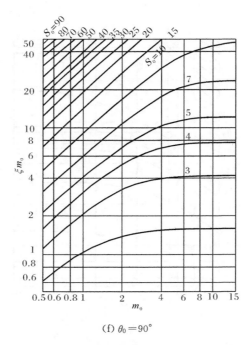

(f) $\theta_0 = 90°$

图 4-22　静止均质环境中平面浮射流稀释比求解图

最后应当指出，Fan 和 Brooks 平面浮射流数值计算中对 α、λ 的取值是基于 Rouse 等(1952)对二维羽流的试验结果为 $\alpha = 0.16$，$\lambda = 0.89$；求解过程是基于浮射流起始断面为充分发展的紊流，断面上流速、浓度符合高斯分布，在实际应用时需对初始段加以修正，其修正方法与静止均质环境中圆形浮射流相仿，这里就不再赘述。

4.8.2　线性分层环境中平面浮射流

1. 基本方程

平面浮射流在线性分层环境下的连续性方程、x 方向的动量方程、浓度通量守恒方程及浮射流轴线轨迹与均质环境下完全相同，所不同的是 y 方向的动量方程、密度差通量方程，现介绍如下。

线性分层环境下的平面浮射流如图 4-23 所示。由于环境密度 $\rho_a \neq \mathrm{const}$，$y$ 方向的动量方程应改写为

$$\frac{\mathrm{d}}{\mathrm{d}s}\left(\frac{u_{\mathrm{m}}^2 b}{\sqrt{2}}\cos\theta\right) = g\lambda b \frac{\rho_a - \rho}{\rho_a} \tag{4-269}$$

密度差通量的方程为

$$\frac{\mathrm{d}}{\mathrm{d}s}\left[u_{\mathrm{m}}b(\rho_{\mathrm{a}}-\rho)\right]=\sqrt{\frac{1+\lambda^2}{\lambda^2}}\,u_{\mathrm{m}}b\,\frac{\mathrm{d}\rho_{\mathrm{a}}}{\mathrm{d}s} \qquad (4\text{-}270)$$

式(4-270)与均质环境情形相比,增加了右端项,表明密度差通量不再守恒。

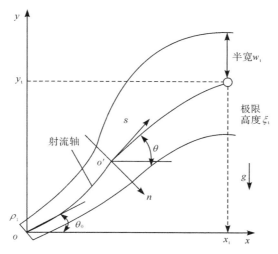

图 4-23　线性分层环境下平面浮射流示意图

2. 标准化方程与无量纲参数

基本物理量的无量纲定义如下。

无量纲流量:

$$\mu=\left[\frac{32\sqrt{2(1+\lambda^2)}F_0^4\alpha^2}{\pi G^3}\right]^{-1/3}u_{\mathrm{m}}^2 b^2 \qquad (4\text{-}271)$$

无量纲动量:

$$m=\frac{GF_0^2}{\sqrt{2(1+\lambda^2)}}\frac{u_{\mathrm{m}}^4 b^2}{2} \qquad (4\text{-}272)$$

$$h=m\cos\theta \qquad (4\text{-}273)$$

$$v=m\sin\theta \qquad (4\text{-}274)$$

无量纲浮力:

$$\beta=\sqrt{\frac{\lambda^2}{1+\lambda^2}}\frac{gu_{\mathrm{m}}b}{F_0}\frac{\rho_{\mathrm{a}}-\rho}{\rho_{\mathrm{a}}} \qquad (4\text{-}275)$$

无量纲坐标:

$$\zeta=P_2 s \qquad (4\text{-}276)$$

$$\eta = P_2 x \tag{4-277}$$

$$\xi = P_2 y \tag{4-278}$$

式中，$P_2 = \left[\dfrac{32\sqrt{2(1+\lambda^2)}\,G^3\alpha^2}{\pi F_0^2}\right]^{1/6}$，$G = -\dfrac{g}{\rho_0}\dfrac{\mathrm{d}\rho_\mathrm{a}}{\mathrm{d}y}$，$F_0 = \sqrt{\dfrac{\lambda^2}{1+\lambda^2}\,gu_0 b_0\,\dfrac{\rho_0-\rho_1}{\rho_0}}$。

将上述无量纲变量代入微分方程组可得

$$\frac{\mathrm{d}\mu}{\mathrm{d}\zeta} = \sqrt{m} \tag{4-279}$$

$$h = \sqrt{m^2 - v^2} = h_0 = \mathrm{const} \tag{4-280}$$

$$\frac{\mathrm{d}v}{\mathrm{d}\zeta} = \beta\sqrt{\frac{\mu v}{m}} \tag{4-281}$$

$$\frac{\mathrm{d}\beta}{\mathrm{d}\zeta} = -\sqrt{\frac{\mu v}{m}} \tag{4-282}$$

$$\frac{\mathrm{d}\eta}{\mathrm{d}\zeta} = \sqrt{\frac{h}{m}} \tag{4-283}$$

$$\frac{\mathrm{d}\xi}{\mathrm{d}\zeta} = \sqrt{\frac{v}{m}} \tag{4-284}$$

相应的边界条件与均质环境情形相同。

3. 数值解

图 4-24 和图 4-25 分别示出线性分层环境中当 $m_0 = 0.2$ 和 2.0 时各种排放初始角情形 $\mu_0 = 0$ 的平面浮射流轨迹，由图可见，浮射流上升极限高度 ξ_t 随初始角的增大而增加。当 $\mu_0 = 0 \sim 0.01$ 时，平面浮射流上升极限高度 ξ_t 的变化如图 4-26 所示，不难看出，相对于较小 m_0 值情形，$m_0 = 2.0$ 的曲线显示当初始角 θ_0 减小时极限高度 ξ_t 会快速降低。当 $m_0 = 0$ 时，浮射流变为羽流，初始角对极限高度没有影响，为一水平直线，极限高度 $\xi_t = 2.96$。图 4-27 所示为相同初始条件下终点体积流量 μ_t 的变化情况，类似于圆形浮射流情形，m_0 值较大时终点体积流量 μ_t 随初始角的减小具有增大的趋势。除去较小 m_0 值的极限高度 ξ_t 值，图 4-26 和图 4-27 证实终点处物理量 ξ_t 和 μ_t 与初始体积流量 $\mu_0 = 0 \sim 0.01$ 无关。由于在终点处的稀释比 S_0 为终点体积流量与初始体积流量比值的平方根，显然可通过减小初始体积流量来提高终点处的稀释比（如加长污水排放扩散器）。

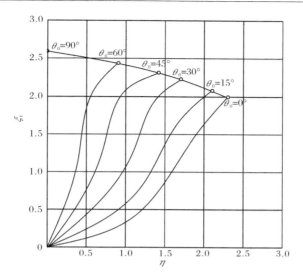

图 4-24　线性分层环境中平面浮射流轨迹($\mu_0 = 0$, $m_0 = 0.2$)

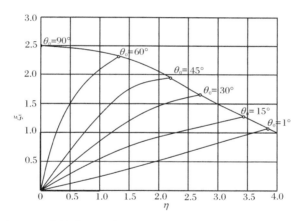

图 4-25　线性分层环境中平面浮射流轨迹($\mu_0 = 0$, $m_0 = 2.0$)

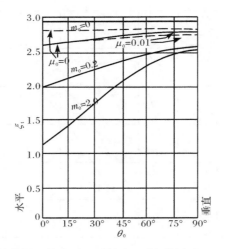

图 4-26　线性分层环境中平面浮射流上升极限高度 ξ_t ($\mu_0=0\sim0.01$)

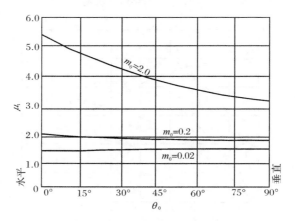

图 4-27　线性分层环境中平面浮射流终点体积流量 μ_t ($\mu_0=0\sim0.01$)

4.9　浮射流的量纲分析法

　　本章 4.6 节～4.8 节讨论了羽流、浮射流的积分方法,在分析中作了若干假定,除假定羽流、浮射流的流速分布、浓度分布存在相似性外,还假定卷吸系数为常数。实际上,浮射流的卷吸系数 α 不是常数,而与浮射流的 Richardson 数或密度 Froude 数有关。Priestley 和 Ball(1955)、Morton 等(1956)基于 Corrsin(1943)在射流研究中提出的积分形式的运动方程,较早地应用量纲分析法提出了紊动浮射流卷吸系数的计算式;List 和 Imberger(1973,1975)则由射流和羽流的两个不

变量 C 和 R 来确定浮射流的卷吸系数。本节讨论浮射流的量纲分析法,首先定义圆形浮射流的两个特征长度比尺如下:

$$l_Q = \frac{Q_0}{M_0^{1/2}}, \quad l_M = \frac{M_0^{3/4}}{B_0^{1/2}} \tag{4-285}$$

式中,M_0、B_0 及 Q_0 分别为浮射流的初始比动量通量、初始比浮力通量及初始体积流量。第一个长度比尺 l_Q 表示喷口面积的平方根,即 $\sqrt{A}$,第二个长度比尺 l_M 用于判别浮射流是羽流型还是射流型。定义这两个长度比尺之比为射流的 Richardson 数 R,即

$$R = \frac{l_Q}{l_M} = \frac{Q_0 B_0^{1/2}}{M_0^{5/4}} \tag{4-286}$$

式(4-286)是由 Morton 于 1959 年首先提出的,其物理意义为浮力与惯性力之比。

现以浮射流的轴线速度为例,说明长度比尺的应用。浮射流的轴线速度可表示为

$$u_m = f(M_0, B_0, x) \tag{4-287}$$

经量纲分析得

$$u_m = \frac{M_0^{1/2}}{x} f\left(\frac{xB_0^{1/2}}{M_0^{3/4}}\right) \tag{4-288}$$

当

$$\frac{xB_0^{1/2}}{M_0^{3/4}} \to \infty \text{时},$$

$$f\left(\frac{xB_0^{1/2}}{M_0^{3/4}}\right) \to \left(\frac{xB_0^{1/2}}{M_0^{3/4}}\right)^{2/3} \tag{4-289}$$

当

$$\frac{xB_0^{1/2}}{M_0^{3/4}} \to 0 \text{ 时},$$

$$f\left(\frac{xB_0^{1/2}}{M_0^{3/4}}\right) \to \text{const} \tag{4-290}$$

函数的渐近形式是由 x 和 $M_0^{3/4}/B_0^{1/2}$ 的相对大小来确定的。

圆形浮射流当地的体积流量、比动量通量及比浮力通量可分别定义为

体积流量:

$$Q = \int 2\pi r u \, dr \tag{4-291}$$

比动量通量:

$$M = \int 2\pi r u^2 \, dr \tag{4-292}$$

比浮力通量：

$$B = \int 2\pi r g \left(\frac{\rho_a - \rho}{\rho_0} \right) u \, \mathrm{d}r \tag{4-293}$$

对于垂直情形，浮射流特征量的沿程变化率为

$$\frac{\mathrm{d}M}{\mathrm{d}x} = \int 2\pi r g \left(\frac{\rho_a - \rho}{\rho_0} \right) \mathrm{d}r \tag{4-294}$$

$$\frac{\mathrm{d}B}{\mathrm{d}x} = \frac{g\mu}{\rho_0} \frac{\mathrm{d}\rho_a}{\mathrm{d}x} = -\mu f^2 \tag{4-295}$$

式中，μ 为浮射流任一断面的无量纲体积流量；f 为 Brunt-Vaisala 频率，即

$$f = \sqrt{\frac{g}{\rho} \left(-\frac{\mathrm{d}\rho_a}{\mathrm{d}x} \right)} \tag{4-296}$$

解这个方程组的困难是前两个方程的右端项未知。List 和 Imberger 假定这些项仅是当地变量 Q、M、B 和 x 的函数，经量纲分析得

$$\frac{\mathrm{d}Q}{\mathrm{d}x} = M^{1/2} f_1 \left(\frac{Q}{M^{1/2} x}, \frac{Q B^{1/2}}{M^{5/4}}, \frac{Mf}{B} \right) \tag{4-297}$$

$$\frac{\mathrm{d}M}{\mathrm{d}x} = \frac{QB}{M} f_2 \left(\frac{Q}{M^{1/2} x}, \frac{Q B^{1/2}}{M^{5/4}}, \frac{Mf}{B} \right) \tag{4-298}$$

$$\frac{\mathrm{d}B}{\mathrm{d}x} = -Qf^2 \tag{4-299}$$

对于不分层情形（$f \equiv 0$），以上方程组可写为

$$x \frac{\mathrm{d}C_b}{\mathrm{d}x} = f_1(C_b, R_b) - \frac{R_b^2}{2} f_2(C_b, R_b) - C_b \tag{4-300}$$

$$x \frac{\mathrm{d}R_b^2}{\mathrm{d}x} = \frac{R_b^2}{C_b} f_1(C_b, R_b) - \frac{5 R_b^2}{2} f_2(C_b, R_b) \tag{4-301}$$

式中，C_b、R_b 为浮射流的两个不变量，其表达式为

$$C_b = Q/(M^{1/2} x) \tag{4-302}$$

$$R_b = Q B^{1/2}/M^{5/4} \tag{4-303}$$

浮射流的两个函数 f_1、f_2 可近似表示为

$$f_1(C_b, R_b) = C_p \left[1 + \frac{2}{3} \left(\frac{R_b}{R_p} \right)^2 \right] \tag{4-304}$$

$$f_2(C_b, R_b) = \frac{4}{3} \frac{C_p}{R_p^2} \tag{4-305}$$

式中，C_p、R_p 为羽流情形的两个不变量。

设浮射流的速度剖面、密度剖面存在相似性，即

$$\frac{u}{u_m} = \exp \left[-\left(\frac{y}{b} \right)^2 \right] \tag{4-306}$$

$$\frac{\rho}{\rho_{\mathrm{m}}} = \exp\left[-\left(\frac{y}{\lambda b}\right)^2\right] \tag{4-307}$$

式中，b 为浮射流特征半厚度。将式(4-306)和式(4-307)代入体积流量、比动量通量及比浮力通量的表达式(4-297)～式(4-299)，得

$$Q = \pi b^2 u_{\mathrm{m}} \tag{4-308}$$

$$M = \frac{\pi}{2} b^2 u_{\mathrm{m}}^2 \tag{4-309}$$

$$B = \frac{\pi \lambda^2}{1+\lambda^2} g \rho_{\mathrm{m}} b^2 u_{\mathrm{m}} \tag{4-310}$$

根据 Taylor(1958)假说，卷吸率与当地特征长度比尺 b 和射流轴线速度 u_{m} 的乘积成正比，有

$$\frac{\mathrm{d}Q}{\mathrm{d}x} = 2\pi \alpha b u_{\mathrm{m}} \tag{4-311}$$

积分作用于浮射流横截面上的浮力可得比动量通量的变化率：

$$\frac{\mathrm{d}M}{\mathrm{d}x} = \pi \lambda^2 g \rho_{\mathrm{m}} b^2 \tag{4-312}$$

当环境流体存在密度分层时，比浮力通量变化率由当地体积流量乘以 f^2 来表示，即

$$\frac{\mathrm{d}B}{\mathrm{d}x} = -\pi b^2 u_{\mathrm{m}} f^2 \tag{4-313}$$

关于浮射流的卷吸系数，Rodi 于 1982 年提出：

$$\alpha_{\mathrm{b}} = \alpha_{\mathrm{j}} \exp\left[\ln\left(\frac{\alpha_{\mathrm{p}}}{\alpha_{\mathrm{j}}}\right)\left(\frac{R_{\mathrm{b}}}{R_{\mathrm{p}}}\right)^2\right] \tag{4-314}$$

式中，α_j 为射流卷吸系数，可近似取 $\alpha_j = 0.0535$；α_{p} 为羽流卷吸系数，可近似取 $\alpha_{\mathrm{p}} = 0.0833$；$R_{\mathrm{p}}$ 为羽流 Richardson 数，可取 $R_{\mathrm{p}} = 0.557$；R_{b} 为浮射流 Richardson 数，见式(4-303)；λ 为厚度比，可取 $\lambda = 1.19$。式(4-311)～式(4-313)与试验结果的比较如图 4-28 所示(Fischer et al.，1979)，图中横坐标 ζ 为沿浮射流轴线的无量纲距离。

采用相同的分析方法，可得平面浮射流特征量的计算式。

体积流量：

$$Q = \sqrt{\pi} b u_{\mathrm{m}} \tag{4-315}$$

比动量通量：

$$M = \sqrt{\frac{\pi}{2}} b u_{\mathrm{m}}^2 \tag{4-316}$$

比浮力通量：

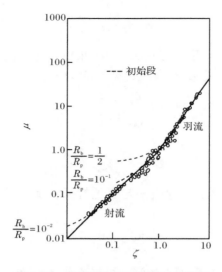

图 4-28　圆形浮射流流量的计算值与
Ricou 和 Spalding(1961)试验值的比较

$$B=\sqrt{\frac{\pi\lambda^2}{1+\lambda^2}}g\rho_{\mathrm{m}}bu_{\mathrm{m}} \tag{4-317}$$

体积流量变化率：

$$\frac{\mathrm{d}Q}{\mathrm{d}x}=2\alpha u_{\mathrm{m}} \tag{4-318}$$

动量通量变化率：

$$\frac{\mathrm{d}M}{\mathrm{d}x}=\sqrt{\pi}\lambda g\rho_{\mathrm{m}}b \tag{4-319}$$

浮力通量变化率：

$$\frac{\mathrm{d}B}{\mathrm{d}x}=-\sqrt{\pi}bu_{\mathrm{m}}f^2 \tag{4-320}$$

浮射流卷吸系数：

$$\alpha_{\mathrm{b}}=\alpha_{\mathrm{j}}\exp\left[\ln\left(\frac{\alpha_{\mathrm{p}}}{\alpha_{\mathrm{j}}}\right)\left(\frac{R_{\mathrm{b}}}{R_{\mathrm{p}}}\right)^{3/2}\right] \tag{4-321}$$

浮射流 Richardson 数：

$$R_{\mathrm{b}}=Q^2 B^{2/3}/M^2 \tag{4-322}$$

羽流 Richardson 数：

$$R_{\mathrm{p}}=0.735 \tag{4-323}$$

射流卷吸系数：

$$\alpha_{\mathrm{j}}=0.052 \tag{4-324}$$

羽流卷吸系数：

$$\alpha_p = 0.102 \qquad\qquad (4\text{-}325)$$

厚度比：

$$\lambda = 1.35 \qquad\qquad (4\text{-}326)$$

平面浮射流理论计算值与试验值的比较如图 4-29 所示。

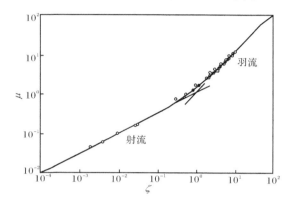

图 4-29　平面浮射流体积流量计算值与 Kotsovinos(1975)试验值的比较

第5章 大气污染扩散分析

5.1 大气分层

众所周知,地球的外面包围着一层气体,这层气体称为大气层(atmosphere)。如果把地球比作一个苹果,那么大气层就相当于苹果的一层皮。

按不同的物理性质,大气层可分为 5 层,即对流层(troposphere)、同温层(stratosphere)、中间层(mesosphere)、电离层(ionosphere)及外逸层(exosphere),如图 5-1 所示。

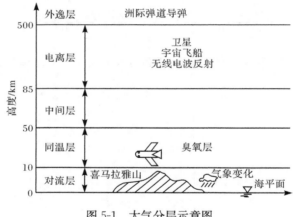

图 5-1 大气分层示意图

5.1.1 对流层

对流层是大气层中最低的一层,下界为地面,上界高度从赤道向两极逐渐减小。对流层的厚度在低纬度地区为 16～18km,中纬度地区为 10～12km,高纬度地区为 7～9km,如我国东北地区,对流层的厚度约为 10km;北京地区约为 11km;广州地区则达 16km。

顾名思义,对流层内具有强烈的对流作用,其强度随纬度的升高而减弱,即在低纬度地区,对流作用较强,而在高纬度地区则较弱,这也就是对流层厚度为什么会从赤道向两极减少的原因。对流层对人类的生活、生产影响最大。大气污染现象也主要发生于此层,特别是近地面的大气边界层。自地表向上延伸 1～1.5km

受地表的影响最大,通常称为大气边界层。

对流层具有下面几个特点。

(1)气温随高度的增加而降低。通常,每增高 100m,大气温度降低 0.65℃。对流层气温的变化主要是靠地面吸收太阳的热能而被加热,所以离地面越近,气温就越高。同时,气压也随高度的增加而降低。

(2)大气层的质量。大气层的总质量约为 5.3×10^{15} t,仅为地球质量的百万分之一。由于受重力的作用,大气从地面到高空逐渐稀薄,大气质量主要集中在下部,其中 50% 集中在 5km 以下,75% 集中在 10km 以下,98% 集中在 30km 以下。也就是说,对流层内几乎包含了整个大气层质量的 3/4,5km 以内包含整个大气层质量的一半。

(3)气象的变化。云、雾、雨、雪等气象现象主要发生于此层,尤其在 3km 以内含有大量的水蒸气及其他微粒。下垫面情况(山区、沙漠、城市、沿海、大江、大湖等)直接影响到对流层内气象的变化,如水平气流遇到山峰就会向上折转,形成上升气流;而在山的背面又向下折转,形成下降气流。风是由温差引起的。

(4)气压随高度的增加而降低。由压力全微分公式和克拉珀龙方程,可得不同海拔高度处压力的计算公式:

$$\frac{p}{p_0} = \left(1 - \frac{z}{4.43 \times 10^4}\right)^{5.256} \tag{5-1}$$

式中,p_0 为海平面处大气压力,即 $p_0 = 760\text{mmHg} = 1000\text{hPa} = 1\text{atm}$;$z$ 为海拔高度,m。例如,若太行山的海拔以 1000m 计,则大气压力 $p = 0.88\text{atm}$;若西藏的海拔以 5000m 计,则大气压力 $p = 0.53\text{atm}$,也就是说,水烧到 85℃就开了。

5.1.2　同温层

同温层位于对流层之上,顶端离地面大约 50km。该层大气的特点如下。

(1)下层温度大致不变。平均保持在零下 56.5℃,但是随纬度的不同而变化,尤其在两极地区和赤道地区上空的气温不同。

(2)几乎不存在水蒸气。所以没有云、雾、雨、雪等气象现象,这对飞机的飞行有利。

(3)没有上下对流。只有水平方向的风,所以同温层又称为平流层。

(4)臭氧量增加。在 20km 上下臭氧浓度达到最大值,称为臭氧层。臭氧层能吸收绝大部分太阳紫外线,阻挡强紫外线辐射到地面,使地表生物免受紫外线的伤害。

同温层包含的大气质量约占整个大气的 1/4。

在对流层与同温层之间有一个过渡层,称为变温休止层,其厚度约为 1km。

著名奥地利极限运动员 Baumgartner 于 2012 年 10 月 14 日上午 9 点半左右,

在美国新墨西哥州罗斯维尔地区乘坐氦气球携带的太空舱升至同温层,从距地面高度 39km 的太空跳下,并成功着陆。在打开降落伞之前,其自由落体的速度达到超音速:1342.8km/h。

5.1.3　中间层

中间层位于 50～85km 范围内。其主要特征如下。

(1)气温随高度的增加而迅速降低,可降至零下 100℃。因为该层臭氧含量极少,不能大量吸收太阳紫外线,而氮、氧能吸收的短波辐射又大部分被上层大气所吸收,故气温随高度的增加而递减。

(2)出现强烈的对流运动。这是由于该层大气上部冷、下部暖,致使空气产生垂向对流运动。中间层也有水平向对流运动,并且风速相当大,如在 60km 高度处的风速约为 140m/s。但由于该层空气稀薄,空气的对流运动不能与对流层相比。

这层大气包含的空气质量已很少,只有整个大气的 1/3000。

5.1.4　电离层

85～500km 的范围内为电离层。该层有如下特点。

(1)含有大量的离子。在太阳紫外线和宇宙射线的作用下,氧分子和部分氮分子被分解,并处于高度电离状态。该层能吸收、反射或折射无线电波,对无线电通信很重要。

(2)存在热层。从 100km 起,气温又开始增加,一直增加到很高的温度,如在 300km 高度处,气温可达 1000℃。所以,电离层又称为热层。电离层中空气温度之所以升高,是由于其中包含许多宇宙尘埃能吸收太阳的热量,并且空气电离时也能分解出很多的热量所致。如此高的气温是否会使飞行器的温度同样高呢?不会,因为该层空气已非常稀薄,空气的热量传到飞行器上很慢,使得飞行器获得的热量大部分都能及时地辐射到空中去,因此飞行器仍保持很低的温度。

5.1.5　外逸层

外逸层位于 500～3000km 范围内,是大气层的最外一层,也是大气层和星际空间的过渡层。此层空气已极其稀薄,以大气的密度接近星际气体的密度为大气层的边缘。

气温随高度的增加而升高。由于气温很高,空气粒子运动速度很快,又因距地球遥远,受地球引力作用很小,故一些高速运动的空气质点不断散逸到星际空间,外逸层则由此而得名。

由上述各层知,空气温度随高度的变化是比较复杂的,有升也有降。然而,空气的压强和密度却都随着高度的增加而很快降低。

5.2　影响大气污染的气象条件和下垫面状况

污染物排入大气后,能否引起严重的大气污染,一方面取决于污染源的状况;另一方面则取决于扩散的气象条件和下垫面状况。

5.2.1　风

1. 风的方位表示法与风玫瑰图

气象学上把水平方向的空气运动称为风,铅垂方向的空气运动称为升降气流。风具有方向和大小,表示风向有两种方法:一种为方位表示法,即把圆周分为 16 个方位,相邻两方位的夹角为 $22.5°$,如图 5-2 所示;另一种为角度表示法,以正北为 $0°$,沿顺时针方向增加,东为 $90°$,南为 $180°$,西为 $270°$,如图 5-2 所示。在工程技术领域,则以风玫瑰图(wind rose)表示风向和风速,如图 5-3(a)~(c)所示。图 5-3(a)为风向玫瑰图,表示风向的频率;图 5-3(b)为风向风速玫瑰图,表示各风向的频率及平均风速的大小;图 5-3(c)为风向风速综合图,表示每个风向各种风速的频率。

2. 大气边界层中风速分布

自地面向上约 1km 厚的大气层,因直接受地面影响,称为大气边界层(atmospheric boundary layer)。污染物的扩散主要发生在大气边界层内。根据边界层理

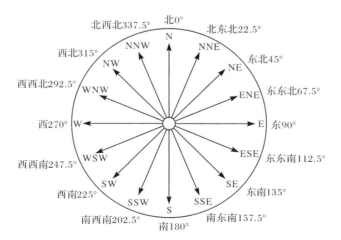

图 5-2　风向的方位表示法

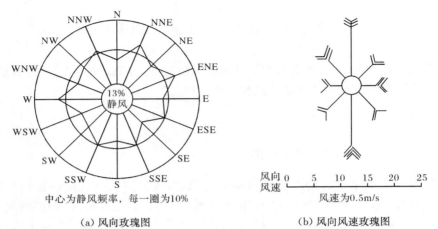

（a）风向玫瑰图　　　　　　　　　　（b）风向风速玫瑰图

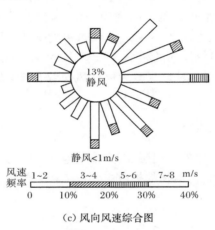

（c）风向风速综合图

图 5-3　风玫瑰图

论,在大气边界层内风速随高度的变化可用指数流速公式计算,即

$$\frac{u}{u_1}=\left(\frac{z}{z_1}\right)^m \qquad (5\text{-}2)$$

式中,u、u_1 分别为高度 z、z_1 处的风速,m/s;z、z_1 为高度,m;指数 m 与大气稳定度、下垫面(underlying surface)有关,一般由实测确定,若无实测资料,可按表5-1近似取值。考虑到气象上测得的地面风速通常位于 10m 高处,式(5-2)又可以写为

$$\frac{u}{u_{10}}=\left(\frac{z}{10}\right)^m \qquad (5\text{-}3)$$

式中,u_{10} 为 10m 高处风速。

表 5-1　指数 m 的取值

稳定度	A	B	C	D	E 或 F
城市	0.10	0.15	0.20	0.25	0.30
乡村	0.07	0.07	0.10	0.15	0.25

另外,风速也可按风力级数来表示,若用 F 表示风力,风速 u 与风力 F 之间存在下面近似的换算关系:

$$u = 3F^{3/2} \tag{5-4}$$

式中,u 的单位为 km/h。例如,若 $F=12$,则 $u=34.6$m/s。

5.2.2　大气稳定度

大气稳定度(atmospheric stability)是指大气在铅垂方向稳定的程度,它直接表征了大气铅垂运动的趋势,从而和污染物在大气中的扩散有着密切的关系。

1. 干绝热直减率与气温直减率

在大气中,某一气块因某种原因作上升或下降运动,在运动过程中不与周围大气热量交换,这种过程称为绝热上升或绝热下降。干空气块在大气中绝热上升或下降 100m 时,温度降低或升高的数值,称为干绝热直减率(dry adiabatic lapse rate),用 γ_d 表示,其定义为

$$\gamma_d = -\left(\frac{dT_i}{dz}\right)_d \tag{5-5}$$

式中,T_i 为气块温度;下标 d 表示干空气。根据热力学第一定律和气体状态方程,可以得出,$\gamma_d \approx g/c_P = 0.986℃/100\text{m}$。

真实大气中气温随高度的变化称为气温直减率(lapse rate of atmospheric temperature),用 γ 表示,其定义为

$$\gamma = -\frac{dT}{dz} \tag{5-6}$$

大气中污染物的迁移、扩散及转化主要发生在对流层内。在对流层中,气温随高度的增加而降低,气温直减率 $\gamma \approx 0.65℃/100\text{m}$。应当指出,干绝热直减率 γ_d 与气温直减率 γ 是两个不同的概念,前者表示干空气块或未发生水蒸气相变的湿空气块上升或下降 100m 时,其温度降低或升高的数值;后者则表示气块周围的大气环境铅垂高度变化 100m 时气温变化的数值。在不同的大气条件下,γ 的数值可大可小、可正可负,变化很大。若气温随高度增加而降低,则 γ 为正;反之为负。

2. 大气稳定度的判据

当大气失去静力平衡状态时,其气块就会在铅垂方向作上升或下降运动,这

种运动能否发展,可用气温直减率 γ 与干绝热直减率 γ_d 的比较来判别。

若 $\gamma > \gamma_d$,表示气块可自由地作铅垂运动,而不会被周围空气抑制其铅垂运动的行为,大气处于不稳定状态,如图 5-4 所示。

若 $\gamma < \gamma_d$,表示气块垂直运动行为被周围空气所抑制,大气处于稳定状态,如图 5-5 所示。当大气处于稳定状态时,则空气污染物不易在铅垂方向作扩散稀释,极易产生空气污染事件。

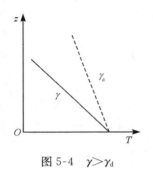
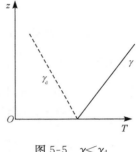

图 5-4　$\gamma > \gamma_d$　　　　　　　　图 5-5　$\gamma < \gamma_d$

如图 5-6 所示,一般将大气稳定度分为 6 级。

若 $\gamma \gg \gamma_d$,则大气处于极不稳定状态,以 A 级表示。

若 $\gamma > \gamma_d$,则大气处于中度不稳定状态,以 B 级表示。

若 $\gamma \approx \gamma_d$,则大气处于中性稳定度状态,以 C 级表示。

若 $\gamma = 0$,则大气处于弱稳定(等温)状态,以 D 级表示。

若 $\gamma < \gamma_d$,则大气处于稳定状态,以 E 级表示。

若 $\gamma \ll \gamma_d$,则大气处于强稳定状态,以 F 级表示。

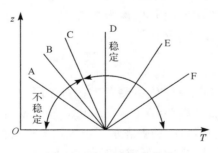

图 5-6　大气稳定度分类

例 5-1　在 $z_1 = 1.5\text{m}$ 和 $z_2 = 100\text{m}$ 高度处,分别测得气温为 25℃ 和 23℃,试计算这层大气的气温直减率,并判断其稳定度。

解　依题意知,$T_1 = 25℃$,$T_2 = 23℃$,由气温直减率知

$$\gamma = -\frac{\mathrm{d}T}{\mathrm{d}z}$$

对上式积分得

$$\gamma = -\frac{T_2 - T_1}{z_2 - z_1} = -\frac{23 - 25}{100 - 1.5} = 0.020(\text{℃/m}) = 2.0(\text{℃/100m})$$

已知干绝热直减率 $\gamma_d = 0.986\text{℃/100m}$，显然，$\gamma > \gamma_d$，表明这层大气不稳定。

3. Pasquill 法

我国采用 Pasquill 法来划分大气稳定度的等级 [《制定地方大气污染物排放标准的技术方法》(GB/T 13201—1991)]，分为极不稳定、不稳定、弱不稳定、中性、较稳定和稳定 6 级，分别用 A、B、C、D、E 和 F 表示。其具体方法如下。

1) 计算太阳倾角

太阳倾角可由式(5-7)计算：

$$\delta = (0.006\,918 - 0.399\,912\cos\theta_0 + 0.070\,257\sin\theta_0 - 0.006\,758\cos2\theta_0$$
$$+ 0.000\,907\sin2\theta_0 - 0.002\,697\cos3\theta_0 + 0.001\,480\sin3\theta_0) \times 180/\pi$$

$$(5\text{-}7)$$

式中，δ 为太阳倾角，(°)；$\theta_0 = 360d_n/365$，(°)，d_n 为一年中日期序数，0，1，2，…，364。

此外，作为粗略估算，太阳倾角也可由表 5-2 查取。

表 5-2　太阳倾角 δ 的粗略值

月 旬	1	2	3	4	5	6	7	8	9	10	11	12
上旬	−22°	−15°	−5°	+6°	+17°	+22°	+22°	+17°	+7°	−5°	−15°	−22°
中旬	−21°	−12°	−2°	+10°	+19°	+23°	+21°	+14°	+3°	−8°	−18°	−23°
下旬	−19°	−9°	+2°	+13°	+21°	+23°	+19°	+11°	−1°	−12°	−21°	−23°

2) 计算太阳高度角

太阳高度角可由式(5-8)计算：

$$h_0 = \arcsin[\sin\varphi\sin\delta + \cos\varphi\cos\delta\cos(15t + \lambda - 300)] \tag{5-8}$$

式中，h_0 为太阳高度角，(°)；φ 为当地纬度，(°)；λ 为当地经度，(°)；t 为北京时间，h。

3) 确定太阳辐射的等级

由太阳高度角和云量查表 5-3 得太阳辐射等级。云量指云遮蔽天空的成数。我国将天空分为 10 等份，云遮蔽了几份，云量就是几。例如，碧空无云，云量则为0；阴天云量为 10。国外则将天空分为 8 等份，因此，国外云量×1.25＝我国云量。

我国气象台站按总云量和低云量进行观察记录。总云量是指所有被云遮蔽的天空成数,而不论云的高度和层次;低云量仅指低云遮蔽天空的成数。一般将总云量与低云量以分数形式观测记录,总云量作分子,低云量作分母,如 10/7、5/5、7/2 等,任何情形低云量不得大于总云量。

表 5-3 太阳辐射等级

云量	太阳高度角 h_0				
总云量/低云量	夜间	$h_0 \leqslant 15°$	$15° < h_0 \leqslant 35°$	$35° < h_0 \leqslant 65°$	$h_0 > 65°$
$\leqslant 4/\leqslant 4$	-2	-1	$+1$	$+2$	$+3$
$5\sim7/\leqslant 4$	-1	0	$+1$	$+2$	$+3$
$\geqslant 8/\leqslant 4$	-1	0	0	$+1$	$+1$
$\geqslant 5/5\sim7$	0	0	0	0	$+1$
$\geqslant 8/\geqslant 8$	0	0	0	0	0

4) 确定大气稳定度的等级

由地面风速和太阳辐射等级查表 5-4 可得大气稳定度等级。地面风速系指离地面 10m 高度处 10min 的平均风速。

表 5-4 大气稳定度等级

地面风速 /(m/s)	太阳辐射等级					
	$+3$	$+2$	$+1$	0	-1	-2
$\leqslant 1.9$	A	A~B	B	D	E	F
$2.0\sim2.9$	A~B	B	C	D	E	F
$3.0\sim4.9$	B	B~C	C	D	D	E
$5.0\sim5.9$	C	C~D	D	D	D	D
$\geqslant 6.0$	D	D	D	D	D	D

例 5-2 一家企业位于东经 104°,北纬 31° 的某平原地区,该企业通过一座 110m 高、出口直径为 2m 的烟囱排放生产中产生的 SO_2 废气。1999 年 7 月 13 日 12 时(北京时间)的当地天空的云量为 2/2,地面风速为 3m/s,试确定当时大气的稳定度。

解 采用 Pasquill 法确定大气的稳定度。

可由式(5-7)确定太阳倾角 δ,其中 $d_n = 194$,$\theta_0 = 360 d_n/365 = 191.3$,于是

$$\delta = (0.006\,918 - 0.399\,912\cos\theta_0 + 0.070\,257\sin\theta_0 - 0.006\,758\cos2\theta_0$$
$$+ 0.000\,907\sin2\theta_0 - 0.002\,697\cos3\theta_0 + 0.001\,480\sin3\theta_0) \times 180/\pi = 21.96°$$

将太阳倾角 δ、纬度 $\varphi = 31°$,经度 $\lambda = 104°$ 及北京时间 $t = 12h$ 代入太阳高度角的计算式(5-8),得

$$h_0 = \arcsin[\sin\varphi\sin\delta + \cos\varphi\cos\delta\cos(15t + \lambda - 300)] = 80.91°$$

由云量 2/2 和太阳高度角 $h_0 = 80.91°$ 查表 5-3 可得太阳辐射等级为 $+3$,再由

地面风速 3m/s 查表 5-4 可求得大气稳定度为 B 级。

5.2.3　逆温层

在对流层中,气温随高度的增加而降低,气温直减率约为 0.65℃/100m。然而,在对流层内的大气边界层中,气温则随时间、空间发生变化,其变化关系可由气温直减率来表征。

若 $\gamma > \gamma_d$,则表示气温随高度的增加而降低。

若 $\gamma = 0$,则表示气温不随高度变化。

若 $\gamma < \gamma_d$,则表示气温随高度的增加而升高,即气温随高度发生逆转,形成逆温层(temperature inversion layer)。

逆温层的存在像锅盖一样罩在上空,阻碍大气的铅垂运动,不利于污染物的扩散稀释。若逆温层位于近地层内,则从污染源排放的污染物不易向上输运而聚集在近地面,导致地面高浓度污染,出现雾霾现象。

按逆温层高度,可分为接地逆温与不接地逆温。逆温层的下限称为逆温高度;上下限温差称为逆温强度;上下限高差称为逆温厚度。逆温层的高度、强度及厚度对污染物的扩散有重要影响。

按逆温层的成因,又可分为辐射逆温(radiative inversion)、下沉逆温(subsidence inversion)、平流逆温(advection inversion)、紊流逆温(turbulence inversion)及锋面逆温(frontal inversion),现分述如下。

(1) 辐射逆温。由于地面辐射冷却而形成的逆温,称为辐射逆温。在晴朗无云或少云、风速不大的夜间,地面很快辐射冷却,空气也自下而上被冷却。近地面气层降温多,远地面气层降温少,因而形成自地面向上的逆温。图 5-7(a)～(e)为辐射逆温的生消过程,其中图 5-7(a)为逆温形成前的气温铅垂分布,图 5-7(b)为日落前 1h 左右逆温开始形成,随着地面辐射冷却的加剧,逆温逐渐向上扩展,黎明时最强,如图 5-7(c)所示。日出后太阳辐射逐渐加强,地面升温,逆温便自下而上逐渐消失,如图 5-7(d)所示,十点钟左右完全消失,如图5-7(e)所示。

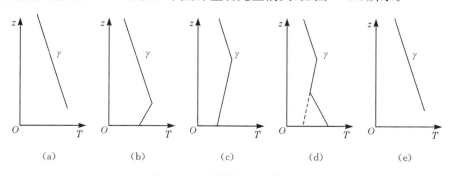

图 5-7　辐射逆温的生消过程

辐射逆温在大陆上常年可见,但以冬季最强。冬季夜长,逆温层厚,消失缓慢。在中纬度地区的冬季,辐射逆温层厚度可达 200～300m,有时达 400m。辐射逆温受到可见云层和强风的抑制。因为云层可减少地面有效辐射损失,减缓了对近地面气层的急剧冷却。强风则引起机械紊流加强,使逆温强度减弱。通常,当风速大于 6m/s 时,可抑制辐射逆温的形成。

(2)下沉逆温。由于空气下沉受到压缩增温而形成的逆温,称为下沉逆温。当高压区内某一层空气发生下沉运动时,因气压逐渐增大,以及气层向水平方向辐散,其厚度变薄,即 $h'<h$,如图 5-8 所示。如此,气层顶部比其底部下沉的距离要大,即 $H>H'$,使得顶部绝热增温比底部多,从而形成逆温层。下沉逆温层的范围广,厚度大,持续时间长,在离地数百米,甚至到达大气边界层顶的高空均会出现。尤其在冬季,下沉逆温与辐射逆温结合在一起,可形成很厚的逆温层。

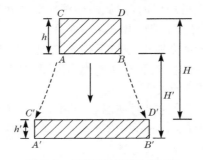

图 5-8　下沉逆温的形成过程

(3)平流逆温。当暖空气平流到冷地面时,下层空气受地面影响大,降温多,上层空气降温少,由此形成的逆温称为平流逆温。例如,在冬季,中纬度沿海地区的海上暖气流平流到大陆上、暖空气平流到低地等。

(4)紊流逆温。因低层空气的紊动混合而形成的逆温,称为紊流逆温。图 5-9 中,AB 为气层紊动混合前的气温分布,$\gamma<\gamma_d$,下层空气经紊动混合后逐渐接近于干绝热直减率 γ_d,即图中 CD 线。在紊动混合中,上升空气的温度是按干绝热直减率 γ_d 变化,空气上升到混合层上部时,其温度比周围空气的温度低,混合后使上层空气降温;空气下降时则相反,混合后会使下层空气升温。这样,在紊流混合层与未发生紊流混合的上层空气之间的过渡层 DE 会形成逆温层。通常,这种逆温层厚度不大,一般为数十米厚。

(5)锋面逆温。对流层中,冷暖空气相遇时,暖空气密度小,爬到冷空气的上面,两者之间形成一个倾斜的锋面,如图 5-10 所示,这样在冷空气一侧形成逆温层。

应当指出,大气中出现的逆温层一般是由上述几种原因共同形成的。因此,在逆温层成因分析时,必须注意当时的气象条件和下垫面状况。

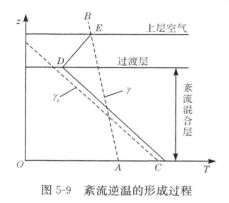

图 5-9　紊流逆温的形成过程

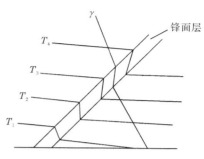

图 5-10　锋面逆温的形成过程

5.2.4　下垫面局地风对污染扩散的影响

在某些局部地区,由于下垫面的显著差别,如城市、山区、沿海等,其下垫面的热力和动力效应截然不同,易形成一种特殊的风场,即局地风。这种局地气象特征对污染物的扩散影响极大。

1. 城市热岛环流

城市热岛效应(heat island effect)使其温度比周边乡村高、气压低,在晴朗平稳的天气下可形成一种从乡村吹响城市的局地风,通常称为城市风(urban wind),如图 5-11(a)所示。这种风在市区辐合产生上升气流,通常在 300~500m 高度向四周辐散,周边地区的风则向城市中心汇合,从而形成城市热岛环流,这就使城郊工业区的污染物在夜间向城市中心输运,从而导致市区严重污染,尤其是上空存在逆温层时更为突出。有和风时,只在城市背风区域出现城市风,如图 5-11(b)所示。城市热岛效应使城市上空大气趋于不稳定,增大了热力紊流(thermal turbulence);城市粗糙的下垫面则增加了机械紊流(mechanical turbulence)。因此,城区紊动强度平均比郊区高 30%~50%。

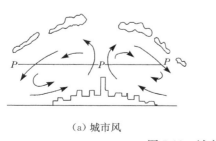

（a）城市风

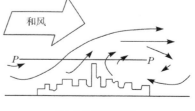

（b）和风时城市风

图 5-11　城市热岛环流

2. 山谷风环流

由于热力原因,在山地与平地之间发展起来的固有风系称为山谷风(anabatic wind)。由谷地吹向山坡的风称为谷风,由山坡吹向谷地的风称为山风。由山风和谷风形成的山谷风环流如图 5-12 所示。白天,地面吸收太阳辐射而增热,山坡上的空气比山谷中同高度的空气增热快。因而在水平方向形成温度差,并引起密度差,即山坡上的空气比同一高度处山谷上空的空气密度低,进而使谷底空气沿山坡上升,形成谷风;夜间,地面冷却放热,紧贴山坡的空气比山谷中同高度处的空气冷却快,故因密度差而使冷而重的山坡空气沿山坡滑向谷底,形成山风。当下层出现山风或谷风时,由于补偿作用,在上层大气中将出现反山风或反谷风,从而在铅垂方向形成环流。日出、日落前后是山谷风的转换期,这时山风与谷风交替出现,时而山风,时而谷风,风向不稳定,风速很小。此时,山谷中污染源排出的污染物由于风向来回摆动,产生循环积累,造成高浓度污染。

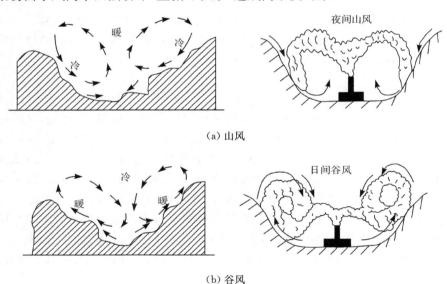

(a) 山风

(b) 谷风

图 5-12 山谷风环流

过山气流会引起整个流场的改变,在背风坡会出现明显的下沉气流和紊流区。若污染源位于山前,烟流将随过山气流带向地面,如图 5-13(a) 所示。烟流绕过建筑物时也会出现类似情形。处于过山下沉气流或紊流区不高的污染源,烟流将被向下倾斜的气流带向地面,或由于强烈的紊动掺混很快扩散到地面,造成高浓度污染,如图 5-13(b) 所示。处于背风坡回流区中的污染源,烟流被回流区的下沉气流带回地面,部分污染物还可能在回流区内往复积累,造成高浓度污染。当风向与山谷走向垂直时,在谷中形成反向回流。只有当烟囱高度超过回流区高度时才不受其影响,如图 5-13(c)所示。

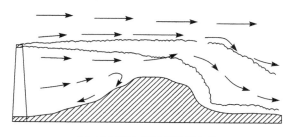

（a）过山气流,污染源位于山前

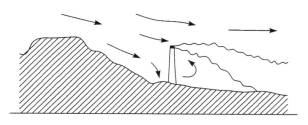

（b）过山气流,污染源位于山后

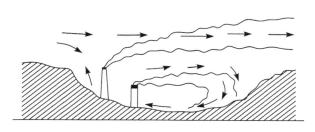

（c）过山气流,污染源位于回流区

图 5-13　过山气流对不同位置污染源的影响

3. 海陆风环流

在沿海地区,白天,风从大海吹向大陆;夜间,则从大陆吹向大海,这种风称为海陆风(sea-land breeze)。由海风与陆风形成的海陆风环流,如图 5-14 所示。海风乃是由于陆地上白天受太阳辐射因地表比热较海洋比热小,故陆地温度较海洋温度高,致使陆地上面的空气温度也较海面上空气温度为高,因而造成陆地上面空气上升,而海面上同陆地高度处的空气密度也较陆上空气为高,因而由温度差形成密度差,进而产生压力梯度,由流体的连续性使得海面上的空气补进陆地上的上升热空气的空间,形成所谓的海风,如图 5-14(a)所示;同样地,夜间会形成陆风,即夜晚时因陆地比热小,大量释放辐射热致使陆地温度低于海洋,因而造成陆地上空之空气较海洋上空之空气温度低,于是陆地上的空气因温度差产生密度差进而成为压力梯度将陆地上的空气推向海洋,而海洋上空的空气也上升冷却降到陆地的陆风所遗留之空间,如图 5-14(b) 所示。海陆风环流的形成,使夜间吹向海面的污染物,在白天又吹了回来,从而造成严重的大气污染,如图 5-15 所示。

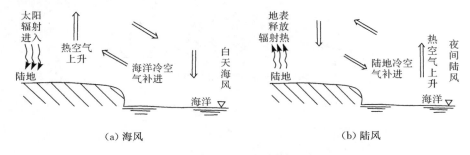

（a）海风　　　　　　　　　　　　　　　（b）陆风

图 5-14　海陆风环流

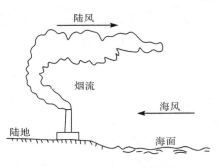

图 5-15　海陆风对烟流的影响

5.3　烟囱排放的烟流形态

由于烟囱排放的烟流受大气中机械紊流与热力紊流的交互作用,使得烟流展现不同的几何形态,依其外观可划分成 10 种形态,现分别介绍如下。

1) 蜿蜒形烟流(looping plume)

当 $\gamma > \gamma_d$ 时,大气处于不稳定状态,烟流扩散受大尺度热力涡体支配,使得烟流随着涡体旋转、游荡,并输运烟流至下风处,此时机械涡体的作用并不明显。烟流上下剧烈波动,弯曲很大,呈蜿蜒形,如图 5-16 所示。当烟囱不高时,在烟囱附近会出现高浓度污染。通常,大尺度涡体由热力生成或脱落于高耸的建筑物或山丘。

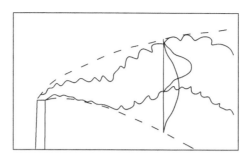

图 5-16　蜿蜒形烟流

2）锥形烟流（coning plume）

当 $\gamma \approx \gamma_d$ 时，大气处于中性稳定度状态。由于大尺度涡体无法产生，烟流中只有小尺度的机械涡体卷吸周围空气而逐渐扩展，因此其扩散主要由比烟流宽度小的涡体支配。烟流的扩散在水平与铅垂方向大致相同，具有稳定的扩展边界，沿风向扩展成锥形，如图 5-17 所示，若从下方看则呈分叉状。锥形烟流在距烟囱较远处触及地面，其落地最大浓度出现位置比蜿蜒形远。

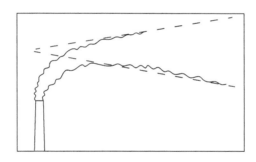

图 5-17　锥形烟流

3）鼓风式（或称扇形）烟流（fanning plume）

当 $\gamma < 0$ 时，大气处于强稳定状态，烟流上空存在逆温层。此时热力涡体被抑制，机械涡体也无法产生作用。烟流扩散在铅垂方向受到抑制，使得烟流沿最大混合高度自上风处移流至下风处，如图 5-18 所示。烟流水平方向扩展比铅垂方向大，从下方看烟流在水平方向呈扇形，若从侧面看则为直线状，好像鼓风机吹风形成的气流。烟流可输运至很远，但若遇到山地、丘陵或高层建筑物，则会发生下沉现象，在该处造成严重污染。

4）熏烟形烟流（fumigating plume）

若下层大气不稳定（$\gamma > \gamma_d$），上层大气处于强稳定状态（$\gamma < 0$），即烟流在逆温层下排放，烟流向上扩散受到抑制，在机械涡体的作用下，烟流在逆温层与地面之

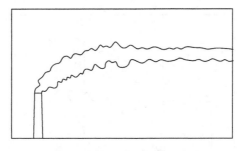

图 5-18　鼓风式(扇形)烟流

间扩散,使得烟流在最大混合高度内呈弥漫烟流的现象,如图 5-19 所示,极易造成严重的雾霾事件,在地面上处处可感受到污染。

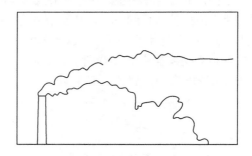

图 5-19　熏烟形烟流

5) 屋脊形烟流(lofting plume)

若上层大气处于不稳定状态($\gamma > \gamma_d$),下层大气为稳定状态($\gamma < \gamma_d$),即烟囱高度足以把烟流排放至逆温层上方,则烟流向下扩散受到抑制,但在其浮力作用下浮升扩散成屋脊形,如图 5-20 所示。日落前后地面辐射冷却快,下层易形成逆温层。此种烟流形态可避免大气污染事件的发生,故一般期望烟囱越高越好,以免造成地面污染。

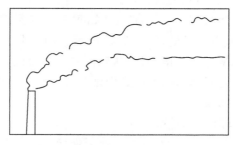

图 5-20　屋脊形烟流

除上述 5 种基本烟流形态外,在工程实践中还会经常遇到下面 5 种烟流形态。

6) 热力烟流(thermal plume)

烟流的浮力始于烟囱的热力作用,烟流破碎成明显的团状,如图 5-21 所示。热力烟流多发生在日照下产生的热力作用,其中热力涡体是烟流扩散的主要形式。

图 5-21　热力烟流

7) 旗状烟流(flagging plume)

烟囱背风处的涡体卷吸排放的烟流,其烟流形如飘扬的旗帜,故称旗状烟流,如图 5-22 所示。旗状烟流的主要特征为浮力小、排放速度低。具有垂直轴的旋涡(vortex)从烟囱的背风侧脱落,烟囱的一半高度被熏黑。因此,如何设计烟囱以免产生旗状烟流,是烟流排放问题的重要课题。

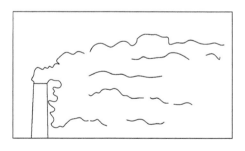

图 5-22　旗状烟流

8) 倒灌(下洗)烟流(downdraught plume)

若烟囱建在建筑物上,通常在建筑物的背风处产生的涡体会卷吸烟囱排放的烟流,形成烟流倒灌现象,如图 5-23 所示。这些涡体是由建筑物突出边缘发生边界层分离所致。为了避免烟流倒灌,通常要求建筑物上的烟囱高度应当为建筑物高度的 2.5 倍,这是由 Brunt 基于山丘上气球轨迹的试验观测得出的。如果气球大于 2.5 倍的山顶高度,则气球轨迹不受山丘的影响。

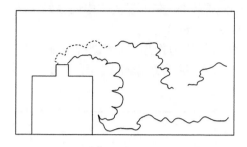

图 5-23　倒灌（下洗）烟流

9）阵喷烟流（puffing plume）

在烟囱排放口上风边缘形成规则的花菜状烟团，通常周期性地每秒喷吐 1～5 次，如图 5-24 所示。

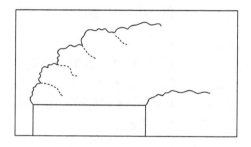

图 5-24　阵喷烟流

10）分叉烟流（bifurcation plume）

风力把放晴的空气卷吸到弯曲烟流中，形成像热力上升喷流的横断面，如图 5-25 所示。

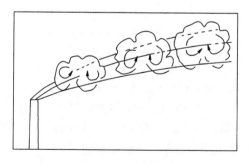

图 5-25　分叉烟流

5.4　烟流扩散分析

5.4.1　烟流抬升高度的计算

从烟囱排出的烟流,在其动量和浮力作用下可以上升到一定高度,然后在紊动作用下进行扩散。烟流所能达到的高度称为烟囱有效高度,而烟流上升的那段高度则称为烟流抬升高度(plume rise height)。因此,烟囱有效高度 H 应为烟囱几何高度 H_s 与烟流抬升高度 ΔH 之和,即

$$H = H_s + \Delta H \tag{5-9}$$

1. 影响烟流抬升的主要因素

通常,烟流的抬升过程可分为 4 个阶段,如图 5-26 所示。①喷出阶段:该阶段主要依靠烟流本身的初始动量向上喷射;②浮升阶段:由于烟流的密度作用,烟流密度比周围大气小,产生浮力上升;③破碎阶段:当烟流上升到一定高度后,烟流与周围大气混合,失去动量和浮力,开始随风飘动,发生较大的波动;④变平阶段:此时烟流完全变平,在大气紊流作用下向四周扩散,从而使烟流断面逐渐扩展。从烟流抬升过程可以看出,影响烟流抬升的主要因素为烟流本身的动量和热力特性、当地的气象条件及下垫面状况,前两者与企业生产有关,后两者与环境条件有关。

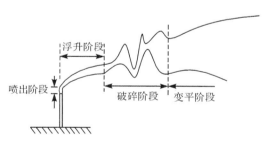

图 5-26　烟流抬升过程

烟流抬升首先与其本身的初始动量和浮力有关。初始动量取决于烟流排放流速的大小,而排放流速又与排烟装置及烟囱出口直径有关,流速越大,动量抬升越高。烟流的浮力与烟流和周围大气的密度差成正比。而密度差的大小主要取决于烟流与周围大气的温度差。温差越大,密度差也越大,产生的浮力也越大,烟流上升也越高。许多实测资料表明,烟流抬升主要受热力因素的影响。

烟流排入大气后,究竟能抬多高,还取决于气象条件,其中影响最大的因子为

烟囱出口处的平均风速和紊动强度。近地面大气的紊流状况是引起烟流与周围空气相互混合的主要因素,平均风速越大,紊动越强,则混合越快,抬升越低。

下垫面状况对烟流抬升也有影响,主要表现为粗糙的下垫面所引起的动力效应。高耸的建筑物和丘陵、山地会引起烟流下沉、倒灌(下洗)等,直接阻碍烟流上升。

2. 烟流抬升高度的确定

烟流抬升由于其影响因素复杂,迄今尚未从理论上解决这个问题。目前,实用的烟流抬升公式均为经验或半经验的,下面介绍几个常用的烟流抬升公式。

1) Holland 公式

$$\Delta H=\frac{V_s d}{\bar{u}}\Big(1.5+2.7\frac{T_s-T_a}{T_s}d\Big)=\frac{1}{\bar{u}}(1.5V_s d+9.6\times10^{-3}Q_H) \tag{5-10}$$

式中,V_s 为烟流排放速度,m/s;d 为烟囱出口直径,m;$\bar{u}$ 为烟囱出口处平均风速,m/s;T_s、T_a 分别为烟囱出口处温度、周围大气温度,K;Q_H 为烟囱排放热量,kJ/s。

Holland 公式适用于中性条件。对于非中性条件,Holland 建议稳定度为不稳定时增加 10%~20%;稳定度为稳定时减少 10%~20%。

2) Briggs 公式

Briggs 先后导出一系列烟流抬升高度的计算公式,现介绍适用于热电厂的公式。

当大气处于稳定状态时

若 $x<x_B$,则

$$\Delta H=1.6B^{1/3}x^{2/3}/\bar{u} \tag{5-11}$$

若 $x\geqslant x_B$,则

$$\Delta H=2.4\Big(\frac{B}{\bar{u}S}\Big)^{1/3} \tag{5-12}$$

式中,$x_B=\dfrac{\pi\bar{u}}{\sqrt{S}}$,$B=gV_s\dfrac{d^2}{4}\Big(\dfrac{T_s-T_a}{T_s}\Big)$,$S=\dfrac{g}{T_a}\Big(\dfrac{\mathrm{d}\theta}{\mathrm{d}z}\Big)$。

当大气处于不稳定状态或中性时

若 $x<3.5x^*$,则

$$\Delta H=1.6B^{1/3}x^{2/3}/\bar{u} \tag{5-13}$$

若 $x\geqslant 3.5x^*$,则

$$\Delta H=1.6B^{1/3}(3.5x^*)^{2/3}/\bar{u} \tag{5-14}$$

式中,当 $B<55$ 时,$x^*=14B^{5/3}$;当 $B\geqslant55$ 时,$x^*=35B^{2/5}$。

x_B 为大气稳定时烟流抬升达最高值所对应的烟囱下风向轴线距离,m;B 为

浮力通量，m^4/s^3；S 为大气稳定度参数；$d\theta/dz$ 为位温梯度（potential temperature gradient），K/m；x^* 为大气紊流开始起主导作用时下风向轴线距离，m。

3）国家标准公式

我国《制定地方大气污染物排放标准的技术方法》（GB/T 13201—1991）推荐的烟流抬升公式为

当 $Q_H \geqslant 2100 kJ/s$，$\Delta T = T_s - T_a \geqslant 35K$ 时

$$\Delta H = n_0 Q_H^{n_1} H_s^{n_2} / \bar{u} \tag{5-15}$$

$$Q_H = 0.35 p_a Q_V \Delta T / T_s \tag{5-16}$$

式中，n_0、n_1、n_2 为系数，按表 5-5 选取；p_a 为大气压力，hPa；Q_V 为实际状态下的排烟量，m^3/s；T_a 为大气温度，K。

表 5-5　系数或指数 n_0、n_1、n_2 的取值

$Q_H/(kJ/s)$	地表状况	n_0	n_1	n_2
$Q_H > 21\,000$	乡村或城市远郊区	1.427	1/3	2/3
	城区	1.303	1/3	2/3
$2\,100 \leqslant Q_H < 21\,000$ 且 $\Delta T \geqslant 35K$	乡村或城市远郊区	0.332	3/5	2/5
	城区	0.292	3/5	2/5

当 $1700 kJ/s < Q_H < 2100 kJ/s$ 时

$$\Delta H = \Delta H_1 + (\Delta H_2 - \Delta H_1) \frac{Q_H - 1700}{400} \tag{5-17}$$

式中，ΔH_2 可按抬升高度公式（5-15）计算，ΔH_1 则按式（5-18）计算：

$$\Delta H_1 = \frac{2(1.5 V_s d + 0.01 Q_H)}{\bar{u}} - \frac{0.048(Q_H - 1700)}{\bar{u}} \tag{5-18}$$

当 $Q_H \leqslant 1700 kJ/s$ 或 $\Delta T < 35K$ 时

$$\Delta H = \frac{2(1.5 V_s d + 0.01 Q_H)}{\bar{u}} \tag{5-19}$$

凡地面以上 10m 高处年平均风速 $\bar{u} \leqslant 1.5 m/s$ 的地区

$$\Delta H = 5.5 Q_H^{1/4} \left(\frac{dT_a}{dz} + 0.0098 \right)^{-3/8} \tag{5-20}$$

式中，dT_a/dz 为排放源高度以上环境温度垂直变化率，K/m，取值不得小于 $0.01 K/m$。

由于影响烟流抬升的因素多而复杂，目前的大多数烟流抬升公式都是在各自有限的观测资料基础上整理归纳出来的，因而都有一定的局限性。在实际工作中要按具体条件经仔细选择后采用适当的公式。

例 5-3　某企业位于平原乡村上有一座烟囱，其高度为 $H_s = 80m$，出口直径 $d = 1.5m$，烟流排放速度 $V_s = 20 m/s$，烟流排放温度 $T_s = 165℃$，烟囱出口处周围

大气温度 $T_a=15℃$，地面 10m 高处平均风速 $\bar{u}=3m/s$，大气稳定度为中性，大气压力 $p_a=1000hPa$。试用上述烟流抬升高度公式分别计算其烟囱有效高度。

解　首先，计算温差：
$$\Delta T=T_s-T_a=(165+273)-(15+273)=150(K)$$
其次，根据稳定度条件，按指数流速公式(5-3)计算烟囱出口处平均风速：
$$u_{80}=u_{10}\left(\frac{H_s}{10}\right)^m=3\times\left(\frac{80}{10}\right)^{0.15}=4.1(m/s)$$
第三，计算烟囱排烟量及排热量：
$$Q_V=V_s\frac{\pi d^2}{4}=20\times\frac{\pi\times1.5^2}{4}=35.3(m^3/s)$$

$$Q_H=0.35p_aQ_V\Delta T/T_s=0.35\times1000\times35.3\times150/(165+273)=4231.2(kJ/s)$$

分别采用 Holland 公式、Briggs 公式及国标公式计算的烟流有效高度，见表 5-6。

表 5-6　烟囱有效高度计算表

项目	Holland 公式	Briggs 公式	国标公式
$\Delta H/m$	21.1	79.9	70.1
H/m	101.1	159.7	150.1

从计算结果可以看出，表 5-6 中三家公式的计算结果差异较大。因此，在实际工程中，应根据当地的气象条件、下垫面状况及烟源排放情况等选择相应的计算公式。

5.4.2　扩散参数的确定

扩散参数 σ_y、σ_z 是大气污染浓度估算的重要参数，主要与紊流特性有关，其定量规律可由大气扩散理论和试验得到。但目前实用的扩散参数仍以试验资料为主要依据。通常，通过野外观测得到 σ_y、σ_z 的实测资料，然后将其表示成扩散距离、大气稳定度及下垫面粗糙度的函数，从而得出扩散参数的经验公式或求解图。

1. Pasquill 扩散参数

Pasquill 提出一种仅需常规气象观测资料就可估算烟流扩散参数 σ_y、σ_z 的方法，Gifford 进一步将其绘制成方便的曲线图，因此这种方法又称为 Pasquill-Gifford 扩散曲线，如图 5-27(a) 和 (b) 所示。大气稳定度按 Pasquill 分类法，适用范围为下风向 100km。一旦知道某地某时的大气稳定度后，即可从 Pasquill-Gifford 扩散曲线上查得各个距离处横向扩散参数 σ_y、垂向扩散参数 σ_z 的值。应当指出，Pasquill-Gifford 扩散曲线适用于平原地区，对于粗糙度较大地区则应向不稳定方向提高 1~2 级后再查图表。

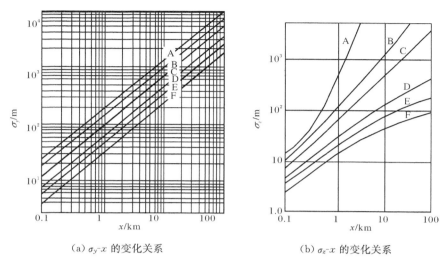

（a）σ_y-x 的变化关系　　　　　　　（b）σ_z-x 的变化关系

图 5-27　Pasquill-Gifford 扩散曲线

2. Martin 扩散参数

Martin 建议用下列公式来计算扩散参数 σ_y、σ_z：

$$\sigma_y = a_1 x^{0.894} \tag{5-21}$$

$$\sigma_z = a_2 x^n + b \tag{5-22}$$

式中，x 为下风距离，km；a_1、a_2、n、b 的取值见表 5-7。由表可知，扩散参数 σ_y、σ_z 不仅为 x 的函数，而且还是稳定度的函数。

表 5-7　Martin 扩散参数中各系数的取值

稳定度级别	$x<1\text{km}$				$x\geqslant1\text{km}$			
	a_1	a_2	n	b	a_1	a_2	n	b
A	213.0	440.80	1.941	9.27	213.0	459.7	2.094	−9.6
B	156.0	106.60	1.149	3.30	136.0	108.2	1.098	2.0
C	104.0	61.00	0.911	0.00	104.0	61.0	0.911	0.0
D	68.0	33.20	0.725	−1.70	68.0	44.5	0.516	−13.0
E	50.5	22.80	0.678	−1.30	50.5	55.4	0.305	−34.0
F	34.0	14.35	0.740	−0.35	34.0	62.6	0.180	−48.6

例 5-4　一烟囱有效高度为 50m，SO_2 排放量为 150g/s，风速为 6m/s，当时天气状况为 E 级稳定度，试求烟囱下风距离 500m 处和 1500m 处的横向和垂向扩散

参数。

解 由 Martin 公式知

$$\sigma_y = a_1 x^{0.894}, \quad \sigma_z = a_2 x^n + b$$

当 $x = 500\text{m} = 0.5\text{km}$ 时，由表 5-7 可求出 $x < 1\text{km}$、E 级稳定度的各系数如下：

$$a_1 = 50.5, \quad a_2 = 22.80, \quad n = 0.678, \quad b = -1.30$$

将其代入 Martin 公式，得

$$\sigma_y = a_1 x^{0.894} = 50.5 \times 0.5^{0.894} = 27.2(\text{m})$$

$$\sigma_z = a_2 x^n + b = 22.8 \times 0.5^{0.678} - 1.3 = 13.0(\text{m})$$

当 $x = 1500\text{m} = 1.5\text{km}$ 时，由表 5-7 可求出 $x > 1\text{km}$、E 级稳定度的各系数如下：

$$a_1 = 50.5, \quad a_2 = 55.4, \quad n = 0.305, \quad b = -34.0$$

将其代入 Martin 公式，得

$$\sigma_y = a_1 x^{0.894} = 50.5 \times 1.5^{0.894} = 72.6(\text{m})$$

$$\sigma_z = a_2 x^n + b = 55.4 \times 1.5^{0.305} - 34.0 = 28.7(\text{m})$$

3. Briggs 扩散参数

Briggs 考虑到下垫面对烟流扩散的影响，提出一套估算开阔地区、城市地区扩散参数 σ_y、σ_z 的计算公式，见表 5-8 和表 5-9。

表 5-8　**Briggs 扩散参数**（开阔地区）　　　　　（单位：m）

稳定度级别	σ_y	σ_z
A	$0.22x(1+0.0001x)^{-1/2}$	$0.20x$
B	$0.16x(1+0.0001x)^{-1/2}$	$0.12x$
C	$0.11x(1+0.0001x)^{-1/2}$	$0.08x(1+0.0002x)^{-1/2}$
D	$0.08x(1+0.0001x)^{-1/2}$	$0.06x(1+0.0015x)^{-1/2}$
E	$0.06x(1+0.0001x)^{-1/2}$	$0.03x(1+0.0003x)^{-1/2}$
F	$0.04x(1+0.0001x)^{-1/2}$	$0.016x(1+0.0003x)^{-1/2}$

注：$10^2 \leqslant x \leqslant 10^4\text{m}$。

表 5-9　**Briggs 扩散参数**（城市地区）　　　　　（单位：m）

稳定度级别	σ_y	σ_z
A 或 B	$0.32x(1+0.0004x)^{-1/2}$	$0.24x(1+0.001x)^{-1/2}$
C	$0.22x(1+0.0004x)^{-1/2}$	$0.20x$
D	$0.16x(1+0.0004x)^{-1/2}$	$0.14x(1+0.0003x)^{-1/2}$
E 或 F	$0.11x(1+0.0004x)^{-1/2}$	$0.08x(1+0.0015x)^{-1/2}$

注：$10^2 \leqslant x \leqslant 10^4\text{m}$。

4. 国家标准推荐的扩散参数

在国家标准《制定地方大气污染物排放标准的技术方法》(GB/T 13201—1991)中,将扩散参数 σ_y、σ_z 表示为下风距离 x 的幂函数形式,即

$$\sigma_y = \gamma_1 x^{\alpha_1}, \qquad \sigma_z = \gamma_2 x^{\alpha_2} \tag{5-23}$$

式中,γ_1、α_1、γ_2、α_2 可按地区类别查表确定。

(1) 对于平原地区农村及城市远郊区,A、B 和 C 级稳定度由表 5-10 和表 5-11 直接查算,D、E 和 F 级稳定度则需向不稳定方向提半级后查算。

(2) 对于工业区或城区,A、B 级不提级,C 级提到 B 级,D、E 和 F 级向不稳定方向提一级后按表 5-10 和表 5-11 查算。

(3) 对于丘陵山区的农村或城市,A、B 级不提级,C 级提到 B 级,D、E 和 F 级向不稳定方向提一级后按表 5-10 和表 5-11 查算。

表 5-10　横向扩散参数 σ_y 幂函数表达式中系数取值(取样时间为 0.5h)

稳定度级别	α_1	γ_1	下风距离/m
A	0.901 074	0.425 809	0~1 000
	0.850 934	0.602 052	>1 000
B	0.914 370	0.281 846	0~1 000
	0.865 014	0.396 353	>1 000
B-C	0.919 325	0.229 500	0~1 000
	0.875 086	0.314 238	>1 000
C	0.924 279	0.177 154	0~1 000
	0.885 157	0.232 123	>1 000
C-D	0.926 849	0.143 940	0~1 000
	0.886 940	0.189 396	>1 000
D	0.929 418	0.110 726	0~1 000
	0.888 723	0.146 669	>1 000
D-E	0.925 118	0.098 563	0~1 000
	0.892 794	0.124 308	>1 000
E	0.920 818	0.086 400	0~1 000
	0.896 864	0.101 947	>1 000
F	0.929 418	0.055 363	0~1 000
	0.888 723	0.073 334	>1 000

表 5-11　垂直扩散参数 σ_z 幂函数表达式中系数取值（取样时间为 0.5h）

稳定度级别	α_2	γ_2	下风距离/m
A	1.121 540	0.079 990	0～300
	1.513 600	0.008 548	300～500
	2.108 810	0.000 212	>500
B	0.964 435	0.127 190	0～500
	1.093 560	0.057 025	>500
B-C	0.941 015	0.114 682	0～500
	1.007 700	0.075 718	>500
C	0.917 595	0.106 803	>0
C-D	0.838 628	0.126 152	0～2 000
	0.756 410	0.235 667	2 000～10 000
	0.815 575	0.136 659	>10 000
D	0.826 212	0.104 634	1～1 000
	0.632 023	0.400 167	1 000～10 000
	0.555 360	0.810 763	>10 000
D-E	0.776 864	0.111 771	0～2 000
	0.572 347	0.528 992	2 000～10 000
	0.499 149	0.038 100	>10 000
E	0.788 370	0.092 753	0～1 000
	0.565 188	0.433 384	1 000～10 000
	0.414 743	0.734 210	>10 000
F	0.784 400	0.062 077	0～1 000
	0.525 969	0.370 015	1 000～10 000
	0.322 659	2.406 910	>10 000

5.4.3　烟流落地浓度的计算

1. 高斯扩散模式

大量的研究资料表明，烟流在无界情形的扩散规律服从高斯分布，即正态分布。通常，把烟流在此条件下的扩散模式称为高斯扩散模式。由扩散方程知

$$\frac{\partial C}{\partial t}+u\,\frac{\partial C}{\partial x}+v\,\frac{\partial C}{\partial y}+w\,\frac{\partial C}{\partial z}=D_x\,\frac{\partial^2 C}{\partial x^2}+D_y\,\frac{\partial^2 C}{\partial y^2}+D_z\,\frac{\partial^2 C}{\partial z^2} \qquad (5\text{-}24)$$

为便于分析，兹作如下假定。

（1）风场为恒定一维流动，即 $u=\mathrm{const}, v=0, w=0$。

（2）风场在 x 方向的对流作用远大于其扩散作用，即 $u\dfrac{\partial C}{\partial x}\gg D_x\dfrac{\partial^2 C}{\partial x^2}$。

（3）烟流的排放连续、均匀，即 $\dfrac{\partial C}{\partial x}=0$。

（4）烟流在扩散过程中没有衰减或增生。

在上述假定条件之下，扩散方程变为

$$u\frac{\partial C}{\partial x}=D_y\frac{\partial^2 C}{\partial y^2}+D_z\frac{\partial^2 C}{\partial z^2} \tag{5-25}$$

求解此二阶偏微分方程（second-order partial differential equation），可得其通解为

$$C(x,y,z)=\frac{k}{x}\exp\left[-\left(\frac{y^2}{D_y}+\frac{z^2}{D_z}\right)\frac{u}{4x}\right] \tag{5-26}$$

显然，烟流在大气中扩散的浓度分布符合高斯正态分布形式。式中，k 为常数，可由边界条件确定。对于高架点源（烟囱），烟流落地之前不受地面的反射作用，如图 5-28 所示，现推求高斯分布中常数 k 的表达式，设烟囱排放的质量流量，即点源强度为

$$Q=\int_{-\infty}^{\infty}\int_{-\infty}^{\infty}uC(x,y,z)\mathrm{d}y\mathrm{d}z \tag{5-27}$$

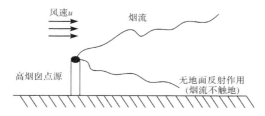

图 5-28　烟囱排放求解常数 k 示意图

将式（5-26）代入式（5-27）积分，得

$$Q=4\pi k\sqrt{D_y D_z} \tag{5-28}$$

由此解得，$k=\dfrac{Q}{4\pi\sqrt{D_y D_z}}$，将其代入高斯分布表达式（5-26），得

$$C(x,y,z)=\frac{Q}{4\pi x\sqrt{D_y D_z}}\exp\left[-\left(\frac{y^2}{D_y}+\frac{z^2}{D_z}\right)\frac{u}{4x}\right] \tag{5-29}$$

令 $\sigma_y=\sqrt{2D_y t}$，$\sigma_z=\sqrt{2D_z t}$，$t=x/u$，并将其代入式（5-29），得

$$C(x,y,z)=\frac{Q}{2\pi u\sigma_y\sigma_z}\exp\left(-\frac{y^2}{2\sigma_y^2}-\frac{z^2}{2\sigma_z^2}\right) \tag{5-30}$$

式(5-30)即为烟流在无界情形扩散的浓度分布计算公式,习称高斯公式,以烟囱有效高度 H 为坐标系的原点。式中,$C(x,y,z)$ 为烟流在下风向空间某处的污染物浓度,mg/m^3;σ_y 为 y 方向的标准差,习称烟流的横向扩散参数,m;σ_z 为 z 方向的标准差,习称烟流的垂向扩散参数,m;u 为风速,m/s;Q 为点源强度,简称源强,mg/s。

烟流在横向 y 和垂向 z 的扩展(spreading)范围可用烟流的宽度和厚度来表示。烟流的边缘定义为:当烟流浓度 C 降到烟流中心线浓度 C_0 的 10％ 时,即为烟流的边缘。在 y 方向,烟流边缘至烟流中心线的距离称为烟流的半宽度(half-width),以 $y_{1/2}$ 表示,如图 5-29 所示;在 z 方向,烟流边缘至烟流中心线的距离称为烟流的半厚度(half-thickness),以 $z_{1/2}$ 表示。显然,$2y_{1/2}$ 和 $2z_{1/2}$ 则分别为烟流的宽度和厚度。根据烟流边缘的定义,由高斯公式(5-30),令 $C/C_0=10％$,可得

$$y_{1/2}=2.15\sigma_y, \quad z_{1/2}=2.15\sigma_z \tag{5-31}$$

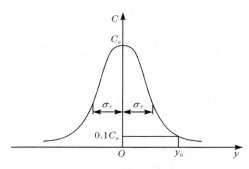

图 5-29 烟流半宽度的定义

2. 考虑地面影响的扩散模式

高斯公式(5-30)适用于烟流落地前污染物浓度的计算。烟流落地后,由于地面的存在,由烟囱排放的烟流污染物在大气中扩散时会受到地面的影响。所谓烟流落地系指烟流地面浓度为其中心线浓度的 10％,由高斯公式不难推出,当烟流中心线距地面的高度 $H=2.15\sigma_z$ 时,烟流落地浓度(impinging concentration)为中心线的 10％。烟流落地后,如果污染物被地面吸收,则污染物被过滤,其空气中浓度会比没有地面时小;如果没有被地面吸收,则所有污染物聚集在空气中,犹如来自另一个点源,位于地面上真源(actual source)的像源位置处,如图 5-30 所示。

现假定地面对污染物没有吸收或吸附作用,可将地面看作一面镜子,对污染物起着完全发射的作用。因此,可用镜像法来解决这个问题,如图 5-30 所示。烟流落地后空间某点的污染物浓度可看作烟囱真源与其像源两部分的贡献之和,即一部分为不存在地面时该点所具有的浓度,另一部分为由于地面反射而增加的浓

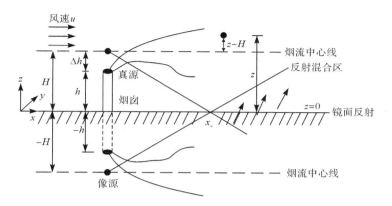

图 5-30　烟囱真源与其像源示意图

度,即

$$C = C_{真源} + C_{像源} \tag{5-32}$$

若以烟囱底部地面为坐标系原点,则真源与像源分别贡献的浓度为

$$C_{真源} = \frac{Q}{2\pi u \sigma_y \sigma_z} \exp\left[-\frac{y^2}{2\sigma_y^2} - \frac{(z-H)^2}{2\sigma_z^2}\right] \tag{5-33}$$

$$C_{像源} = \frac{Q}{2\pi u \sigma_y \sigma_z} \exp\left[-\frac{y^2}{2\sigma_y^2} - \frac{(z+H)^2}{2\sigma_z^2}\right] \tag{5-34}$$

式中,真源作用下流场中任一点在 z 方向的坐标为 $z-H$,而像源作用下流场中任一点在 z 方向的坐标则为 $z+H$,如图 5-30 所示。将式(5-33)和式(5-34)代入式(5-32)可得真源与像源共同贡献的浓度为

$$C(x,y,z) = \frac{Q}{2\pi u \sigma_y \sigma_z} \exp\left(-\frac{y^2}{2\sigma_y^2}\right) \left\{ \exp\left[-\frac{(z-H)^2}{2\sigma_z^2}\right] + \exp\left[-\frac{(z+H)^2}{2\sigma_z^2}\right] \right\} \tag{5-35}$$

式(5-35)即为高架连续点源落地浓度计算的基本公式,由此可计算下风向任一点处的污染物浓度。下面介绍几种特殊情形的高架连续点源地面浓度的计算公式。

1) 地面上任一点的浓度

令式(5-35)中 $z=0$,可得地面上任一点处地面浓度的计算公式:

$$C(x,y,0) = \frac{Q}{\pi u \sigma_y \sigma_z} \exp\left(-\frac{y^2}{2\sigma_y^2}\right) \exp\left(-\frac{H^2}{2\sigma_z^2}\right) \tag{5-36}$$

2) 地面轴线(中心线)浓度

令式(5-36)中 $y=0$,可得地面轴线(中心线)浓度的计算公式:

$$C(x,0,0) = \frac{Q}{\pi u \sigma_y \sigma_z} \exp\left(-\frac{H^2}{2\sigma_z^2}\right) \tag{5-37}$$

3) 地面最大浓度及其下风距离(downwind distance)

对地面轴线(中心线)浓度计算公式(5-37)求极值,即 $\dfrac{\mathrm{d}C}{\mathrm{d}x}=0$,则有

$$\frac{\mathrm{d}C}{\mathrm{d}x}=\frac{Q}{\pi u}\frac{\mathrm{d}}{\mathrm{d}x}\left[\frac{1}{\sigma_y\sigma_z}\exp\left(-\frac{H^2}{2\sigma_z^2}\right)\right]=0$$

由于 σ_y 和 σ_z 为 x 的函数,则上式可进一步表示为

$$\frac{\mathrm{d}C}{\mathrm{d}x}=\frac{Q}{\pi u}\left[\frac{1}{\sigma_y\sigma_z}\exp\left(-\frac{H^2}{2\sigma_z^2}\right)\left(\frac{H^2}{\sigma_z^3}\frac{\mathrm{d}\sigma_z}{\mathrm{d}x}-\frac{1}{\sigma_z}\frac{\mathrm{d}\sigma_z}{\mathrm{d}x}-\frac{1}{\sigma_y}\frac{\mathrm{d}\sigma_y}{\mathrm{d}x}\right)\right]=0$$

即

$$\frac{H^2}{\sigma_z^3}\frac{\mathrm{d}\sigma_z}{\mathrm{d}x}-\frac{1}{\sigma_z}\frac{\mathrm{d}\sigma_z}{\mathrm{d}x}-\frac{1}{\sigma_y}\frac{\mathrm{d}\sigma_y}{\mathrm{d}x}=0$$

整理得

$$\frac{H^2}{\sigma_z^2}=1+\frac{\sigma_z}{\sigma_y}\frac{\mathrm{d}\sigma_y}{\mathrm{d}\sigma_z}$$

当 $\sigma_z\approx\sigma_y$ 时,则上式变为:$\dfrac{H^2}{\sigma_z^2}=2$,进而有

$$H=\sqrt{2}\sigma_z \quad 或 \quad \sigma_z=H/\sqrt{2} \tag{5-38}$$

将 $H=\sqrt{2}\sigma_z$ 代入地面轴线浓度计算公式(5-37),得

$$C(x,y,z)=\frac{Q}{\pi u\sigma_y\sigma_z}\exp\left[-\frac{(\sqrt{2}\sigma_z)^2}{2\sigma_z^2}\right]=\frac{Q}{\pi u\sigma_y\sigma_z}\exp(-1)=\frac{Q}{\pi eu\sigma_y\sigma_z}$$

故地面最大浓度为

$$C_{\max}=\frac{Q}{\pi eu\sigma_y\sigma_z}=0.117\frac{Q}{u\sigma_y\sigma_z} \tag{5-39}$$

若已知烟囱有效高度 H,则可由 $\sigma_z=H/\sqrt{2}$ 求出 σ_z,查 Pasquill-Gifford 扩散曲线得 x,即为发生地面最大浓度 $C_{\max}$ 时的下风距离 x_{m},再由图 5-31 求得 $\sigma_y\sigma_z$,然后代入式(5-39)求出地面最大浓度 $C_{\max}$。

若以 $\sigma_z=H/\sqrt{2}$ 代入式(5-39),则地面最大浓度还可进一步表示为

$$C_{\max}=\frac{2Q}{\pi euH^2}\frac{\sigma_z}{\sigma_y}=0.234\frac{Q}{uH^2}\frac{\sigma_z}{\sigma_y} \tag{5-40}$$

若已知地面最大浓度 $C_{\max}$ 及其下风距离 x_{m},则可由图 5-31 求出稳定度,再由 Pasquill-Gifford 扩散曲线查得 σ_z,然后代入 $H=\sqrt{2}\sigma_z$ 可求出烟囱有效高度 H。

另外,地面最大浓度 $C_{\max}$ 及其下风距离 x_{m} 还可用式(5-41)计算:

$$C_{\max}=\frac{Q\alpha^{\alpha/2}}{\pi\,\bar{u}\gamma_1\gamma_2^{1-\alpha}H^\alpha}\exp\left(-\frac{\alpha}{2}\right) \tag{5-41}$$

$$x_{\mathrm{m}}=\left(\frac{H^2}{\alpha\gamma_2^2}\right)^{1/2\alpha_2} \tag{5-42}$$

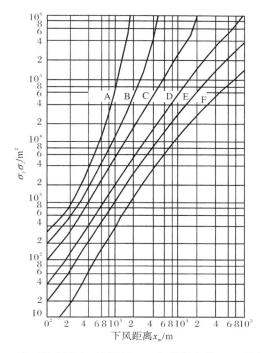

图 5-31　地面最大浓度下风距离 x_m 与扩散参数 $\sigma_y \sigma_z$ 的相关曲线

式中，$\alpha = 1 + \alpha_1 / \alpha_2$。

以锥形烟流为例，如图 5-32 所示，图中绘出 3 个位置横跨烟流的浓度剖面，用粗线表示。在 M 点处，地面浓度（ground level concentration，GLC）达到最大值。在烟流落地处下游各点，污染物的浓度是没有地面时浓度的两倍。若污染物为 SO_2，地面或水面对其有缓慢吸收，空气中污染物浓度与没有地面时的浓度差不多。若地面被植被所覆盖，则可降低空气中 SO_2 的浓度。在图 5-32 中 A 点上游，地面不存在污染，而在其下游较远处，烟流扩展使地面污染物浓度大大降低。因此，在地面上 A 点下游某点 M 处存在一个最大浓度 C_{max}，其具体位置取决于横跨烟流锥形区的污染物浓度分布。假定浓度分布存在相似性，其浓度随烟流变宽而降低。

例 5-5　一家企业位于某乡村，通过一座 110m 高、出口直径为 2m 的烟囱排放生产中产生的 SO_2 废气，排放的废气量为 111.11m³/s，烟气出口温度为 150℃，SO_2 排放量为 0.11×10^6 mg/s。若当地气温为 35℃，距地面 10m 处风速为 3m/s，大气压力为 1000hPa，大气稳定度为 B 级，试计算距烟囱 3km 处地面轴线浓度、地面最大浓度及其出现位置。

解　依题意知，$Q_V = 111.11$m³/s，$p_a = 1000$hPa，$T_s = 150 + 273.15 =$

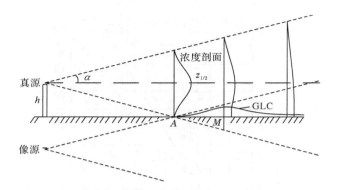

图 5-32　烟囱喷流时地面真源扩展与地下像源扩展示意图

$423.15\text{K}, T_\text{a}=35+273.15=308.15\text{K}, \Delta T=T_\text{s}-T_\text{a}=115\text{K}, u_{10}=3\text{m/s}, Q=0.11\times 10^6\text{mg/s}$。

（1）确定烟囱出口处风速。

已知稳定度为 B 级，查表 5-1 得指数 $m=0.07$，由指数流速分布公式(5-3)，有

$$u=u_{10}(H_\text{s}/10)^m=3\times(110/10)^{0.07}=3.5(\text{m/s})$$

（2）确定烟囱有效高度 H。

采用国家标准公式计算烟流抬升高度，首先需计算烟囱排放热量。

$$Q_\text{H}=0.35p_\text{a}Q_\text{V}\Delta T/T_\text{s}=0.35\times 1000\times 111.11\times 115/423.15=10\ 568.78(\text{kJ/s})$$

由 Q_H 值和 ΔT 值知，应采用式(5-15)计算烟流抬升高度，即

$$\Delta H=n_0 Q_\text{H}^{n_1} H_\text{s}^{n_2}/\bar{u}$$

但需先确定公式中的系数或指数，查表 5-5 知，$n_0=0.332, n_1=3/5, n_2=2/5$，代入抬升公式，得 $\Delta H=161.45\text{m}$，因此

$$H=H_\text{s}+\Delta H=110+161.45=271.45(\text{m})$$

（3）3km 处地面轴线浓度。

由 Pasquill-Gifford 扩散曲线可查得，$x=3\text{km}$ 处横向扩散参数 $\sigma_y=395\text{m}$，$\sigma_z=363\text{m}$，将其代入地面轴线浓度公式(5-37)，有

$$C(3000,0,0)=\frac{Q}{\pi u \sigma_y \sigma_z}\exp\left(-\frac{H^2}{2\sigma_z^2}\right)$$

$$=\frac{0.11\times 10^6}{3.14\times 3.5\times 395\times 363}\exp\left(-\frac{271.45^2}{2\times 263^2}\right)=0.053(\text{mg/m}^3)$$

（4）地面最大浓度及其出现位置。

对应于地面最大浓度下风距离 x_m 的垂向扩散参数为

$$\sigma_z=H/\sqrt{2}=271.45/\sqrt{2}=192.0(\text{m})$$

由 Pasquill-Gifford 扩散曲线可查得地面最大浓度出现的位置 $x_m = 1684$m，此时 $\sigma_y = 238.5$m，则有

$$C_{max} = \frac{2Q}{\pi euH^2}\frac{\sigma_z}{\sigma_y} = 0.234\frac{Q}{uH^2}\frac{\sigma_z}{\sigma_y} = 0.234 \times \frac{0.11 \times 10^6}{3.5 \times 271.45^2} \times \frac{191.94}{238.5} = 0.080(\text{mg/m}^3)$$

例 5-6　某热电厂烟囱有效高度为 80m，排放 SO_2 的质量流量为 200g/s，风速为 5m/s，当时天气状况为 C 级稳定度。试求：(1)烟囱下风向地面上 $x = 500$m、$y = 50$m 处 SO_2 浓度为多少？(2)烟囱下风向地面上 $x = 1000$m、$y = 100$m 处 SO_2 浓度为多少？

解　依题意知，$H = 80$m，$Q = 2 \times 10^5$mg/s，$u = 5$m/s。

当 $x = 500$m 时，查 Pasquill-Gifford 扩散曲线，得 $\sigma_y = 56$m，$\sigma_z = 33$m。

当 $x = 1000$m 时，查 Pasquill-Gifford 扩散曲线，得 $\sigma_y = 114$m，$\sigma_z = 63$m。

(1)当 $x = 500$m、$y = 50$m 时，将上述各值代入地面上任一点处浓度的计算公式，得

$$C(x,y,0) = \frac{Q}{\pi u\sigma_y\sigma_z}\exp\left(-\frac{y^2}{2\sigma_y^2}\right)\exp\left(-\frac{H^2}{2\sigma_z^2}\right) = 0.245\text{mg/m}^3$$

(2)当 $x = 1000$m、$y = 100$m 时，则有

$$C(x,y,0) = \frac{Q}{\pi u\sigma_y\sigma_z}\exp\left(-\frac{y^2}{2\sigma_y^2}\right)\exp\left(-\frac{H^2}{2\sigma_z^2}\right) = 0.569\text{mg/m}^3$$

例 5-7　某热电厂排放 SO_2 的质量流量为 150g/s，今假设风速为5m/s，要求在下风距离 1km 处地面最大浓度不超过 0.25mg/m³，则需烟囱有效高度为多少？

解　依题意知，$C_{max} = 0.25$mg/m³，由地面最大浓度公式知

$$C_{max} = 0.117\frac{Q}{u\sigma_y\sigma_z}$$

于是，$\sigma_y\sigma_z = 0.117\frac{Q}{uC_{max}} = 0.117 \times \frac{150 \times 10^3}{5 \times 0.25} = 1.4 \times 10^4(\text{m}^2)$。

由图 5-31 可知，$\sigma_y\sigma_z = 1.4 \times 10^4$m² 与 $x = 1000$m 相交于稳定度 B 与 C 之间，距 B 稳定度占 BC 间的比例为 17%。然后，查图 5-27(b)在 $x = 1$km 处 BC 间距稳定度 B 的比例为 17% 的位置求得 $\sigma_z = 100$m，因此，由式(5-38)可求得烟囱有效高度为

$$H = \sqrt{2}\sigma_z = 141.4\text{m}$$

3. 考虑逆温层影响的扩散模式

大气中经常会出现逆温层现象，逆温层就像一个锅盖一样使污染物的垂向扩散受到限制，扩散只能在地面与逆温层底之间进行，因此又称为封闭型扩散。若大气中存在逆温层，则不能直接套用上面导出的高斯公式计算大气中污染物的浓度。推导此种情形的浓度扩散公式，可将逆温层看作完全反射的镜面，如图 5-33

所示。大气中污染物浓度可看成真源与无穷多对像源作用之和。于是,空间任一点处浓度可由式(5-43)确定:

$$C(x,y,z) = \frac{Q}{2\pi u \sigma_y \sigma_z} \exp\left(-\frac{y^2}{2\sigma_y^2}\right)$$
$$\times \sum_{n=-\infty}^{\infty} \left\{ \exp\left[-\frac{(z-H+2nL)^2}{2\sigma_z^2}\right] + \exp\left[-\frac{(z+H+2nL)^2}{2\sigma_z^2}\right] \right\}$$

$$(5-43)$$

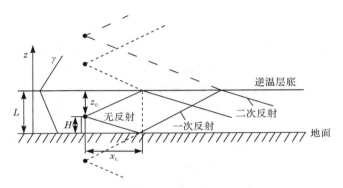

图 5-33　逆温层与地面对烟流反射示意图

地面轴线浓度为

$$C(x,0,0) = \frac{Q}{\pi u \sigma_y \sigma_z} \sum_{n=-\infty}^{\infty} \exp\left[-\frac{(H-2nL)^2}{2\sigma_z^2}\right] \tag{5-44}$$

式中,L 为逆温层底的高度,m;n 为烟流在两界面间反射的次数,一般取 $n=3$,已有足够的精度。

　　应用式(5-43)计算时较为烦琐,在实际工作中,地面浓度可按以下方法简化处理。设烟流边缘刚好到达逆温层底时该点距烟源的水平距离为 x_L、烟流中心线至逆温层底的高度,即烟流的半厚度为 $z_{1/2}$,则由烟流厚度与扩散参数的关系可确定 x_L。

　　由 $z_{1/2} = 2.15\sigma_z = L-H$,得

$$\sigma_z = \frac{L-H}{2.15}$$

　　由上式可算出 σ_z 值,然后查 Pasquill-Gifford 扩散曲线可得 x_L 值。求出 x_L 值后,可分为三种情形处理。

　　(1) 当 $x \leqslant x_L$ 时,烟流扩散不受逆温层的影响,地面上任一点处浓度可用式(5-36)计算,即

$$C(x,y,0) = \frac{Q}{\pi u \sigma_y \sigma_z} \exp\left(-\frac{y^2}{2\sigma_y^2}\right) \exp\left(-\frac{H^2}{2\sigma_z^2}\right) \tag{5-45}$$

（2）当 $x \geqslant 2x_L$ 时，烟流经过多次反射后，在垂向 z 的浓度渐趋均匀，横向 y 的浓度仍呈高斯分布，地面上任一点处浓度的计算公式为

$$C(x, y, 0) = \frac{Q}{\sqrt{2\pi} u L \sigma_y} \exp\left(-\frac{y^2}{2\sigma_y^2}\right) \tag{5-46}$$

（3）当 $x_L < x < 2x_L$ 时，取 $x = x_L$ 和 $x = 2x_L$ 两点的浓度进行对数内插，即把污染物浓度和下风距离均以对数表示，在双对数坐标上标出 $x = x_L$ 和 $x = 2x_L$ 两点的浓度，并以直线连接，这两点之间的浓度值即为 $x_L < x < 2x_L$ 内的浓度值。

例 5-8　某热电厂位于城市远郊丘陵山区，烟囱有效高度为 255m，烟囱口径为 3.0m，排放 SO_2 的源强为 800kg/h，排气温度为 140℃，烟气出口速度为 18m/s，当地大气压力为 990hPa，当地气温为 30℃，地面 10m 高处风速为 2.8m/s，当地的大气稳定度为 C 级，若当时上空 700m 以上存在逆温层，试计算：（1）地面最大 SO_2 浓度及其下风距离；（2）地面轴线 1500m、2500m 及 4000m 处的 SO_2 浓度。

解　（1）计算烟囱出口处风速。

查表 5-1 知，C 级稳定度的风力指数 $m = 0.2$，由指数流速分布公式（5-3）计算烟囱出口处风速，即

$$u = u_{10}(H_s/10)^m = 2.8 \times (120/10)^{0.2} = 4.6(\text{m/s})$$

（2）计算 x_L。

由于该电厂位于丘陵山区，按国家标准《制定地方大气污染物排放标准的技术方法》（GB/T 13201—1991）规定，C 级稳定度提到 B 级计算扩散参数，查扩散参数幂函数表达式中系数表 5-10 和表 5-11 可得

当 $x > 1000$m 时，$\alpha_1 = 0.865\ 014$，$\gamma_1 = 0.396\ 353$，$\alpha_2 = 1.093\ 560$，$\gamma_2 = 0.057\ 025$

$$\sigma_z = \frac{L - H}{2.15} = \frac{700 - 255}{2.15} = 207(\text{m})$$

$$x_L = \left(\frac{\sigma_z}{\gamma_2}\right)^{1/\alpha_2} = \left(\frac{207}{0.057\ 025}\right)^{1/1.093\ 560} = 1800(\text{m})$$

（3）计算地面最大 SO_2 浓度及其下风距离。

可由式（5-42）计算地面最大 SO_2 浓度的下风距离，有

$$\alpha = 1 + \frac{\alpha_1}{\alpha_2} = 1 + \frac{0.865\ 014}{1.093\ 560} = 1.79$$

$$x_m = \left(\frac{H^2}{\alpha \gamma_2^2}\right)^{1/2\alpha_2} = \left(\frac{255^2}{1.79 \times 0.057\ 025^2}\right)^{1/(2 \times 1.093\ 560)} = 1668.9(\text{m})$$

由于 $x_m < x_L$，烟流扩散不受逆温层的影响，地面最大 SO_2 浓度可用式（5-41）计算：

$$C_{\max} = \frac{Q\alpha^{\alpha/2}}{\pi\overline{u}\gamma_1\gamma_2^{1-\alpha}H^\alpha}\exp\left(-\frac{\alpha}{2}\right)$$

$$= \frac{(800\times10^6/3600)\times1.79^{1.79/2}}{3.14\times4.6\times0.396\,353\times0.057\,025^{1-1.79}\times255^{1.79}} = 0.14(\mathrm{mg/m^3})$$

（4）计算地面轴线 1500m、2500m 及 4000m 处的 SO_2 浓度。

首先,用国家标准法计算各下风距离处的扩散参数,得

当 $x=1500\mathrm{m}$ 时,$\sigma_y=221.5\mathrm{m}$,$\sigma_z=169.6\mathrm{m}$。

当 $x=1800\mathrm{m}$ 时,$\sigma_y=259.4\mathrm{m}$,$\sigma_z=207.0\mathrm{m}$。

当 $x=2500\mathrm{m}$ 时,$\sigma_y=344.6\mathrm{m}$,$\sigma_z=296.4\mathrm{m}$。

当 $x=3600\mathrm{m}$ 时,$\sigma_y=472.4\mathrm{m}$,$\sigma_z=441.7\mathrm{m}$。

当 $x=4000\mathrm{m}$ 时,$\sigma_y=517.5\mathrm{m}$,$\sigma_z=495.6\mathrm{m}$。

其次,计算 $x=1500\mathrm{m}$ 处地面轴线浓度,由于 $x<x_L$,可令式(5-36)中 $y=0$,得

$$C(1500,0,0)=\frac{Q}{\pi u\sigma_y\sigma_z}\exp\left(-\frac{H^2}{2\sigma_z^2}\right)=0.132\mathrm{mg/m^3}$$

第三,计算 $x=4000\mathrm{m}$ 处地面轴线浓度,由于 $x>2x_L$,可令式(5-36)中 $y=0$,得

$$C(4000,0,0)=\frac{Q}{\sqrt{2\pi}uL\sigma_y}=0.053\mathrm{mg/m^3}$$

最后,计算 $x=2500\mathrm{m}$ 处地面轴线浓度,由于 $x_L<x<2x_L$,可用内插法确定。这里需要先算出 $x_L=1800\mathrm{m}$ 和 $2x_L=3600\mathrm{m}$ 处的地面轴线浓度,分别类似于 1500m 和 4000m 处的计算方法,得

$$C(1800,0,0)=\frac{Q}{\pi u\sigma_y\sigma_z}\exp\left(-\frac{H^2}{2\sigma_z^2}\right)=0.134\mathrm{mg/m^3}$$

$$C(3600,0,0)=\frac{Q}{\sqrt{2\pi}uL\sigma_y}=0.058\mathrm{mg/m^3}$$

将浓度 $C(1800,0,0)$ 和 $C(3600,0,0)$ 及其下风距离在双对数坐标上作图,即可在两点连线上求得 $x=2500\mathrm{m}$ 处地面轴线 SO_2 浓度为

$$C(2500,0,0)=0.084\mathrm{mg/m^3}$$

4. 熏烟型扩散模式

在晴朗微风的夜间,地面冷却形成辐射逆温层。日出后,逆温层自地面向上逐渐消失。夜间排入逆温层下的污染物,受热力紊流的交换作用在铅垂方向上混合,此时上部仍为逆温,扩散难以向上发展,故地面浓度比一般情形高出许多倍,从而造成严重污染,这就是熏烟型污染。此时,横向浓度分布仍呈高斯分布,地面浓度可由逆温情形 $x\geqslant2x_L$ 时的地面浓度公式导出,式中 L 应换成逆温层消退高

度 h_i，源强 Q 应在消退高度 h_i 以下计及。于是，有

$$C(x,y,0) = \frac{Q \int_{-\infty}^{p} \frac{1}{\sqrt{2\pi}} \exp\left(-\frac{1}{2}p^2\right) \mathrm{d}p}{\sqrt{2\pi}\bar{u}h_i\sigma_{yf}} \exp\left(-\frac{y^2}{2\sigma_{yf}^2}\right) \tag{5-47}$$

式中，$p = (h_i - H)/\sigma_z$；积分项表示烟流参加熏烟的成数；h_i 为逆温层消退高度；σ_{yf} 为熏烟时的横向扩散参数，可由式(5-48)计算：

$$\sigma_{yf} = \sigma_{ys} + H/8 \tag{5-48}$$

式中，σ_{ys} 为夜间形成辐射逆温层（稳定度为 E、F 级）时的扩散参数。

当逆温层消退到烟囱有效高度时，即 $h_i = H$，$p = 0$，式(5-47)中积分项等于 $1/2$，表示有一半烟流向下扩散。

地面熏烟浓度为

$$C_f(x,y,0) = \frac{Q}{2\sqrt{2\pi}\bar{u}H\sigma_{yf}} \exp\left(-\frac{y^2}{2\sigma_{yf}^2}\right) \tag{5-49}$$

地面轴线浓度为

$$C_f(x,0,0) = \frac{Q}{2\sqrt{2\pi}\bar{u}H\sigma_{yf}} \tag{5-50}$$

当逆温层消退到烟流顶时，即 $h_i = H + 2.15\sigma_z$，烟流全部受到逆温层的抑制而向下扩散，地面熏烟浓度达到最大值。

地面熏烟浓度为

$$C_f(x,y,0) = \frac{Q}{\sqrt{2\pi}\bar{u}h_i\sigma_{yf}} \exp\left(-\frac{y^2}{2\sigma_{yf}^2}\right) \tag{5-51}$$

地面轴线浓度为

$$C_f(x,0,0) = \frac{Q}{\sqrt{2\pi}\bar{u}h_i\sigma_{yf}} \tag{5-52}$$

5. 微风作用下的扩散模式

微风系指平均风速 $0.5\mathrm{m/s} < \bar{u} < 1.5\mathrm{m/s}$，烟流在 x 方向的扩散作用与其对流输运作用均比较强，在 x 方向的扩散作用不可忽略。此时就不能再用忽略 x 方向扩散作用导出的烟流模式，而应采用瞬时点源的移动烟团模式积分的方法来计算连续点源的污染物浓度分布。

在无风条件下，即风速 $u \approx 0$，瞬时点源排放的污染物在空间中作三维扩散。若以 $C_i(x,y,z,t)$ 表示在 $t=0$ 时刻，自原点瞬间排放的一个烟团（puff），经时间 t 后在空间某点造成的浓度可由扩散方程解得

$$C_i(x,y,z,t) = \frac{Q_i}{(2\pi)^{3/2}\sigma_x\sigma_y\sigma_z} \exp\left[-\left(\frac{x^2}{2\sigma_x^2} + \frac{y^2}{2\sigma_y^2} + \frac{z^2}{2\sigma_z^2}\right)\right] \tag{5-53}$$

式中，Q_i 为瞬时点源一次排放的污染物量，即瞬时点源的源强；σ_x、σ_y、σ_z 分别为 x、y、z 方向上浓度分布的标准差，即扩散参数。由于没有风力的输运作用，瞬时点源仅在原点膨胀扩散，因此称式(5-53)为静止烟团模式。

在有风条件下，设风场恒定、风速为 u，取固定坐标系，使 x 轴平行于风向。在 $t=0$ 时刻，从原点释放一个烟团，将随风飘动并因扩散不断膨胀，将移动坐标固结在烟团上，如图 5-34 所示。由静止烟团模式(5-53)经坐标变换，可得移动烟团模式：

$$C_i(x,y,z,t)=\frac{Q_i}{(2\pi)^{3/2}\sigma_x\sigma_y\sigma_z}\exp\left\{-\left[\frac{(x-ut)^2}{2\sigma_x^2}+\frac{y^2}{2\sigma_y^2}+\frac{z^2}{2\sigma_z^2}\right]\right\} \tag{5-54}$$

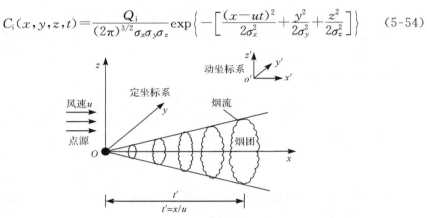

图 5-34 移动烟团模式示意图

对于连续点源，设其源强为 Q，则可把 Δt 时段内污染物的排放量 $Q\Delta t$ 看作一个瞬时烟团。假设这个烟团在起始时刻 t_0 从点源放出，考虑地面的反射作用后，利用移动烟团模式(5-54)可求得烟团移动至 t 时刻在某空间点 (x,y,z) 上的污染物浓度为

$$C_i(x,y,z,t)=\frac{Q\Delta t}{(2\pi)^{3/2}\sigma_x\sigma_y\sigma_z}\exp\left[-\frac{(x-ut')^2}{2\sigma_x^2}\right]\exp\left(-\frac{y^2}{2\sigma_y^2}\right)$$
$$\times\left\{\exp\left[-\frac{(z-H)^2}{2\sigma_z^2}\right]+\exp\left[-\frac{(z+H)^2}{2\sigma_z^2}\right]\right\} \tag{5-55}$$

式中，C_i 为一个烟团($Q_i=Q\Delta t$)产生的污染物浓度；t' 为烟团经历时间，即 $t'=t-t_0$。

连续点源可看作 t' 时段内若干间隔 Δt 的瞬时烟团贡献之和，因此将移动烟团模式对时间积分可得连续点源在微风下的扩散模式：

$$C_i(x,y,z,t)=\int_0^\infty\frac{Q}{(2\pi)^{3/2}\sigma_x\sigma_y\sigma_z}\exp\left[-\frac{(x-ut')^2}{2\sigma_x^2}\right]\exp\left(-\frac{y^2}{2\sigma_y^2}\right)$$
$$\times\left\{\exp\left[-\frac{(z-H)^2}{2\sigma_z^2}\right]+\exp\left[-\frac{(z+H)^2}{2\sigma_z^2}\right]\right\}dt' \tag{5-56}$$

地面浓度为

$$C_i(x,y,0,t)=\int_0^\infty \frac{2Q}{(2\pi)^{3/2}\sigma_x\sigma_y\sigma_z}\exp\left[-\frac{(x-ut')^2}{2\sigma_x^2}\right]\exp\left(-\frac{y^2}{2\sigma_y^2}\right)\exp\left(-\frac{H^2}{2\sigma_z^2}\right)dt'$$

(5-57)

由于烟团沿程不断膨胀,因此烟团扩散参数 σ_x、σ_y、σ_z 均为下风距离 $x=ut'$ 的函数。给定扩散参数后,可对式(5-57)进行数值积分求得下风各点的污染物浓度。

6. 危险风速下的扩散模式

所谓危险风速系指使地面浓度最大的风速。从烟流落地最大浓度公式知,风速 u 与地面最大浓度 C_{max} 成反比,即风速越大,地面最大浓度越少;另外,从各种烟流抬升公式来看,风速 u 又与烟囱有效高度 H 成反比,即风速越大,有效源高越低,从而使地面最大浓度增多。风速对地面最大浓度产生双重影响,两种作用的结果恰好相反。因此,可以设想在某一风速下会出现地面最大浓度的极大值,称为地面绝对最大浓度。

由烟流抬升公式知,烟流抬升高度与风速成反比,不妨可表示为

$$\Delta H=B/\bar{u}$$

(5-58)

式中,B 为比例因子。将式(5-58)代入烟囱有效高度公式,有

$$H=H_s+\Delta H=H_s+B/\bar{u}$$

将式(5-58)代入地面最大浓度公式(5-41),并考虑到 $\sigma_z=H/\sqrt{2}$,得

$$C_{max}=\frac{2Q}{\pi e\bar{u}\,(H_s+B/\bar{u})^2}\frac{\sigma_z}{\sigma_y}$$

(5-59)

将式(5-59)对 $\bar{u}$ 求偏导数,并令 $\partial C_{max}/\partial\bar{u}=0$,则可解得出现地面最大浓度极大值时所对应的风速,即危险风速,以 $\bar{u}_c$ 表示为

$$\bar{u}_c=B/H_s$$

(5-60)

将式(5-60)代入式(5-59)可得地面绝对最大浓度 C_{absm} 的计算公式:

$$C_{absm}=\frac{Q}{2\pi eH_s^2\bar{u}_c}\frac{\sigma_z}{\sigma_y}$$

(5-61)

将式(5-60)代入式(5-58),可得危险风速时的烟流抬升高度 ΔH_c,即 $\Delta H_c=H_s$,将其代入烟囱有效高度的表达式,得

$$H=H_s+\Delta H_c=2H_s$$

(5-62)

式(5-62)表明,出现危险风速时的烟囱有效高度是其几何高度的两倍。应当指出,如果选用危险风速来设计烟囱高度,将保证地面污染物浓度在任何情况下不会超过允许标准,然而设计出的烟囱很高,在经济实力雄厚时是一种可取的办法。事实上,各地气象资料表明,危险风速出现的频率很小,如果为满足这种很少

出现的情况而花费过多的造价,显然在经济上不合理。如果按常年平均风速来设计烟囱,则烟囱较矮、造价较低,但只能保证有 50% 的概率使地面污染物浓度不超过允许值,且当风速小于平均风速时就可能超标。因此,从环境保护和经济两方面来看,应选择一个保证地面污染物浓度不超过允许值的风速来设计烟囱高度较为合理,这样既可以满足一定的保证率,又可以不超过允许标准。

7. 烟流含有大量颗粒物时的扩散模式

当烟囱排放的烟流中含有大量颗粒物时,前面导出的高斯公式(5-30)不适用,需要对其进行修正。由于烟流中含有大量颗粒物,会使烟流向地面下沉,形成下沉烟流,如图 5-35 所示。烟流下沉是由于颗粒物所具有的沉降速度 w_p 所致,其自由落体的距离为 $w_p t$, t 为自烟囱口排出烟流到下风处 x 距离的时间,而整个烟流中心线高度 H 逐渐降低为 $H - w_p t = H - w_p x/u$,因此,高斯公式可修正为式(5-63):

$$C(x,y,z) = \frac{Q}{2\pi u \sigma_y \sigma_z} \exp\left(-\frac{y^2}{2\sigma_y^2}\right) \exp\left\{-\frac{[z-(H-w_p x/u)]^2}{2\sigma_z^2}\right\} \quad (5\text{-}63)$$

式中,沉降速度 w_p 可由球体绕流的 Stokes 公式得到,即

$$w_p = \frac{d_p^2 g(\rho_p - \rho_g)}{18\mu} \quad (5\text{-}64)$$

式中, d_p 为颗粒物直径; g 为重力加速度; ρ_p 为颗粒物密度; ρ_g 为气体密度; μ 为气体动力黏性系数。

沿烟流中心线在地面的颗粒物降落量为

$$W = \frac{Q w_p}{2\pi u \sigma_y \sigma_z} \exp\left[-\frac{(H-w_p x/u)^2}{2\sigma_z^2}\right] \quad (5\text{-}65)$$

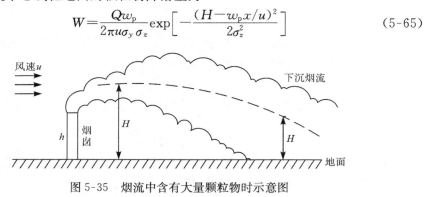

图 5-35　烟流中含有大量颗粒物时示意图

5.4.4　烟囱高度及出口直径的确定

烟囱作为保护环境的一种设备,其作用是降低地面污染物的浓度。由 5.4.3 节知,地面污染物浓度与烟囱高度的平方成反比,而其造价却与高度的平方近似

成正比。所以设计烟囱高度的基本原则为既要保证排放物造成的地面最大浓度不超过国家环境空气质量标准，又应做到造价最低；烟囱出口直径关系到烟流排放速度问题，避免烟流下洗现象或下沉现象的发生。因此，烟囱设计的主要内容为其几何尺度（烟囱高度、出口直径）的确定。

1. 烟囱高度的确定

主要介绍以地面最大浓度、地面绝对最大浓度来计算烟囱高度，该方法简单快捷、应用较广。

1) 以地面最大浓度计算烟囱高度

拟设计烟囱高度所排放污染物产生的地面最大浓度 $C_{\max}$ 应满足：

$$C_{\max} \leqslant C_{ad} \tag{5-66}$$

式中，C_{ad} 为地面允许浓度，为了保证地面污染物浓度不超过国家或地方规定的标准，需要选择合适的地面允许浓度 C_{ad}。选择 C_{ad} 值时必须考虑当地的污染现状、地形条件、污染源密集程度，并为今后的发展留有一定余地。因此，可由式(5-67)确定 C_{ad} 值：

$$C_{ad} = pf(C_0 - C_b) \tag{5-67}$$

式中，C_0 为当地执行的环境空气质量标准的浓度限值；C_b 为当地本底污染物浓度；f 为该项目可占的污染权重；p 为地形因子，可参考表 5-12 取值。

表 5-12　地形因子 p 的取值

地形条件	平原	丘陵	山区
p	1.0	0.7	0.5

若 $\sigma_y/\sigma_z = \text{const}$，则由式(5-9)和式(5-40)可导出烟囱高度的计算式：

$$H_s \geqslant \left(\frac{2Q}{\pi e \bar{u} C_{ad}} \frac{\sigma_z}{\sigma_y} \right)^{1/2} - \Delta H \tag{5-68}$$

在烟囱设计中，一般取 $\sigma_z/\sigma_y = 0.5 \sim 1.0$。

若 $\sigma_y = \gamma_1 x^{\alpha_1}$，$\sigma_z = \gamma_2 x^{\alpha_2}$，且 $\alpha_1 \neq \alpha_2$，则由式(5-69)计算烟囱高度：

$$H_s \geqslant \left[\frac{Q \alpha^{\alpha/2}}{\pi \bar{u} \gamma_1 \gamma_2^{1-\alpha} C_{ad}} \exp\left(-\frac{\alpha}{2} \right) \right]^{1/\alpha} - \Delta H \tag{5-69}$$

式中，$\alpha = 1 + \alpha_1/\alpha_2$。

2) 以地面绝对最大浓度计算烟囱高度

若 $\sigma_y/\sigma_z = \text{const}$，且 $\Delta H = B/\bar{u}$，要求地面绝对最大浓度 $C_{absm} \leqslant C_{ad}$，并考虑到 $\bar{u}_c = B/H_s$，则由式(5-61)可导得烟囱高度的计算式为

$$H_s \geqslant \left(\frac{Q}{2\pi e \, \bar{u}_c C_{ad}} \frac{\sigma_z}{\sigma_y} \right)^{1/2} = \frac{Q}{2\pi e B C_{ad}} \frac{\sigma_z}{\sigma_y} \tag{5-70}$$

式中,各符号意义同前。

若 $\sigma_y = \gamma_1 x^{a_1}$, $\sigma_z = \gamma_2 x^{a_2}$, 且 $a_1 \neq a_2$, $\Delta H = B/\bar{u}$, 则由式(5-71)计算烟囱高度:

$$H_s \geqslant \left[\frac{Q(\alpha-1)^{\alpha-1}}{\pi B \gamma_1 \gamma_2^{1-\alpha} \alpha^{\alpha/2} C_{ad}} \exp\left(-\frac{\alpha}{2}\right) \right]^{\frac{1}{\alpha-1}} \tag{5-71}$$

例 5-9 某炼油厂位于丘陵地区,拟建一座烟囱排放污染物。已知烟囱出口直径为 3m,出口流速为 15m/s,排放温度为 140℃,周围大气温度为 17℃,H_2S 排放量为 7.2kg/h。距炼油厂 2.5km 处有一村庄,大气中 H_2S 的背景浓度为 0.5μg/m³,为使该村庄大气中 H_2S 的浓度低于 10μg/m³,问需要建多高的烟囱才能满足要求?(设计风速取 3m/s)

解 依题意知,$Q = 7.2kg/h = 2 \times 10^6 μg/s$, $d = 3m$, $V_s = 15m/s$, $\bar{u} = 3m/s$, $C_0 = 10μg/m³$, $C_b = 0.5μg/m³$, $T_s = 140 + 273.15 = 413.15K$, $T_a = 17 + 273.15 = 290.15K$。若取污染权重 $f = 0.7$,查表 5-12 得地形因子 $p = 0.7$,则地面允许浓度为

$$C_{ad} = pf(C_0 - C_b) = 0.7 \times 0.7(10 - 0.5) = 4.66 μg/m³$$

用 Holland 公式计算烟流抬升高度:

$$\Delta H = \frac{V_s d}{\bar{u}}\left(1.5 + 2.7 \frac{T_s - T_a}{T_s} d\right) = \frac{15 \times 3}{3}\left(1.5 + 2.7 \times \frac{413.15 - 290.15}{413.15} \times 3\right)$$
$$= 58.7(m)$$

取 $\sigma_z/\sigma_y = 0.9$,由式(5-68)可计算烟囱高度:

$$H_s \geqslant \left(\frac{2Q}{\pi e} \frac{\sigma_z}{\bar{u} C_{ad}} \frac{\sigma_z}{\sigma_y}\right)^{1/2} - \Delta H = \left(\frac{2 \times 2 \times 10^6}{3.14 \times 2.72 \times 3 \times 4.66} \times 0.9\right)^{1/2} - 58.7 = 115(m)$$

计算结果表明,应修建 115m 高的烟囱。

2. 烟囱出口直径的确定

实际上,烟囱出口直径的设计主要是如何选择一个适宜的烟流排放速度问题。选择烟流排放速度的基本原则为:避免下洗现象或下沉现象的发生。烟囱出口直径可由式(5-72)计算:

$$d = \sqrt{\frac{4Q_V}{\pi V_s}} \tag{5-72}$$

式中,d 为烟囱出口直径,m;Q_V 为烟流排放流量,m³/s;V_s 为烟流排放速度,m/s。

烟流下沉的经验法则见表 5-13,从表中可以看出,选取 $V_s/\bar{u} > 2.5$ 作为设计准则。烟流排放速度的大小对烟流抬升影响很大,V_s 越大,烟流的动量抬升越高,促进了与周围空气的混合,其结果反而减少了烟流的抬升,因此应适当选择烟流排放速度。

表 5-13　烟流下沉的经验法则

$V_s/\bar{u}$	烟流下沉状况
$V_s/\bar{u}<0.8$	出现烟流下沉现象,烟流被吸入烟囱背风面的低压区
$0.8\leqslant V_s/\bar{u}<1.0$	极可能出现烟流下沉现象
$V_s/\bar{u}=1.0$	处于烟流下沉的临界状态
$1.0<V_s/\bar{u}\leqslant1.8$	轻微出现烟流下沉现象
$1.8<V_s/\bar{u}<2.0$	烟流排放动量可以克服风速所引起的向下压力梯度,一般不会出现烟流下沉现象
$V_s/\bar{u}\geqslant2.0$	不会出现烟流下沉现象

5.5　机动车尾气扩散分析

　　线源系指呈线状分布的污染源排放,沿繁忙的城市道路或公路上行驶的机动车尾气排放(vehicular exhaust emission)即可视作线源,如图 5-36 所示。通常,将线源分为有限长(finite)线源和无限长(infinite)线源两种模式。

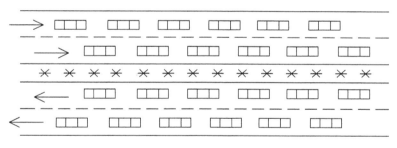

图 5-36　道路上机动车尾气排放线源模式示意图

5.5.1　无限长线源的扩散模式

　　在较长城市道路上或公路上行驶的机动车可视作无限长线源。沿风向设为 x 轴,沿线源方向设为 y 轴,沿垂向设为 z 轴,坐标原点位于线源中点,如图 5-37 所示。按照高斯扩散模式,连续线源等于连续点源沿着线源长度的积分,其浓度场即为线上无数点源浓度贡献之和。计算点源浓度时总是把风向取成与 x 轴向一致,所以点源扩散公式与风向无关。但在计算线源浓度时,则需考虑风向与其交角以及线源的长度。

　　若风向与线源正交,则可假定连续排放的无限长均匀线源在横风向产生的污染物浓度处处相等,将高架连续点源的地面浓度公式沿 y 方向对自变量 y 在区间

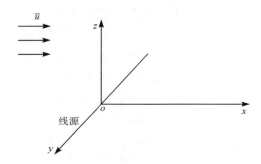

图 5-37　线源模式坐标系

$(-\infty,\infty)$ 内积分,可得无限长线源的扩散模式:

$$C(x,y,0)=\frac{2Q_{L}}{\sqrt{2\pi}\bar{u}\sigma_{z}}\exp\left(-\frac{H^{2}}{2\sigma_{z}^{2}}\right) \tag{5-73}$$

式中,Q_{L} 为单位长度线源的强度,mg/(s·m)。应当注意,式(5-73)中既没有出现横向扩散参数 σ_{y},也没有出现 y,这是因为在给定下风距离 x 处,对于任意 y 的浓度均相同。

若风向与线源呈一交角 φ,则线源下风向污染物浓度分布可由式(5-74)计算:

$$C(x,y,0)=\frac{2Q_{L}}{\sqrt{2\pi}\bar{u}\sigma_{z}\sin\varphi}\exp\left(-\frac{H^{2}}{2\sigma_{z}^{2}}\right) \tag{5-74}$$

但是,当 $\varphi<45°$ 时,不宜采用式(5-74)。

若风向与线源平行,此时因只有上风向的线源才对计算点的浓度有贡献,因此有

$$C(y,0)=\frac{Q_{L}}{\sqrt{2\pi}\bar{u}\sigma_{z}}\exp\left(-\frac{H^{2}}{2\sigma_{z}^{2}}\right) \tag{5-75}$$

显然,浓度与顺风向的位置无关。

5.5.2　有限长线源的扩散模式

城市街道上行驶的机动车尾气污染可看作有限长线源。设线源长度为 $2L_{0}$,取无界情形连续点源扩散的高斯公式,对其在区间 $[-L_{0},L_{0}]$ 上积分,有

$$C(x,y,z)=\frac{Q_{L}}{2\pi\bar{u}\sigma_{y}\sigma_{z}}\exp\left(-\frac{z^{2}}{2\sigma_{z}^{2}}\right)\int_{-L_{0}}^{L}\exp\left[-\frac{(y-y')^{2}}{2\sigma_{y}^{2}}\right]\mathrm{d}y' \tag{5-76}$$

对于式中积分函数 $\int_{-L_{0}}^{L_{0}}\exp\left[-\frac{(y-y')^{2}}{2\sigma_{y}^{2}}\right]\mathrm{d}y'$,令 $\xi=y-y'$

当 $y'=-L_{0}$ 时,即计算点位于线源的一端,那么 $\xi=y+L_{0}$,$\mathrm{d}y'=\mathrm{d}\xi$。

当 $y'=L_{0}$ 时,即计算点位于线源的另一端,那么 $\xi=y-L_{0}$。

将上述关系代入积分函数,有

$$\int_{-L_0}^{L_0} \exp\left[-\frac{(y-y')^2}{2\sigma_y^2}\right]\mathrm{d}y' = -\int_{y+L_0}^{y-L_0} \exp\left(-\frac{\xi^2}{2\sigma_y^2}\right)\mathrm{d}\xi = \int_{y-L_0}^{y+L_0} \exp\left(-\frac{\xi^2}{2\sigma_y^2}\right)\mathrm{d}\xi$$

$$(5\text{-}77)$$

再令 $t=\dfrac{\xi}{\sqrt{2}\sigma_y}$。

当 $\xi=y-L_0$ 时,即计算点位于线源的一端,那么 $t=\dfrac{y-L_0}{\sqrt{2}\sigma_y}$, $\mathrm{d}\xi=\sqrt{2}\sigma_y\mathrm{d}t$。

当 $\xi=y+L_0$ 时,即计算点位于线源的另一端,那么 $t=\dfrac{y+L_0}{\sqrt{2}\sigma_y}$。

将其代入积分函数,有

$$\int_{-L_0}^{L_0} \exp\left[-\frac{(y-y')^2}{2\sigma_y^2}\right]\mathrm{d}y' = \sqrt{2}\sigma_y \int_{\frac{y-L_0}{\sqrt{2}\sigma_y}}^{\frac{y+L_0}{\sqrt{2}\sigma_y}} \exp(-t^2)\mathrm{d}t$$

$$= \sqrt{2}\sigma_y\left[\int_{\frac{y-L_0}{\sqrt{2}\sigma_y}}^{0} \exp(-t^2)\mathrm{d}t + \int_{0}^{\frac{y+L_0}{\sqrt{2}\sigma_y}} \exp(-t^2)\mathrm{d}t\right]$$

$$= \sqrt{2}\sigma_y\left[\int_{0}^{\frac{L_0-y}{\sqrt{2}\sigma_y}} \exp(-t^2)\mathrm{d}t + \int_{0}^{\frac{y+L_0}{\sqrt{2}\sigma_y}} \exp(-t^2)\mathrm{d}t\right]$$

$$= \sqrt{2}\sigma_y\frac{\sqrt{\pi}}{2}\left[\mathrm{erf}\left(\frac{L_0-y}{\sqrt{2}\sigma_y}\right) + \mathrm{erf}\left(\frac{L_0+y}{\sqrt{2}\sigma_y}\right)\right] \quad (5\text{-}78)$$

式(5-78)推导中利用了误差函数(error function),即 $\mathrm{erf}(\eta)=\dfrac{2}{\sqrt{\pi}} \cdot \displaystyle\int_{0}^{\eta}\exp(-t^2)\mathrm{d}t$,已知 η 值后,便可查表得到误差函数值。将上面的积分函数表达式代入式(5-77),得

$$C(x,y,z)=\frac{Q_\mathrm{L}}{2\pi\bar{u}\sigma_y\sigma_z}\exp\left(-\frac{z^2}{2\sigma_z^2}\right)\sqrt{2}\sigma_y\frac{\sqrt{\pi}}{2}\left[\mathrm{erf}\left(\frac{L_0-y}{\sqrt{2}\sigma_y}\right) + \mathrm{erf}\left(\frac{L_0+y}{\sqrt{2}\sigma_y}\right)\right]$$

$$(5\text{-}79)$$

整理式(5-79),得

$$C(x,y,z)=\frac{Q_\mathrm{L}}{2\sqrt{2\pi}\bar{u}\sigma_z}\exp\left(-\frac{z^2}{2\sigma_z^2}\right)\left[\mathrm{erf}\left(\frac{L_0-y}{\sqrt{2}\sigma_y}\right) + \mathrm{erf}\left(\frac{L_0+y}{\sqrt{2}\sigma_y}\right)\right] \quad (5\text{-}80)$$

式(5-80)即为有限长线源的扩散模式。

5.5.3 线源强度

在无限长线源和有限长线源的扩散模式中均涉及单位长度线源的强度 Q_L, $[\mathrm{mg/(s \cdot m)}]$。其物理意义为机动车行驶每米所排放的污染物质量,其大小与道路上机动车的流量、车速及其排污量有关,可用式(5-81)计算:

$$Q_L = \frac{q_V q_p}{U} \times 10^{-3} \qquad (5\text{-}81)$$

式中，q_V 为机动车流量，辆/h；q_p 为每辆车的排污量，mg/s；U 为平均车速，km/h。

例 5-10 A 市有一较长街道，其走向为南北，街道上机动车高峰期流量为 2600 辆/h，平均车速为 40km/h，每辆车排放碳氢化合物 HC 为 25mg/s，机动车排放口高度为 0.4m，天气状况为阴天、吹东风，其风速为 3m/s。试问该街道西边 400m 处碳氢化合物 HC 的浓度为多少？

解 由于街道较长，可看作无限长线源。依题意知，$q_V = 2600$ 辆/h，$q_p = 25$mg/s，$U = 40$km/h，$\bar{u} = 3$m/s，$H = 0.4$m。

(1) 线源强度计算。

利用式(5-81)计算线源强度：

$$Q_L = \frac{q_V q_p}{U} \times 10^{-3} = \frac{2600 \times 25}{40} \times 10^{-3} = 1.63 [\text{mg}/(\text{s} \cdot \text{m})]$$

(2) 垂向扩散参数。

按 Pasquill 法查表 5-4 知，阴天的大气稳定度为 D 级。根据国家标准《制定地方大气污染物排放标准的技术方法》(GB/T 13201—1991)规定，城市 D 级应向不稳定方向提一级，因此在确定垂向扩散参数 σ_z 幂函数表达式中系数时，应查 C 级的系数。当 $x > 0$ 时，$\alpha_2 = 0.917\,595$，$\gamma_2 = 0.106\,803$，则有

$$\sigma_z = \gamma_2 x^{\alpha_2} = 0.106\,803 \times 400^{0.917\,595} = 26.1\text{m}$$

(3) 街道西边 400m 处碳氢化合物 HC 的浓度。

设风向与线源正交，将上列值代入式(5-74)，有

$$C(400,0,0) = \frac{2Q_L}{\sqrt{2\pi} \bar{u} \sigma_z} \exp\left(-\frac{H^2}{2\sigma_z^2}\right) = \frac{2 \times 1.63}{\sqrt{2\pi} \times 3 \times 26.1} \exp\left(-\frac{0.4^2}{2 \times 26.1^2}\right)$$
$$= 0.0166 (\text{mg}/\text{m}^3)$$

即在街道下风向 400 处碳氢化合物 HC 的浓度为 0.0166mg/m³。

例 5-11 某条公路最大流量为 8000 辆/h，机动车平均速度为 64km/h，每辆车 CO 排放量为 20mg/s。若风向与公路正交，平均风速为 4m/s，天气状况为阴天，试求公路下风距离 300m 处的 CO 浓度(不计机动车尾气排放高度)。

解 依题意知，$q_V = 8000$ 辆/h，$q_p = 20$mg/s，$U = 64$km/h。

可把公路视作一无限长线源，其线源强度为

$$Q_L = \frac{q_V q_p}{U} \times 10^{-3} = \frac{8000 \times 20}{64} \times 10^{-3} = 2.5 [\text{mg}/(\text{s} \cdot \text{m})]$$

阴天大气稳定度为 D 级，查 Pasquill-Gifford 扩散曲线得 $x = 300$m 处 $\sigma_z = 12.1$m，因此，公路下风距离 300m 处的 CO 浓度为

$$C(300,0,0) = \frac{2Q_L}{\sqrt{2\pi} \bar{u} \sigma_z} = \frac{2 \times 2.5}{\sqrt{2\pi} \times 4 \times 12.1} = 0.041 (\text{mg}/\text{m}^3)$$

第6章 水质模型

污染物进入受纳水体后经历扩散、迁移(advection)及转化(transformation)等演变过程。在前面几章中,主要讨论了污染物在受纳水体中的扩散、迁移规律,即把污染物看作示踪物(tracer),研究其在时间、空间上的物理变化过程。本章则主要介绍污染物在受纳水体中因生化、化学、生物等作用发生的转化关系,即水质模型(water quality model)。

6.1 河流 BOD-DO 耦合模型

最基本的水质模型是关于溶解氧 DO、生化需氧量 BOD 的模型,由美国两位学者 Streeter 和 Phelps 于 20 世纪 20 年代初研究 Ohio 污染问题时建立的。从那时起,逐渐形成了风格各异的水质模型,在这些水质模型中,应用最多的当推 BOD-DO 耦合模型。

6.1.1 Streeter-Phelps 模型

一维离散方程可写为

$$\frac{\partial C}{\partial t} + U \frac{\partial C}{\partial x} = E_L \frac{\partial^2 C}{\partial x^2} + S \tag{6-1}$$

式中,U 为断面平均流速;S 为转化项,如污染物生化反应、生物作用等。Streeter 和 Phelps 假定水流为恒定流,这样式(6-1)左端第一项为 0,污染物浓度 $C(x)$ 以点源排放达到均匀混合的断面作为起始断面。

以 L 表示 BOD 浓度,以 O 表示 DO 浓度,代入式(6-1)得

$$U \frac{\partial L}{\partial x} = E_L \frac{\partial^2 L}{\partial x^2} + \frac{\mathrm{d}L}{\mathrm{d}t} \tag{6-2}$$

$$U \frac{\partial O}{\partial x} = E_L \frac{\partial^2 O}{\partial x^2} + \frac{\mathrm{d}O}{\mathrm{d}t} \tag{6-3}$$

式中,转化项为反应速率,表示生化耗氧为一级反应(first-order reaction)动力学,可进一步表示为

$$\frac{\mathrm{d}L}{\mathrm{d}t} = -K_1 L \tag{6-4}$$

$$\frac{\mathrm{d}O}{\mathrm{d}t} = -K_1 L + K_2 D \tag{6-5}$$

式中，K_1、K_2 分别为耗氧系数（deoxygenating coefficient）和复氧系数（reaeration coefficient）；D 为氧亏（oxygen deficit），表示饱和溶解氧 O_s 与当前溶解氧 O 的差值，即

$$D = O_s - O \tag{6-6}$$

现就是否考虑纵向离散作用，即 E_L 是否等于 0，分别讨论式（6-2）和式（6-3）的解析解如下。

若不考虑河流的纵向离散作用，即 $E_L = 0$，考虑到饱和溶解氧 O_s 为常数，所以 $\dfrac{\partial O}{\partial x} = -\dfrac{\partial D}{\partial x}$，则式（6-2）和式（6-3）变为

$$U \frac{\partial L}{\partial x} = -K_1 L \tag{6-7}$$

$$U \frac{\partial D}{\partial x} = K_1 L - K_2 D \tag{6-8}$$

其边界条件为：在 $x = 0$ 处，$L = L_0$，$O = O_0$，$D = D_0$，这样方程组（6-7）和方程组（6-8）的解为

$$L = L_0 \exp(-K_1 t) \tag{6-9}$$

$$D = \frac{K_1 L_0}{K_2 - K_1} \big[\exp(-K_1 t) - \exp(-K_2 t) \big] + D_0 \exp(-K_2 t) \tag{6-10}$$

式中，$D_0 = O_s - O_0$，表示初始氧亏浓度。Fair（1939）引入自净系数的概念，即 $F = K_2/K_1$，表示复氧与耗氧的对比关系，反映水中溶解氧自净作用的快慢。

注意到 $t = x/U$，由式（6-10）对 x 求导可得临界氧亏 D_C 和临界时间 t_C 的解为

$$D_C = \frac{L_0}{F} \exp(-K_1 t_C) \tag{6-11}$$

$$t_C = \frac{1}{K_2 - K_1} \ln \left\{ F \Big[1 - (F-1)\frac{D_0}{L_0} \Big] \right\} \tag{6-12}$$

若考虑河流的纵向离散作用，$E_x \neq 0$，离散方程（6-2）和离散方程（6-3）变为二阶常微分方程（ordinary differential equation），BOD 方程与恒定流情形的基本方程在数学形式上完全一样，边界条件仍为：当 $x = 0$ 时，$L = L_0$；当 $x = \infty$ 时，$L = 0$。

生化需氧量的解为

$$L = L_0 \exp(x m_1) \tag{6-13}$$

式中，$m_1 = \dfrac{U}{2E_L} \left(1 - \sqrt{1 + \dfrac{4K_1 E_L}{U^2}} \right)$，将式（6-13）代入式（6-3）和式（6-5），得

$$U \frac{\partial O}{\partial x} = E_L \frac{\partial^2 O}{\partial x^2} - K_1 L_0 \exp(x m_1) + K_2 D \tag{6-14}$$

对于边界条件，$O(0) = O_0$，$O(\infty) = O_s$，式（6-14）的解为

$$D = D_0 \exp(x m_2) + \frac{K_1 L_0}{K_1 - K_2} \big[\exp(x m_1) - \exp(x m_2) \big] \tag{6-15}$$

式中，$m_2 = \dfrac{U}{2E_L}\left(1 - \sqrt{1 + \dfrac{4K_2E_L}{U^2}}\right)$，上述公式可用于研究天然河流的自净能力。

应当指出，Streeter-Phelps 模型基于如下假定。

（1）明渠均匀流且点源排放的污染负荷不变。

（2）任一横断面上的 DO、BOD 的横向和垂向浓度均匀。

（3）耗氧、复氧为一阶反应，并且反应速率保持不变。

（4）氧亏的净变化只是耗氧、复氧（水气交界面）的函数。

虽然，Streeter-Phelps 模型的假定使它的应用受到一些限制，但为水质模型的发展奠定了基础。许多学者对 Streeter-Phelps 模型作了修正和补充，现就常用的几种修正模型作一简单介绍。

6.1.2　Thomas 修正模型

Thomas（1948）提出 BOD 可能随泥沙（sediment）的沉降（settling）、絮凝作用（floculation）而减少，认为其减少速率与残留的 BOD 成正比，并在 Streeter-Phelps 模型的 BOD 方程中引入一个沉凝系数 K_3。这样，在忽略纵向离散作用的情况下，BOD、DO 方程可表示为

$$U\frac{\partial L}{\partial x} = -(K_1 + K_3)L \tag{6-16}$$

$$U\frac{\partial O}{\partial x} = -K_1L + K_2D \tag{6-17}$$

边界条件为当 $x=0$ 时，$L=L_0$，$D=D_0$。

式（6-16）和式（6-17）的解为

$$L = L_0\exp[-(K_1 + K_3)t] \tag{6-18}$$

$$D = D_0\exp(-K_2t) + \frac{K_1L_0}{K_2 - K_1 - K_3}\{\exp[-(K_1 + K_3)t] - \exp(-K_2t)\} \tag{6-19}$$

6.1.3　O'Connor 修正模型

O'Connor 于 1967 年提出把 BOD 分解为碳化（carbonaceous）BOD 和硝化（nitrogenous）BOD 两部分，即

$$L = L_C + L_N \tag{6-20}$$

对 Thomas 修正式改进后，有

$$U\frac{\partial L_C}{\partial x} = -(K_1 + K_3)L_C \tag{6-21}$$

$$U\frac{\partial L_N}{\partial x} = -K_N L_N \tag{6-22}$$

$$U\frac{\partial D}{\partial x} = K_1 L_C + K_N L_N - K_2 D \tag{6-23}$$

式中，K_N 为硝化 BOD 耗氧系数。

当 $x=0$ 时，$L_C(0)=L_{0C}$，$L_N(0)=L_{0N}$，$O=O_0$，$D=D_0$，式(6-21)～式(6-23) 的解为

$$L_C = L_{0C}\exp[-(K_1+K_3)t] \tag{6-24}$$

$$L_N = L_{0N}\exp(-K_N t) \tag{6-25}$$

$$D = D_0\exp(-K_2 t) + \frac{K_1 L_{0C}}{K_2-K_1-K_3}\{\exp[-(K_1+K_3)t]-\exp(-K_2 t)\}$$

$$+\frac{K_N L_{0N}}{K_2-K_N}[\exp(-K_N t)-\exp(-K_2 t)] \tag{6-26}$$

6.1.4　Camp-Dobbins 修正模型

Camp 和 Dobbins 在 Thomas 模型的基础上，进一步考虑到以下两点(Camp，1963；Dobbins，1964)。

(1) 因底泥(substrate sludge)释放 BOD 和地表径流所引起的 BOD 变化速率 R。

(2) 藻类(algae)光合作用和呼吸作用及地表径流引起的溶解氧速率变化 P。

其模型可表示为

$$U\frac{\partial L}{\partial x} = -(K_1+K_3)L + R \tag{6-27}$$

$$U\frac{\partial D}{\partial x} = K_1 L - K_2 D + P \tag{6-28}$$

边界条件为：$L(0)=L_0$，$D(0)=D_0$。式(6-27)和式(6-28)的解为

$$L = L_0\beta_1 + \frac{R}{K_1+K_3}(1-\beta_1) \tag{6-29}$$

$$D = D_0\beta_2 + \frac{K_1}{K_2-K_1-K_3}\left(L_0-\frac{R}{K_1+K_3}\right)(\beta_1-\beta_2)$$

$$+\left[\frac{P}{K_2}+\frac{K_1 R}{K_2(K_1+K_3)}\right](1-\beta_2) \tag{6-30}$$

式中，$\beta_1=\exp[-(K_1+K_3)t]$，$\beta_2=\exp(-K_3 t)$。

6.1.5　复氧系数与耗氧系数

大气中的氧向水体的迁移扩散，称为大气对水体的复氧作用，是水中溶解氧最基本的补给来源。大气中的氧穿过水气交界面向水中的扩散迁移是一个极其复杂的过程，目前已提出多种复氧理论，如双膜理论、液膜更新理论等。在双膜理

论中,假定在浓度均匀的气相与液相间的交界面为气膜和液膜,氧的转移是分别通过各膜内的分子扩散按定值进行的。同时由于气膜内的分子扩散远比液膜内大,因此,可忽略液膜,只考虑气膜即可。但是,如果液相处于紊流状态,水气交界面变得不稳定,必须考虑液膜更新的影响。Dobbins 假定紊动能克服表面张力的作用使表面得到更新,并认为液膜的厚度与柯尔莫哥洛夫的旋涡消失尺度成比例。

关于复氧系数 K_2,可用下面的经验公式计算。

(1) Streeter-Phelps 公式(Streeter and Phelps,1925)。

$$K_2 = CU^n H^{-2} \tag{6-31}$$

式中,U 为平均流速,m/s;H 为平均水深,m;C、n 为经验系数,$C=13.06\sim23.96$,$n=0.57\sim5.40$。

(2) O'Connor-Dobbins 公式(O'Connor and Dobbins,1956)。

对于各向异性紊流,有

$$K_2 = 356.7D^{0.5} i^{0.25} H^{-1.25} \tag{6-32}$$

或

$$K_2^{20} = 4.8 i^{0.25} H^{-1.25} \tag{6-33}$$

对于各向同性紊流,有

$$K_2 = 127D^{0.5} U^{0.5} H^{-1.5} \tag{6-34}$$

或

$$K_2^{20} = 1.71U^{0.5} H^{-1.5} \tag{6-35}$$

式中,D 为分子扩散系数,m^2/d;i 为河道底坡;K_2^{20} 为 20℃时的复氧系数。

(3) Krenkel-Orlob 公式(Krenkel and Orlob,1962)。

$$K_2^{20} = 2.4 \times 10^{-2} E_L^{1.321} H^{-2.32} \tag{6-36}$$

或

$$K_2 = 2.6\varepsilon_z^{1.237} H^{-2.087} \tag{6-37}$$

式中,E_L 为纵向离散系数,m^2/min;ε_z 为垂向涡扩散系数或称垂向紊动扩散系数,m^2/s。

(4) Churchill 公式(Churchill et al.,1962)。

$$K_2^{20} = 2.18U^{0.969} H^{-1.673} \tag{6-38}$$

或

$$K_2^{20} = 2.26UH^{-1.67} \tag{6-39}$$

(5) Owens 公式(Owens et al.,1964)。

$$K_2^{20} = 2.316U^{0.67} H^{-1.85} \tag{6-40}$$

或

$$K_2^{20} = 3.0U^{0.73} H^{-1.75} \tag{6-41}$$

(6) Langbein-Durum 公式(Langbein and Durum,1967)。

$$K_2^{20}=2.23UH^{-1.33} \tag{6-42}$$

(7) Isaacs-Gaudy 公式(Isaacs and Gaudy,1968)。

$$K_2^{20}=2.22UH^{-1.5} \tag{6-43}$$

或

$$K_2=2.057UH^{-1.5} \tag{6-44}$$

(8) Thackston-Krenkel 公式(Thackston and Krenkel,1969)。

$$K_2=10.8(1+\sqrt{Fr})u_*/H \tag{6-45}$$

式中,Fr 为弗劳德数;u_* 为摩阻流速,m/s。

(9) Cadwallader-McDonnell 公式(Cadwallader and McDonnell,1969)。

$$K_2=25.7\sqrt{\varepsilon}/H \tag{6-46}$$

式中,ε 为单位质量流体的能量耗散,m²/s³。

(10) Negulescu-Rojanski 公式(Negulescu and Rojanski,1969)。

$$K_2=4.74U^{0.85}H^{-0.85} \tag{6-47}$$

(11) Padden-Gloyna 公式(Padden and Gloyna,1971)。

$$K_2^{20}=1.963U^{0.703}H^{-1.055} \tag{6-48}$$

(12) Bennett-Rathbun 公式(Bennett and Rathbun,1972)。

$$K_2=2.33U^{0.674}H^{-1.865} \tag{6-49}$$

(13) Tsivoglou-Wallace 公式(Tsivoglou and Wallace,1972):

$$K_2^{20}=1.63\Delta H/t \tag{6-50}$$

式中,ΔH 为水位差,m;t 为水流历时,d。

(14) Lau 公式(Lau,1972)。

$$K_2^{20}=1088.64u_*^3U^2/H \tag{6-51}$$

(15) Foree 公式(Foree,1976)。

$$K_2^{20}=0.116+2147.8i^{1.2} \tag{6-52}$$

式(6-31)~式(6-52)中 K_2 和 K_2^{20} 的单位为 d^{-1}。

关于耗氧系数 K_1,通常由室内试验或野外实测资料确定,如黄河兰州段为 0.41~0.87,第一松花江为 0.015~0.13,第二松花江为 0.14~0.26,漓江为 0.1~0.13,渭河为 1.0,美国俄亥俄河为 0.1~0.125,英国泰晤士河为 0.18 等。

例 6-1　某城市将流量为 1.33m³/s 的污水排入最小流量为 8.5m³/s 的河流中。河流平均流速为 0.9m/s,河水温度为 15℃,污水的五日生化需氧量 BOD₅ 为 200mg/L,河水的五日生化需氧量 BOD₅ 为 1mg/L。污水中不含溶解氧,而排放口上游河水中溶解氧的饱和度为 90%。在 20℃时,$K_1=0.3d^{-1}$,$K_2=0.7d^{-1}$,试求临界溶解氧及其出现位置。(不考虑河流的纵向离散作用,水温 T 时 $K_1=K_1^{20}\times$

1.024^{T-20}，$K_2 = K_2^{20} \times 1.024^{T-20}$）

解 （1）污水排放前河水的溶解氧。

从1.2节图1-1中查得水温15℃时的饱和溶解氧为10.2mg/L，而现在只有90%的饱和度，所以河水的溶解氧为$10.2 \times 0.9 = 9.18$mg/L。

（2）混合水体的温度、溶解氧、五日生化需氧量及初始生化需氧量。

$$混合水体温度 = \frac{1.33 \times 20 + 8.5 \times 15}{1.33 + 8.5} = 15.7(℃)$$

$$混合水体溶解氧 = \frac{1.33 \times 0 + 8.5 \times 9.18}{1.33 + 8.5} = 7.94(mg/L)$$

$$混合水体 BOD_5 = \frac{1.33 \times 200 + 8.5 \times 1}{1.33 + 8.5} = 27.9(mg/L)$$

$$初始生化需氧量 L_0 = \frac{1.46 L_{(5)}}{\exp(-K_1 t)} = \frac{1.46 \times 27.9}{\exp(-0.3 \times 5)} = 182.7(mg/L)$$

（3）初始氧亏浓度。

在15.7℃时，水中饱和溶解氧为10.1mg/L，那么初始氧亏：

$$D_0 = 10.1 - 7.9 = 2.2(mg/L)$$

（4）在15.7℃时水温的耗氧系数和复氧系数。

$$K_1 = K_1^{20} \times 1.024^{T-20} = 0.3 \times 1.024^{15.7-20} = 0.253(d^{-1})$$

$$K_2 = K_1^{20} \times 1.024^{T-20} = 0.7 \times 1.024^{15.7-20} = 0.632(d^{-1})$$

（5）临界溶解氧及其出现的位置。

应用式(6-11)和式(6-12)可求得临界溶解氧$O_C = 1.79$mg/L、临界溶解氧的位置$x_C = 166$km。

6.2 河流综合水质模型

一条河流的废水同化能力（wastewater assimilative capacity）主要取决于其是否能维持适当的溶解氧浓度。河流中的溶解氧浓度主要由大气复氧、光合作用、植物和动物的呼吸作用、底泥耗氧、生化需氧量（BOD）、硝化作用、盐度及水温等控制。1973年，美国水资源工程师公司为美国环境保护局成功地开发出河流综合水质模型（Water Resources Engineers, Inc., 1973），即QUAL-2。该模型考虑了叶绿素a/藻类、氨氮（NH₃-N）、亚硝酸盐氮（NO₂⁻-N）、硝酸盐氮（NO₃⁻-N）、总磷（TP）、生化需氧量（BOD）、溶解氧（DO）、浮游动物、水温、大肠杆菌、任选的可降解或难降解物质，各水质变量之间的相互作用如图6-1所示。

每一水质变量的浓度随时间、空间的变化可由离散方程来描述，即

$$\frac{\partial C}{\partial t} + U \frac{\partial C}{\partial x} = E_L \frac{\partial^2 C}{\partial x^2} + S \tag{6-53}$$

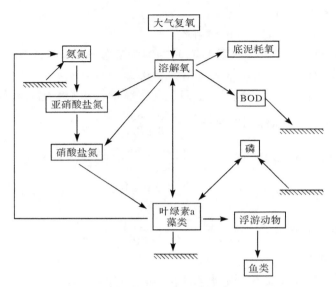

图 6-1　主要水质变量的相互作用

式中，C 为污染物浓度；E_L 为纵向离散系数。其中源汇项 S 可看作水质变量的浓度对时间的全导数 $\dfrac{\mathrm{d}C}{\mathrm{d}t}$，即转化项。对于每一水质变量，$\dfrac{\mathrm{d}C}{\mathrm{d}t}$ 的形式各异，现分述如下。

1. 叶绿素 a/藻类模型

叶绿素（chlorophyll）a 与浮游藻类生物量（biomass）的浓度成正比。为了建立关于叶绿素 a 的模型，可用下面的简单关系将藻类生物量转换为叶绿素 a：

$$C_{\mathrm{chl}} = \alpha_0 C_{\mathrm{a}} \tag{6-54}$$

式中，C_{chl} 为叶绿素 a 的浓度；C_{a} 为藻类生物量的浓度；α_0 为转换系数。

描述藻类（叶绿素 a）生长和产量的微分方程，可由下面的关系式得到

$$\frac{\mathrm{d}C_{\mathrm{a}}}{\mathrm{d}t} = \mu_{\mathrm{a}} C_{\mathrm{a}} - \rho_{\mathrm{a}} C_{\mathrm{a}} - \frac{\sigma_1}{h} C_{\mathrm{a}} \tag{6-55}$$

式中，μ_{a} 为藻类当地比生长率，与水温有关；ρ_{a} 为藻类当地呼吸率，与水温有关；σ_1 为藻类当地沉淀率；h 为平均水深。其中藻类当地比生长率 μ_{a} 与所需的营养物和光照有关，可表示成如下形式：

$$\mu_{\mathrm{a}} = \mu_{\mathrm{amax}} \frac{C_{\mathrm{N3}}}{C_{\mathrm{N3}} + K_{\mathrm{N}}} \cdot \frac{C_{\mathrm{P}}}{C_{\mathrm{P}} + K_{\mathrm{P}}} \cdot \frac{1}{\lambda h} \cdot \ln \frac{K_{\mathrm{L}} + I}{K_{\mathrm{L}} + I e^{-\lambda h}} \tag{6-56}$$

式中，μ_{amax} 为藻类最大比生长率；C_{N3} 为硝酸盐氮的当地浓度；C_{P} 为正磷酸盐的当地浓度；I 为当地光照强度；λ 为消光系数；K_{N}、K_{P}、K_{L} 为经验半饱和常数，与水温

有关。

应当指出,式(6-56)把藻类产量与可利用的营养物供应联系起来,由于营养物的变化,因此可以预期藻类和叶绿素 a 随时间和空间变化。如果氮或磷或两者没有变化,表明其对藻类生长没有影响。

2. 氮循环模型

氮素循环考虑了三种形态的氮,即氨氮 C_{N1}、亚硝酸盐氮 C_{N2}、硝酸氮盐 C_{N3}。氮素从一种形式转化为另一种形式的控制方程如下。

1) 氨氮(NH₃-N)模型

$$\frac{dC_{N1}}{dt} = \alpha_1 \rho_a C_a - \beta_1 C_{N1} + \frac{\sigma_3}{A} \tag{6-57}$$

式中,C_{N1} 为氨氮的浓度,以氮含量计;α_1 为呼吸藻类生物量的分数,即由于细菌作用增溶的氨氮;β_1 为氨氮生物氧化速率常数,与水温有关;σ_3 为底泥释放氨氮的速率;A 为横断面平均面积。

2) 亚硝酸盐氮(NO₂⁻-N)模型

$$\frac{dC_{N2}}{dt} = \beta_1 C_{N1} - \beta_2 C_{N2} \tag{6-58}$$

式中,C_{N2} 为亚硝酸盐氮的浓度,以氮含量计;β_2 为亚硝酸盐氮氧化速率常数,与水温有关。

3) 硝酸盐氮(NO₃⁻-N)模型

$$\frac{dC_{N3}}{dt} = \beta_2 C_{N2} - \alpha_1 \mu_a C_a \tag{6-59}$$

式(6-59)表明,硝酸盐氮浓度 C_{N3} 源于亚硝酸盐氮,并转化为叶绿素 a 和藻类。

3. 磷循环模型

在磷循环模型中,只考虑磷与藻类的相互作用,再加上一个汇项,因此磷循环不再像氮循环那样复杂。描述这种分布的微分方程可表示为

$$\frac{dC_P}{dt} = \alpha_2 \rho_a C_a - \alpha_2 \mu_a C_a + \frac{\sigma_2}{A} \tag{6-60}$$

式中,C_P 为正磷酸盐的浓度,以磷含量计;α_2 为藻类生物量中磷所占的分数;σ_2 为底泥释放磷的速率。

4. 生化需氧量(BOD)模型

碳化 BOD 的变化率按一级反应动力学考虑,可表示为

$$\frac{\mathrm{d}L}{\mathrm{d}t} = -K_1 L - K_3 L \tag{6-61}$$

式中，L 为碳化 BOD 的浓度；K_1 为碳化 BOD 的衰减率；K_3 为碳化 BOD 因沉降引起的损失率。由式(6-61)可描述 BOD 的变化，其中需氧量由 $K_1 L$ 来反映，沉降的 BOD 则由底泥耗氧量 $K_3 L$ 表示。

5. 溶解氧(DO)模型

描述溶解氧变化率的微分方程可表示成下列形式：

$$\frac{\mathrm{d}O}{\mathrm{d}t} = K_2 (O_s - O) + (\alpha_3 \mu_a - \alpha_4 \rho_a) C_a - K_1 L - \frac{K_4}{A} - \alpha_5 \beta_1 C_{N1} - \alpha_6 \beta_2 C_{N2} \tag{6-62}$$

式中，O 为溶解氧浓度；O_s 为当地水温和压力的溶解氧饱和浓度；α_3 为单位藻类光合作用的产氧率；α_4 为单位藻类呼吸的吸氧率；α_5 为单位氨氧化的吸氧率；α_6 为单位亚硝酸盐氮氧化的吸氧率；K_2 为比拟于 Fick 扩散的复氧系数；K_4 为底泥吸收系数。

标准大气压下溶解氧饱和浓度可按式(6-63)计算：

$$O_s = 14.54 - 0.39T + 0.01T^2 \tag{6-63}$$

或

$$O_s = \frac{468}{31.6 + T} \tag{6-64}$$

式中，T 为水温，℃；溶解氧饱和浓度 O_s，mg/L。

6. 浮游动物模型

以浮游动物(zooplankton)的生物量计，用所含碳量来表示(mg 碳/L)。

$$\frac{\mathrm{d}Z}{\mathrm{d}t} = \mu_z Z - (\rho_z + C_z) Z \tag{6-65}$$

式中，Z 为浮游动物的浓度，mg 碳/L；$\mu_z = \mu_{zmax} \dfrac{C_a}{K_z + C_a}$，为浮游动物的比生长率，1/d，$K_z$ 为 Michaelis-Menten 常数，类似于藻类生长率，mg/L，μ_{zmax} 为浮游动物的最大比生长率；ρ_z 为浮游动物的比死亡率，包括氧化和分解；C_z 为较高级动物对浮游动物的吞食速率常数，1/d。

7. 水温数学模型

上述水质模型中的速率常数和其他系数均取决于温度的变化(除了氧的饱和浓度)，可由下列公式计算：

$$X_T = X_T^{20} \theta^{T-20} \tag{6-66}$$

式中，X_T 为当地温度的变量值；X_T^{20} 为 20℃的变量值；每一依赖于温度变量的经验常数,对于 K_2 ,$\theta=1.0159$;对于其他变量,$\theta=1.047$ 。

描述水温的方程可表示为

$$\frac{\partial T}{\partial t}=\frac{\partial\left(AE_{\mathrm{L}}\dfrac{\partial T}{\partial x}\right)}{A\partial x}-\frac{\partial(AUT)}{A\partial x}+\frac{1}{\rho c}\frac{S}{V} \tag{6-67}$$

式中,T 为水温;E_{L} 为纵向离散系数;U 为平均流速;ρ 为水的密度;c 为水的热容;S 为源汇项;V 为河段的体积。

源汇项 S/V 反映横跨系统边界的热量传递作用,即在水气交界面处的传热、泥水交界面处的热传导。通常,忽略泥水交界面处的热传导,只考虑水气交界面处的传热。用热通量 H_{N} 表示水气交界面的传热率,对于长度为 $\mathrm{d}x$ 、水面宽度为 W 的河段,H_{N} 与 S/V 的关系为:横跨水气交界面热量输入的总速率为 $H_{\mathrm{N}}W\mathrm{d}x$,这部分热量均匀分布于整个河段容积 $x\bar{A}$ 中,其中 $\bar{A}$ 为河段的平均断面面积,因此单位容积的热收益率 S/V 可表示为

$$\frac{S}{V}=\frac{S}{\bar{A}\mathrm{d}x}=\frac{H_{\mathrm{N}}W\mathrm{d}x}{\bar{A}\mathrm{d}x}=\frac{H_{\mathrm{N}}}{h} \tag{6-68}$$

式中,h 为河段的平均水深。将式(6-68)代入式(6-67)可得水温方程的一般形式:

$$\frac{\partial T}{\partial t}=\frac{\partial\left(AE_{\mathrm{L}}\dfrac{\partial T}{\partial x}\right)}{A\partial x}-\frac{\partial(AUT)}{A\partial x}+\frac{H_{\mathrm{N}}}{\rho ch} \tag{6-69}$$

横跨地表水体的水气交界面处的传热为三种不同的过程:辐射、蒸发及传导。与这三种过程有关的传热项如图 6-2 所示,其定义及其在北纬的典型取值见表 6-1。源于各种能量通量总和的表达式为

$$H_{\mathrm{N}}=H_{\mathrm{sn}}+H_{\mathrm{an}}-(H_{\mathrm{b}}\pm H_{\mathrm{c}}+H_{\mathrm{e}}) \tag{6-70}$$

式中,H_{N} 为通过水气交界面的净能量通量;H_{sn} 为通过水气交界面的净短波太阳辐射通量,由于大气的吸收和散射以及在水气交界面的反射使短波辐射损失;H_{an} 为通过水气交界面反射后的净长波大气辐射通量;H_{b} 为出射长波背景辐射通量;H_{c} 为反复通过交界面与大气之间的对流能量通量;H_{e} 为蒸发引起的能量损失通量。图中,H_{s} 为总的入射短波辐射通量;H_{sr} 为反射的短波辐射通量;H_{a} 为总的入射长波辐射通量;H_{ar} 为反射的长波辐射通量。

热量在水面与大气之间交换的这种机理是由 Edinger 和 Geyer 提出,其中各项的函数关系由美国水资源工程师公司(Water Resources Engineers, Inc.)和 Masch 等建立。

8. 大肠杆菌

大肠杆菌(*Escherichia coli*)在河水里的死亡可用式(6-71)表示:

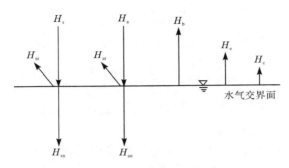

图 6-2　水气交界面的传热项

$$\frac{\mathrm{d}C_{\mathrm{E}}}{\mathrm{d}t} = -K_5 C_{\mathrm{E}} \tag{6-71}$$

式中，C_{E} 为大肠杆菌数；K_5 为大肠杆菌的死亡率。

9. 可降解或难降解物质

$$\frac{\mathrm{d}C_{\mathrm{R}}}{\mathrm{d}t} = -K_6 C_{\mathrm{R}} \tag{6-72}$$

式中，C_{R} 为可降解物质（degradable substance）的浓度；当 $K_6=0$ 时，式（6-72）即变为难降解物质（refractory substance）的方程。

上述各水质变量方程相互关联，对于每个时间步长都要依次求解上述方程。首先求解水温方程，然后依次为藻类、浮游动物、总磷、氨氮、亚硝酸盐氮、硝酸盐氮、DO、BOD、大肠杆菌、可降解或难降解物质。

QUAL-2 模型各反应公式中采用的参数见表 6-1。把上述各个水质变量的子模型代入扩散方程后，就形成一个关于 QUAL-2 模型的方程组，可用有限差分法来求解该模型方程组。

表 6-1　QUAL-2 模型中输入参数的取值

名称	含义	数值	单位	随河段变化	随水温变化	可靠度
α_0	叶绿素 a 与藻类生物量的比率	50~100	μg 叶绿素 a/mg 藻类	是	否	一般
α_1	藻类生物量中氮所占的分数	0.08~0.09	mgN/mg 藻类	否	否	良好
α_2	藻类生物量中磷所占的分数	0.012~0.015	mgP/mg 藻类	否	否	良好

续表

名称	含义	数值	单位	随河段变化	随水温变化	可靠度
α_3	藻类生长单位产氧量	1.4～1.8	mgO/mg藻类	否	否	良好
α_4	藻类呼吸单位耗氧量	1.6～2.3	mgO/mg藻类	否	否	一般
α_5	氨氮氧化单位耗氧量	3.0～4.0	mgO/mg藻类	否	否	良好
α_6	亚硝酸盐氧化单位耗氧量	1.0～1.14	mgO/mg藻类	否	否	良好
μ_{max}	藻类最大比生长速率	1.0～3.0	1/d	否	是	良好
ρ_a	藻类呼吸速率	0.05～0.5	1/d	否	是	一般
β_1	氨氮生物氧化速率常数	0.1～0.5	1/d	是	是	一般
β_2	亚硝酸盐氮生物氧化速率常数	0.5～2.0	1/d	是	是	一般
σ_1	藻类当地沉淀速率	0.153～1.830	m/d	是	否	一般
σ_2	底泥释放磷的速率	*	mgP/(d・m)	是	否	差
σ_3	底泥释放氨氮的速率	*	mgP/(d・m)	是	否	差
K_1	碳化BOD耗氧速率	0.1～2.0	1/d	是	是	差
K_2	复氧速率	0～100	1/d	是	是	良好
K_3	碳化BOD减少速率	−0.36～0.36	1/d	是	否	差
K_4	底泥释放BOD速率	*	mg/(d・m)	是	否	差
K_5	大肠杆菌死亡率	0.5～4.0	1/d	是	是	一般
K_6	任一可降解物质衰减速率	*	1/d	是	是	*
K_N	藻类生长氮半饱和常数	0.2～0.4	mg/L	否	否	一般至良好
K_P	藻类生长磷半饱和常数	0.03～0.05	mg/L	否	否	一般至良好
K_I	藻类生长光照半饱和常数	20.934	$(g・W)/m^2$	否	否	良好

注:＊表示数值范围变化较大。

6.3　湖泊水质模型

湖泊最突出的水质问题就是富营养化(eutrophication)。所谓富营养化是指这样一种过程:水体由低浮游生物生产率变成高浮游生物生产率。其结果是,原本天蓝色的水体由于藻类的大量繁殖而变成绿色的水体,先有少量的硅藻、绿藻,接着就是大量的蓝绿藻(blue-green algae),此时水体开始出现臭味,水质变坏。所有的天然湖泊都在经历这样一种老化过程,只不过是这一自然过程极其缓慢而已。富营养化过程的加速主要是由于人类活动引起的,如大量使用化肥、洗衣粉等造成磷、氮一类营养物质大量流入水体。通常,营养物质、流速及水温构成水体富营养化的三大因素。磷是影响藻类生长的关键性营养物质,因此必须控制磷的流入量。

为了对湖泊的营养状态进行定量化评价,国内外许多学者提出了湖泊营养状态的划分标准,表 6-2 所列的划分标准可供初评时参考。

表 6-2　湖泊营养状态划分标准

营养状态	透明度/m	TP/(mg/L)	TN/(mg/L)	叶绿素/(μg/L)	底层 DO 饱和度/%
贫营养	≥2.0	≤0.01	≤0.12	≤5	≥80
中营养	≥1.5	≤0.02	≤0.30	≤10	≥10
富营养	<1.5	>0.02	>0.30	>10	<10

6.3.1　Vollenweider 模型

最早的湖泊水质模型是由加拿大学者 Vollenweider 于 1975 年提出的。该模型假定湖泊是完全混合的,并且富营养化状态只与湖泊的营养物质负荷有关。在这种条件下,可以得到一个关于磷的收支平衡方程,即假定磷的变化率等于单位体积流入的磷减去单位体积流出的磷再减去在湖内沉淀的磷。其数学表达式为

$$\frac{dC_{ph}}{dt} = \frac{W}{V} - \frac{Q}{V}C_{ph} - \sigma C_{ph} \tag{6-73}$$

式中,C_{ph} 为总磷浓度,mg/L;t 为时间,以 a(annum) 表示;W 为磷的年流入量,g/a;σ 为沉淀率,1/a;V 为湖泊体积,$V = hA$,m^3;h 为湖泊深度,m;A 为湖泊表面积,m^2;Q 为出流量,m^3/a。

求解式(6-73)得

$$C_{ph} = \frac{W}{\sigma V + Q}\left\{1 - \exp\left[-\left(\sigma + \frac{Q}{V}\right)t\right] + C_0\exp\left[-\left(\sigma + \frac{Q}{V}\right)t\right]\right\}$$

$$= \frac{W}{\alpha V}[1 - \exp(-\alpha t)] + C_0 \exp(-\alpha t) \tag{6-74}$$

式中，$\alpha = \sigma + \dfrac{Q}{V}$；$C_0$ 为湖泊初始浓度。Vollenweider 对北美五大湖（Superior、Michigan、Huron、Erie、Ontario）的研究得，$\sigma = 10$。

磷的表面负荷 L_p 与磷的年流入量 W 有关，即

$$L_p = \frac{W}{A} \tag{6-75}$$

在稳态条件下，$\dfrac{dC_{ph}}{dt} = 0$，于是得到

$$C_{ph} = \frac{W/V}{\sigma + Q/V} = \frac{L_p}{h\sigma + h/t_r} \tag{6-76}$$

式中，t_r 为入流量在湖泊中的滞留时间，a，并可表示为

$$t_r = \frac{V}{Q} \tag{6-77}$$

天然湖泊中的 t_r 要比水库中的 t_r 大得多。Vollenweider 根据许多湖泊资料确定了 $h/t_r \ll 1$ 时的表面负荷量。这时利用式（6-76）就能画出实际可能遇到的全部 h/t_r 值的负荷曲线，如图 6-3 所示。图中最下面的一条曲线称为允许负荷线，它是贫营养与中营养的分界线。图中最上面的曲线称为危险负荷线，它是中营养与富营养的分界线，其值为允许负荷线的两倍。一旦知道了 h 和 t_r 的值，根据所确定的水质目标（是贫营养还是富营养湖泊），就能预测该湖泊的最大允许负荷量。

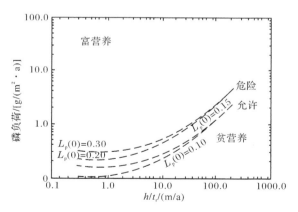

图 6-3　Vollenweider 模型

为了控制湖泊的富营养化，Vollenweider 于 1976 年又提出磷的临界负荷计算公式：

$$L_{cr} = 10\left(\frac{Q}{V} + \sqrt{h}\right) \qquad (6\text{-}78)$$

6.3.2　湖泊综合水质模型

　　Baca 和 Arnett(1977)除考虑了磷的作用外,还考虑了其他水质变量,如藻类、浮游动物、氮等,即所谓的湖泊综合水质模型。在这个模型中,湖泊(含水库)被分成若干段,然后又把每一段沿水深方向分为若干层(图 6-4)。这样,在每一段内就可用一维模型来描述水质分布。而从整个湖泊来看,仍然相当于用一个准二维模型来描述。在下面的讨论中,只考虑其中的一段。

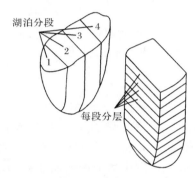

图 6-4　湖泊或水库的分段与分层

　　湖泊水质模型中总共有 13 个水质变量,分别为藻类(浮游植物)、浮游动物、有机磷、无机磷、有机氮、氨氮、亚硝酸盐氮、硝酸盐氮、碳化 BOD、溶解氧、总溶解固体、悬浮物及水温。

　　上述每一个水质变量均由下面的扩散方程来描述:

$$\frac{\partial C}{\partial t} + U\frac{\partial C}{\partial z} - V_S\frac{\partial C}{\partial z} = \frac{1}{A}\frac{\partial}{\partial z}\left(AD_z\frac{\partial C}{\partial z}\right) + \frac{1}{A}(q_1 C_1 - q_2 C_2) + \frac{S}{A} \qquad (6\text{-}79)$$

式中,C 为不同水质变量的浓度;U 为断面平均流速;V_S 为沉淀速度;z 为铅垂坐标;A 为湖泊截面积;D_z 为由风应力引起的扩散系数;q_1、q_2 分别为湖泊入流和出流的单宽流量;C_1、C_2 分别为湖泊入流断面和出流断面的平均浓度。13 个水质变量之间的相互关系则以藻类的动态行为为中心,描述了它与浮游动物之间的营养关系及与营养循环的直接与间接关系。在式(6-79)中,代表某一水质变量的物质的沉淀率用方程左边的第三项来描述,而不再包含在源汇项 S 之中。源汇项可看成是水质变量的浓度对时间的全导数,即

$$\frac{S}{A} = \frac{dC}{dt} \qquad (6\text{-}80)$$

　　对每个水质变量,$\dfrac{dC}{dt}$ 的形式各异。下面分别讨论其具体的表达式。

1. 浮游植物（藻类）

浮游植物（phytoplankton）以藻类的生物量计，通常用所含碳的多少来表示，单位为 mg 碳/L。

$$\frac{dC_A}{dt} = \mu C_A - (\rho - C_g Z) C_A \tag{6-81}$$

式中，C_A 为浮游植物的浓度；μ 为藻类的比生长率，$1/d$；ρ 为藻类的比死亡率，$1/d$；C_g 为浮游动物食藻率，$1/d$；Z 为浮游动物的浓度，mg 碳/L。

2. 浮游动物

浮游动物的浓度以其生物量计，用所含碳量的多少来表示：

$$\frac{dZ}{dt} = \mu_z Z - (\rho_z + C_z) Z \tag{6-82}$$

式中，Z 为浮游动物的浓度，mg 碳/L；$\mu_z = \mu_{zmax} \dfrac{C_A}{K_Z + C_A}$，表示浮游动物的比生长率，$1/d$，$K_Z$ 为 Michaelis-Menten 常数，类似于藻类生长率，mg/L，μ_{zmax} 为浮游动物的最大比生长率；ρ_z 为浮游动物的比死亡率，包括氧化和分解；C_z 为较高级动物对浮游动物的吞食速率常数，$1/d$。

3. 无机磷

在关于磷的模型中，根据磷的存在形态可分成三类：溶解态无机磷 P_1，游离态有机磷 P_2 及沉淀态磷 P_3，不同状态磷的浓度均按磷的含量计，单位是 mg 磷/L。

$$\frac{dP_1}{dt} = -\mu C_A A_{PP} + I_3 P_3 - I_1 P_1 + I_2 P_2 \tag{6-83}$$

式中，A_{PP} 为藻类磷含量，mg 磷/mg 碳；I_1 为底泥的吸收率，$1/d$；I_2 为有机磷降解率，$1/d$；I_3 为底泥释放率，$1/d$；无机磷的减少是由植物的吸收与沉淀引起的，而其增加则是由于有机磷的降解。厌氧条件下，底泥释放沉淀态磷 P_3 也是无机磷的来源，通常 P_3 为已知值。

4. 有机磷

$$\frac{dP_2}{dt} = \rho C_A A_{PP} + \rho_Z Z A_{PZ} - I_4 P_2 - I_2 P_2 \tag{6-84}$$

式中，A_{PZ} 为浮游动物磷含量，mg 磷/mg 碳；I_4 为底泥吸附速率，$1/d$。藻类与浮游动物的腐败是有机磷的来源，而有机磷的减少则是由于降解为无机磷的缘故 $(-I_1 P_1)$，同时也由于底泥的吸附作用。

5. 有机氮

在关于氮的模型中,共考虑了五种形态的氮,即有机氮 N_1,氨氮 N_2,亚硝酸盐氮 N_3,硝酸盐氮 N_4 以及沉淀态氮 N_5,其中沉淀态氮假定为外部给定值。不同形态氮的浓度均按氮的含量计,mg 氮/L。

$$\frac{\mathrm{d}N_1}{\mathrm{d}t} = -J_4 N_1 + \rho_A C_A A_{NP} + \rho_Z Z A_{NE} - J_6 N_1 \tag{6-85}$$

式中,A_{NP} 为藻类的氮与碳的含量之比,mg 氮/mg 碳;J_4 为有机氮的降解速率常数,1/d;J_6 为底泥对有机氮的吸收速率常数,1/d。藻类与浮游动物的腐败是有机氮的来源,而有机氮的减少则是由于有机氮降解为无机氮 $-J_4 N_1$ 及底泥的吸收 $-J_6 N_1$。

6. 氨氮

$$\frac{\mathrm{d}N_2}{\mathrm{d}t} = -J_1 N_2 - \mu C_A A_{NP} \frac{N_2}{N_2 + N_4} + J_4 N_1 + J_5 N_4 \tag{6-86}$$

式中,J_4 为硝化速率;J_5 为底层氮的分解速率。氨氮的减少是由于硝化作用 $-J_1 N_2$ 和藻类的吸收。浮游植物能像吸收硝酸氮一样直接吸收氨氮。为了得到由于藻类吸收而引起的每一种形态氮的减少量,可用浮游植物的生长率乘以其氮-碳含量比再乘上一个加权系数。该加权系数是浮游植物所吸收的两种形态氮在其总氮中所占的比例。因此,在氨氮模型中有一项 $\mu C_A A_{NP} N_2/(N_2 + N_4)$,氨氮的来源是由于有机氮的降解 $J_4 N_1$ 和底层氮的分解 $J_5 N_5$。

7. 亚硝酸盐氮

$$\frac{\mathrm{d}N_3}{\mathrm{d}t} = J_1 N_2 - J_2 N_3 \tag{6-87}$$

式中,J_2 为硝化速率。氨氮的硝化是亚硝酸盐氮的来源 $J_1 N_2$,而亚硝酸盐氮的减少则是由于它本身的硝化,结果生成硝酸盐氮。

8. 硝酸盐氮

$$\frac{\mathrm{d}N_4}{\mathrm{d}t} = J_2 N_3 - \mu C_A A_{NP} \frac{N_4}{N_4 + N_2} - J_3 N_4 \tag{6-88}$$

式中,J_3 为反硝化速率常数。硝化作用是硝酸盐氮的来源,而其减少则是由于浮游植物的吸收与厌氧条件下的反硝化作用 $J_3 N_4$。

9. 碳化 BOD

碳化 BOD 由一级反应动力学来描述,即

$$\frac{\mathrm{d}L}{\mathrm{d}t} = -K_1 L \qquad (6\text{-}89)$$

10. 溶解氧

在溶解氧的模型中,分别考虑了水温、悬浮态及溶解态有机物的氧化、底泥耗氧、湖泊表面的复氧、藻类光合作用产氧和藻类呼吸与分解耗氧的影响,即

$$\frac{\mathrm{d}C}{\mathrm{d}t} = -K_1 L + K_2 D - \alpha_1 J_1 N_2 - \alpha_2 J_2 N_3 - \frac{L_b}{\Delta Z} + \alpha_3 C_A (\mu - \rho) \qquad (6\text{-}90)$$

式中,α_1 为化学当量常数,mg 氧/mg 氨氮,$\alpha_1 \approx 3.5$;α_2 为化学当量常数,mg 氧/mg 亚硝酸盐氮,$\alpha_2 \approx 1.5$;α_3 为化学当量常数,mg 氧/mg 藻类碳,$\alpha_3 \approx 1.6$;L_b 为底泥耗氧率;ΔZ 为底层厚度。

11. 悬浮物

对于悬浮物(SS)只考虑其迁移和沉淀,这些因素已在迁移扩散方程中的其他项中考虑了,因此

$$\frac{\mathrm{d}S}{\mathrm{d}t} = 0 \qquad (6\text{-}91)$$

悬浮物的浓度 S 关系到水体的浊度,在湖水透光性计算中会用到浊度,悬浮物的浓度高会阻碍光合作用的进行。

12. 总溶解固体

可把总溶解固体(TDS)作为守恒物质来处理,即

$$\frac{\mathrm{d}S_d}{\mathrm{d}t} = 0 \qquad (6\text{-}92)$$

式中,S_d 为总溶解固体的浓度。

13. 水温

水温 T 是一个十分重要的水质变量,一方面是水温与其他水质变量有密切联系,如生化耗氧和复氧过程都与水温有关;另一方面是水温与水生态有着密切关系。由能量平衡方程可得水温模型如下:

$$\frac{\partial T}{\partial t} + U \frac{\partial T}{\partial z} = \frac{1}{A} \frac{\partial}{\partial z} \left(D_z A \frac{\partial T}{\partial z} \right) + \frac{1}{A} (q_1 T_1 - q_2 T_2) + \Phi \qquad (6\text{-}93)$$

式中,D_z 符号意义同前,可用式(6-94)来计算:

$$D_z = \nu + \sigma V_w \exp \left(-4.6 \frac{z}{h} \right) \qquad (6\text{-}94)$$

式中,ν、σ 为经验常数,对于混合型湖泊,可取 $\nu = (1 \sim 5) \times 10^{-5} \mathrm{m^2/s}$,$\sigma = (1 \sim 2) \times$

10^{-4}m；对于分层型湖泊，可取 $\nu=(0.5\sim5)\times10^{-6}$m^2/s，$\sigma=(1\sim5)\times10^{-5}$m；$V_w$ 为风速，m/s；h' 为斜温层深度，若湖泊不存在斜温层，可取 $h'=6$m。

式(6-93)中的 Φ 为热通量，表征水面与大气的热量交换，主要由 4 部分组成：短波辐射 Φ_s、长波辐射 Φ_b、蒸发-凝结 Φ_e、显热交换 Φ_c。现分别介绍如下。

1）短波辐射 Φ_s

到达水面的太阳辐射，其中部分反射回大气中，因此净太阳辐射可表示为

$$\Phi_s=(1-\alpha)\Phi_i \tag{6-95}$$

式中，α 为反照率，对于水面可近似取作 0.1；Φ_i 为入射短波辐射，可用式(6-96)计算：

$$\Phi_i=[a-b(\phi-50)](1-0.0065C^2) \tag{6-96}$$

式中，ϕ 为地球纬度；C 为以十分数计的云量；a、b 为系数，随月份变化，$a=100\sim300$，$b=8\sim12$。

2）长波辐射 Φ_b

根据 Stefan-Boltzman 辐射定律，物体表面的辐射力 Φ_{bs} 可表示为

$$\Phi_{bs}=E\sigma T_{sk}^4 \tag{6-97}$$

式中，σ 为 Stefan-Boltzman 常数；E 为表面辐射率；T_{sk} 为水面温度，K。

对于碧空下的大气辐射 Φ_{bc}，可把大气看作灰体来计算，即

$$\Phi_{bc}=E_a\sigma T_{ak}^4 \tag{6-98}$$

式中，T_{ak} 为气温，K；E_a 为大气辐射率，可表示为

$$E_a=c+d\sqrt{e_a} \tag{6-99}$$

式中，e_a 为蒸汽压，mbar；c 和 d 为经验常数，分别取 0.55 和 0.052。

对于多云天空下的大气辐射，可表示为

$$\Phi_{ba}=(1+k_cC^2)\Phi_{bc} \tag{6-100}$$

式中，k_c 为经验常数，约为 0.0017。考虑到水面的反射率约为 0.03，则净大气辐射 Φ_{bn} 为

$$\Phi_{bn}=0.97\Phi_{ba} \tag{6-101}$$

因此，长波辐射 Φ_b 可写为

$$\Phi_b=\Phi_{bs}-\Phi_{bn} \tag{6-102}$$

3）蒸发-凝结 Φ_e

因蒸发-凝结而引起的水面热通量 Φ_e，可用 Rimsha-Dockenko 公式计算：

$$\Phi_e=(1.56K_n+6.08V_2)(e_s-e_a) \tag{6-103}$$

式中，V_2 为水面以上 2m 处的风速，m/s；e_s 为相应于水面温度的饱和蒸汽压；K_n 为表征自由对流的系数，可表示为

$$K_n=8.0+0.35(T_s+T_2) \tag{6-104}$$

式中，T_s、T_2 分别为水面温度、水面以上 2m 的气温，℃。

4）显热交换 Φ_c

水气交界面的显热交换可表示为

$$\Phi_c = (K_n + 3.9V_2)(T_s - T_2) \tag{6-105}$$

上述 13 个水质变量的方程均可写成下面的通用形式：

$$\frac{\partial \phi_i}{\partial t} + U \frac{\partial \phi_i}{\partial z} = E_L \frac{\partial^2 \phi_i}{\partial z^2} - \lambda_i + Q_i \tag{6-106}$$

式中，$i = 1, 2, 3, \cdots, 13$。

在湖面和湖底没有向外的物质迁移时（在表层和底层），该方程的边界条件为

$$\frac{\partial \phi_i}{\partial z} = 0 \tag{6-107}$$

上述 13 个方程是相互关联的，其中 λ_i, Q_i 都是该相应方程中欲求变量 ϕ_i 的函数。用数值解法求解上述方程时，对于每个时间步长均要依次解这 13 个方程。首先解水温方程，然后依次为悬浮物、藻类、浮游动物、无机磷、有机磷、氨氮、亚硝酸盐氮、硝酸盐氮、有机氮、溶解氧、碳化 BOD 及总溶解固体。Baca-Arnett 模型曾应用于美国华盛顿湖和曼多塔湖，都得到很好的效果。此模型也可应用于完全混合的湖泊中，这相当于令所有关于 z 的偏导数等于 0。

6.4　重金属污染模型

在重金属（heavy metals）污染中，常见的有汞（Hg）、铅（Pb）、镉（Cd）、砷（As）、铬（Cr）等。重金属迁移的特点是吸附在泥沙上进入水体，然后在水生生物体内富集（enrichment），并通过食物链传递到人体上。

6.4.1　重金属污染问题

下面就汞、铅、镉、砷、铬常见的 5 种重金属的污染源、危害等作一简单介绍。

1. 汞

据估计，全世界燃烧煤炭排放到大气中的汞约为 3000t/a。一座 70 万 kW 的热电厂，每天排放 2.5kg 汞。典型的汞污染事件是熟知的水俣病，水俣是个地名，位于日本九州岛西南沿海的水俣镇，1953 年有多数人患了一种神经系统疾病。其原因是附近一家企业排出的废水中含有甲基汞，废水排放到海湾后经食物链的作用，将甲基汞富集到鱼类、贝类体内，人食用鱼、贝而引起汞中毒。

评价重金属污染程度的方法：检测头发中重金属含量（如发汞含量、发铅含量等），头发从发根至发梢象磁带一样记录着重金属不同的污染程度。发汞含量因地区和饮食习惯而异，正常的发汞含量，如北京＜1μg/g，上海＜1.52μg/g，长沙＜

1.96μg/g 等。当发汞含量＞50μg/g 时,则会引起汞中毒。

汞污染的来源:氯碱工业(电解阳极等)、汞冶炼厂(制汞)、涂料工业(防霉漆等)、电器工业(电池、汞灯、电弧整流等)、仪表工业(温度计、比压计等)、农药厂(杀虫剂、防霉剂、选种剂等)。另外,热电厂排放的废热水,提高了汞的污染效应,温度升高使水生物代谢速度加快,使汞累积增加。

2. 铅

由于人类活动,铅从岩石圈迁至生物圈,致使人类生活在大"铅"世界中。铅的污染源主要来自油漆、颜料、涂料、汽油、工业废气等,现简介如下。

冶炼有色金属和燃烧煤。工业废气是大气铅污染的重要来源,如煤燃烧后排入大气中的烟尘含铅量可达 100mg/L。

汽油。铅含量 20～50μg/L,公路附近铅含量明显高于远离公路的地区,市区街道空气可达 10μg/m³。在农村,铅含量为 0.1μg/m³,而城市空气为 1～3μg/m³。

油漆、涂料。建筑物墙面或广告牌上的涂料经日晒雨淋,散落在地面上,并随降雨径流汇入受纳水体。

食品铅污染。陶器(缸、盆、罐等)里层涂的彩釉,当用这种陶器烧煮食物或盛放酸性食物(腌菜)时会释放出铅;另外,食品添加剂、色素中也含有铅。

3. 镉

镉是威胁人类健康的第三个重金属元素。镉在自然界常与锌、铜、锰等矿共存,在这些金属的精炼过程中排出大量的镉。镉的用途很广,是塑料、颜料、试剂、电镀、荧光屏、雷达等的重要原料。

镉对人体的危害:肾脏、骨骼(骨质疏松)、肺部(肺气肿)、心脑血管病、致癌(前列腺癌)等。慢性镉中毒会引起所谓的"痛痛病",该病源于日本富山县开采有色金属矿。

4. 砷

砷虽不是金属,但其性质类似重金属。砷是多种除草剂、杀虫剂的基本成分,在脱毛剂、防腐剂、染料、涂料中也含有砷化物,是一种高毒性无机物质。由于许多砷的化合物无味,故早在波尔基亚家族时代就被作为毒药。砷是第一个被确认的基本致癌物,这是 200 多年前由一位英国医师从烟囱的烟灰中得出的结论。美国一家炼铜厂,排出的含砷烟尘降落在附近的草地上,使牧草含砷量达52mg/kg,造成了羊群中毒事件,600 多只吃了这种草的羊,15min 即死亡。

砷在自然界以化合物形态存在铜、银、铁等金属矿中。有些矿泉水砷含量高,如德国某矿泉水含砷酸钠 10mg/L,法国某矿泉水含亚砷酸 6mg/L,我国某地质勘探队饮用天然矿泉水(含砷化物)引起砷中毒事件。

　　5. 铬

　　铬主要来源于电镀、皮革、颜料、油漆、合金、印染、胶印、杀虫剂、木材防腐剂等。上海苏州河曾接纳含铬工业废水,致使水质超标 25 倍。

　　铬可致肺癌、对皮肤和黏膜有强烈的刺激和腐蚀作用。

6.4.2　重金属迁移模型

　　若以 C 表示重金属的浓度,则重金属在河流中的迁移扩散方程可写为

$$\frac{\partial C}{\partial t}+U\frac{\partial C}{\partial x}=\frac{\partial}{\partial x}\left(E_L\frac{\partial C}{\partial x}\right)+C_a \tag{6-108}$$

式中,E_L 为纵向离散系数;U 为断面平均流速;C_a 为吸附项,可表示为

$$C_a=-\theta_1\frac{A_1}{A}\frac{\partial a_1}{\partial t}-\theta_2\frac{A_2}{A}\frac{\partial a_2}{\partial t}-\frac{X}{A}\frac{\partial a_3}{\partial t} \tag{6-109}$$

式中,右端第一项为悬移质对重金属的吸附,第二项为推移质对重金属的吸附,第三项为底泥对重金属的吸附;θ_1 为悬移质的断面平均浓度;θ_2 为推移质平均浓度;a_1、a_2 分别为单位重量悬移质、推移质对溶解态重金属的吸附量;a_3 为单位面积底泥对重金属的吸附量;A_1、A_2 分别为悬移质、推移质所占据的断面面积;A 为总面积;X 为湿周。

　　设棱柱体明渠(prismatic channel)的水深为 h、推移质(bed load)厚度为 z、水力半径为 R。对于悬移质(suspended load)、推移质和底泥对重金属的吸附量,现假定如下。

　　(1) 可用动力学吸附模型来描述悬移质对重金属的吸附量,即

$$\frac{\partial a_1}{\partial t}=k_1C-k_2a_1 \tag{6-110}$$

　　(2) 可用平衡态吸附模型来描述推移质和底泥对重金属的吸附量,即

$$a_2=b_2C,\quad a_3=b_3C \tag{6-111}$$

式中,k_1 为悬移质吸附系数;k_2 为悬移质解吸系数;b_2 为推移质吸附系数;b_3 为底泥吸附系数。

　　将式(6-110)和式(6-111)代入式(6-109),得

$$C_a=-\theta_1\frac{h-z}{h}(k_1C-k_2a_1)-\left(\theta_2b_2\frac{z}{h}+\frac{b_3}{R}\right)\frac{\partial C}{\partial t} \tag{6-112}$$

　　令 $\xi=1+\theta_2\frac{z}{h}b_2+\frac{b_3}{R}$,$\theta'=\frac{h-z}{h}\theta_1\frac{1}{\xi}$,$U'=\frac{U}{\xi}$,$E_L'=\frac{E_L}{\xi}$

　　利用这些关系式,则式(6-108)可写为

$$\frac{\partial C}{\partial t}+U'\frac{\partial C}{\partial x}=E_L'\frac{\partial^2 C}{\partial x^2}-\theta'(k_1C-k_2a_1) \tag{6-113}$$

与式(6-113)相应的定解条件为

$$x = 0: \quad C(x,t) = C_0(t); \quad x = \infty: \quad C(x,t) = 0 \tag{6-114}$$

$$t = 0: \quad C(x,t) = C_i(x), \quad a_1(x,t) = a_i(x) \tag{6-115}$$

为便于求解,对式(6-113)进行无量纲化,得

$$\frac{\partial C}{\partial t} + \eta_1 \frac{\partial C}{\partial x'} = \eta_2 \frac{\partial^2 C}{\partial x'^2} - \theta'(\zeta_1 C - \zeta_2 a_1) \tag{6-116}$$

$$\frac{\partial a_1}{\partial t'} = \zeta_1 C - \zeta_2 a_1 \tag{6-117}$$

相应的定解条件变为

$$C(0,t') = C_0(t'), \quad C(\infty,t') = 0, \quad C(x,0) = C_t(x), \quad a_1(x,0) = a_i(x) \tag{6-118}$$

上面各式中,$x' = \dfrac{x}{h}$,$t' = \dfrac{t}{T_0}$,$T_0 = \dfrac{h}{U'}$,$\zeta_1 = k_1 T_0$,$\zeta_2 = k_2 T_0$,$\eta_1 = \dfrac{U'T_0}{h}$,$\eta_2 = \dfrac{M'}{U't'}$。

对式(6-116)和式(6-117)取 Laplace 变换,得

$$\frac{\mathrm{d}^2 \bar{C}}{\mathrm{d}x'^2} - \frac{\bar{\eta_1}}{\eta_2} \frac{\mathrm{d}\bar{C}}{\mathrm{d}x'} - \frac{\bar{C}}{\bar{\eta_2}} \frac{S(S+\zeta_2) + S\zeta_1\theta'}{S+\zeta_2} = -\frac{1}{\eta_2}\Big[C_i(x') + \frac{\theta'\zeta_2 a_i(x')}{S+\zeta_2}\Big] \tag{6-119}$$

$$\bar{a}(x,S) = \frac{a_i(x') + \zeta_1\bar{C}}{S+\eta_2} \tag{6-120}$$

相应的定解条件为

$$\bar{C}(S) = \bar{C}_0(S), \quad \bar{C}(\infty,S) = 0 \tag{6-121}$$

联立式(6-119)和式(6-120)可解得 $\bar{C}$ 的表达式。再对 $\bar{C}$ 进行逆变换,求得 C 和 a_1 的确切表达式为

$$C(x',t') = \exp\Big(\frac{\eta_1 x'}{2\eta_2}\Big) \int_0^{t'} [F'(\tau) + \zeta_2 F(\tau)] C(t' - \tau)\mathrm{d}\tau$$

$$+ \exp\Big(\frac{\eta_1 x'}{2\eta_2}\Big) \int_0^{\infty} \Big\{\Big[H'\Big(t',\frac{x'-\lambda}{\sqrt{\eta_2}}\Big) - H'\Big(t',\frac{x'+\lambda}{\sqrt{\eta_2}}\Big)\Big]X$$

$$+ \Big[H\Big(t',\frac{x'-\lambda}{\sqrt{\eta_2}}\Big) - H\Big(t',\frac{x'+\lambda}{\sqrt{\eta_2}}\Big)\Big]Y\Big\}\mathrm{d}\lambda \tag{6-122}$$

$$a_1(x',t') = \zeta_1 \int_0^{t'} \exp[-\zeta_2(t'-\tau)] C(x',\tau)\mathrm{d}\tau + a_i(x')\exp(-\zeta_2 t') \tag{6-123}$$

式中,$F(t') = \exp(-\zeta_2 t') \displaystyle\int_0^{t'} I_0 \sqrt{\theta'\zeta_1\zeta_2 y(t'-y)} \dfrac{x'}{\sqrt{\pi\eta_2 y}} \exp\Big(\dfrac{-x'^2}{4\eta_2 y} - y\mathrm{d}\Big)\mathrm{d}y$

$\quad\quad H(t',p) = \exp(-\zeta_2 t') \displaystyle\int_0^{t'} 2I_0 \sqrt{\theta'\zeta_1\zeta_2 y(t'-y)} \sqrt{\dfrac{1}{y\pi}} \exp\Big(-\dfrac{p^2}{4y} - y\mathrm{d}\Big)\mathrm{d}y$

$$X = \frac{C_i(\lambda)}{\sqrt{\eta_2}} \exp\left(\frac{\eta_1 \lambda}{2\eta_2}\right), \quad Y = \frac{\zeta_2}{\sqrt{\eta_2}} [a_i(\lambda) + \theta' C_i(\lambda)] \exp\left(\frac{\eta_1 \lambda}{2\eta_2}\right)$$

$$d = \frac{\eta_1^2}{4\eta_2} + \theta'\zeta_1 - \zeta_2$$

式中，I_0 为零阶贝塞尔函数。式(6-122)和式(6-123)为一般情形的重金属浓度的积分表达式。下面就具体定解条件下的解作一简单讨论。

1) 瞬时污染源情形

此时，$C_0(t) = C_0 \delta(t')$，C_0 为常数，$\delta(t')$ 为狄拉克 δ 函数，并设当 $t' \leqslant 0$ 时，棱柱体明渠中没有重金属污染，即 $C_i = a_i = 0$，这样 $X = 0$，$Y = 0$，式(6-122)和式(6-123)分别变为

$$C(x', t') = \frac{x' C_0}{2\sqrt{\pi \eta_2 t'^3}} \exp\left[-\frac{(x' - \eta_1 t')^2}{4\eta_2 t'} - \theta'\zeta_1 t'\right] \tag{6-124}$$

$$a_1(x', t') = \int_0^t \frac{C_0 \zeta_1 x'}{2\sqrt{\pi \eta_2 t'^3}} \exp\left[-\frac{(x' - \eta_1 \tau)^2}{4\eta_2 y} - \theta'\zeta_1 \tau - \zeta_2(t' - \tau)\right] d\tau$$

$$\tag{6-125}$$

由式(6-124)和式(6-125)不难看出，当时间充分长时，浓度 C 和 a_1 均趋于 0。

2) 连续污染源情形

此时，$C_0(t') = C_0$，C_0 仍为常数，并设 $t < 0$，明渠中无重金属污染物，则 $C_i = a_i = 0$，这样 C 和 a_1 的解为

$$C(x', t') = \exp\left(\frac{\eta_1 x'}{2\eta_2}\right) \int_0^t [F'(\tau) + \zeta_2 F(\tau)] C_0 d\tau$$

$$= C_0 \exp\left(\frac{\eta_1 x'}{2\eta_2}\right) \left[F(t') + \zeta_2 \int_0^t F(\tau) d\tau\right] \tag{6-126}$$

$$a_1(x', t') = \zeta_1 C_0 \exp\left(\frac{\eta_1 x'}{2\eta_2}\right) \int_0^t \exp[-\zeta_2(t' - \tau)] \left[F(\tau) + \zeta_2 \int_0^t F(\tau) d\tau\right] d\tau$$

$$\tag{6-127}$$

从式(6-126)和式(6-127)可以看出，对溶解态重金属浓度 C 起影响作用的主要参数为 η_1、η_2、ζ_1、ζ_2。其中 η_1 是混合系数与断面平均流速的比值，反映了扩散项与对流项的对比关系；ζ_1 为吸附系数与特征时间的乘积，ζ_2 为解吸系数与特征时间的乘积，因此，ζ_1、ζ_2 分别反映泥沙吸附能力和解吸能力对溶解态重金属浓度分布的影响。推移质浓度、推移质吸附能力、底泥吸附能力及水力半径的大小主要是通过 ζ_1、ζ_2 来影响溶解态重金属的浓度分布。

第7章 地下水污染模型

由于大量工业废水(industrial wastewater)、城市生活污水(urban domestic sewage)的排放,生活垃圾(domestic refuse)的填埋,化肥、农药的大量施用等,加之地下水超采(overdraft groundwater),地下水污染问题已引起人们的普遍关注。本章主要讨论地下水污染的随机模型、黑箱模型以及几种典型弥散问题的解析解。

7.1 概　　述

7.1.1 污染源

地下水的污染源主要有:①农业非点源污染。农田施用的化肥、农药一部分被农作物吸收,另一部分则在降水、灌溉作用下渗入地下。②工业废水、生活污水。不仅污染地表水,而且渗入地下后污染地下水。③生活垃圾填埋。经降水、淋滤、渗透后对地下水造成污染。④污水灌溉、地下水回灌。污水经过初步处理或深度处理后用于灌溉农田或回灌因地下水超采而形成的地面沉降漏斗。⑤地下输油管道泄漏。⑥海水入侵等。

7.1.2 多孔介质

地下水是在土壤中运动的,土壤可看作多孔介质(porous media),由固体、液体及气体三相组成。研究溶质或污染物在地下水中的运动规律,需要弄清几个基本概念(图 7-1)。

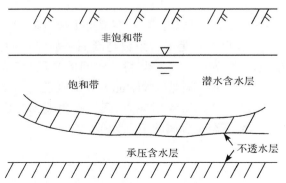

图 7-1　饱和带与非饱和带、潜水含水层与承压含水层示意图

（1）饱和带（saturated zone）。位于不透水层与地下水位之间，带内土壤空隙全被水充满，多孔介质由液、固两相组成。

（2）非饱和带（unsaturated zone）。位于地下水位以上和地表以下，土壤空隙未被水充满，由气、液、固三相组成，适宜于农作物生长。

（3）潜水含水层（phreatic aquifer）。不透水层与地下水位之间的含水层，称为潜水含水层。

（4）承压含水层（artesian aquifer）。两个不透水层之间的含水层，称为承压含水层。该含水层内的地下水流可看作有压管流。

（5）弥散（dispersion）。通常将溶质在地下水中的扩散和离散，称为弥散。影响弥散的因子除了流体的性质和流动特性外，还与孔隙的特性有关。

多孔介质中由于孔隙通道狭小，流体的紊动受到制约，其流动状态大多表现为层流。在河流等地表水中，由于紊动扩散远比分子扩散大，分子扩散可略去，但在多孔介质渗流中，分子扩散的作用不容忽视。另外，还要考虑土壤颗粒对污染物的吸附、解吸作用。

法国水力学家 Darcy（1856）提出均匀渗流的计算公式，即著名的 Darcy 定律：

$$u = kJ = -k\frac{\mathrm{d}H}{\mathrm{d}s} \tag{7-1}$$

式（7-1）表明，渗流的水头损失与流速的一次方成比例。

对于非均匀渗流，可用 Dupuit 公式计算（Dupuit，1863），其形式与 Darcy 公式相同。

7.1.3　弥散方程

以张量形式表示的弥散方程可写为

$$\frac{\partial C}{\partial t} + u_i\frac{\partial C}{\partial x_i} = \frac{\partial C}{\partial x_i}\left(D_{ij}\frac{\partial C}{\partial x_j}\right) + S \tag{7-2}$$

式中，源汇项 $S = -a\left(\dfrac{1-n}{n}\right)\dfrac{\partial C}{\partial t}$，其中，$a$ 为吸附系数；n 为孔隙率。将源汇项表达式代入弥散方程（7-2），整理得

$$\frac{\partial C}{\partial t} + \frac{u_i}{R_d}\frac{\partial C}{\partial x_i} = \frac{\partial}{\partial x_i}\left(\frac{D_{ij}}{R_d}\frac{\partial C}{\partial x_j}\right) \tag{7-3}$$

式中，$R_d = 1 + a\left(\dfrac{1-n}{n}\right)$ 为阻滞系数，其作用是减小渗流速度和弥散系数，阻滞污染物的迁移作用。

7.2　地下水污染的随机模型

溶质（soluble matter）或污染物在地下水中的弥散现象，可用概率论的方法来

分析。其基本思想为:假设多孔介质对溶质不吸收,溶质的质点从某一点进入多孔介质时,其去向是随机的,如图 7-2 所示。溶质每穿越一层介质都有两个可能方向,穿越 n 层介质就是一个 n 重伯努利试验(Bernoulli test)。这样质点在第 n 层上各点的概率应服从二项分布,质点在某点出现的概率就是溶质在该点的相对浓度。

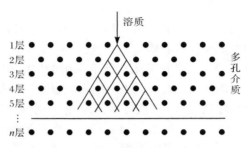

图 7-2　溶质弥散随机模型示意图

设 n 表示层数,k 表示偏离次数,p 为每次试验出现的概率,则溶质在 n 层上各点的分布律 $P(n,k)$ 可表示成

$$P(n,k)=C_n^k p^k (1-p)^{n-k}, \quad k=0,1,2,\cdots,n \tag{7-4}$$

因为质点每穿越一层都有两种可能,则 $p=1/2$,代入式(7-4)得

$$P(n,k)=C_n^k \left(\frac{1}{2}\right)^n \tag{7-5}$$

若投放浓度为 C_0,则多孔介质中任一点的浓度为

$$C(n,k)=C_0 P(n,k) \tag{7-6}$$

当 $n=0$ 和 $k=0$ 时,式(7-6)表示边缘上的浓度,显然,边缘点上的浓度最小。

当 $n\rightarrow\infty$ 时,二项分布趋于正态分布,即

$$C_n^k p^k (1-p)^{n-k} \rightarrow \frac{1}{\sqrt{2\pi np(1-p)}}\exp\left[-\frac{(k-np)^2}{2np(1-p)}\right]$$

故

$$C(n,k)=\frac{0.8C_0}{\sqrt{n}}\exp\left[-\frac{(k-n/2)^2}{n/2}\right], \quad n>15 \tag{7-7}$$

横断面上最大浓度可表示成

$$\frac{C_m}{C_0}=\frac{0.8}{\sqrt{n}} \tag{7-8}$$

式(7-8)表明,横断面上最大浓度随 n 的增加而减小。

7.3　地下水污染的黑箱模型

黑箱(black box)理论是从信息技术和自动控制论中建立的。设有一条河流穿过某一潜水含水层，如图 7-3 所示。潜水含水层水位高于河流水位，某工厂的废弃物经雨水淋滤后渗入潜水含水层。若已知废弃物渗入潜水含水层的污染物浓度为 $C_1(t)$，要求预测由含水层向河水中输出的污染物浓度 $C_2(t)$。

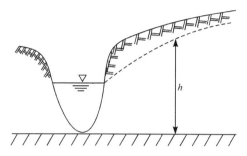

图 7-3　黑箱模型示意图

若把污染物在含水层中的弥散作用看作一个黑箱，用 $B(t)$ 表示，则可把 $C_1(t)$、$B(t)$、$C_2(t)$ 三者之间的关系表示如下：

$$C_1(t) \rightarrow B(t) \rightarrow C_2(t)$$

显然，若已知 $C_1(t)$，可通过 $B(t)$ 求出 $C_2(t)$。反之，已知 $C_2(t)$，可通过 $B(t)$ 求得 $C_1(t)$。下面建立 $C_1(t)$ 与 $C_2(t)$ 之间的关系式，为便于分析，现作如下假定。

(1) 把 $C_1(t)$ 与 $C_2(t)$ 之间的关系看成是一个算子 $B(t)$，即存在 B，使 $C_2 = B \cdot C_1$；

(2) B 为线性算子，即

$$\lambda C_1 \rightarrow \lambda C_2, C_1 + C'_1 \rightarrow C_2 + C'_2, \quad \lambda \text{ 为常数}$$

Hormader 证明 $C_1(t)$ 与 $C_2(t)$ 之间的关系为一卷积关系，即

$$C_2 = B * C_1 \tag{7-9}$$

这里把算子 B 叫做黑箱，对应的关系式叫做黑箱模型。输入浓度 $C_1(t)$ 称为激励函数，输出浓度 $C_2(t)$ 称为响应函数。

通常，把卷积写成如下形式：

$$C_2(t) = \int_{-\infty}^{+\infty} B(t-\tau) C_1(t) \mathrm{d}\tau \tag{7-10}$$

这里假定 B 是一个可积函数。

若输入浓度 $C_1(t)$ 为 Dirac 函数 $\delta(t)$，即

$$\delta(t) = \begin{cases} 0, & t \neq 0 \\ \infty, & t = 0 \end{cases}, \quad 且 \int_{-\infty}^{+\infty} \delta(t) \mathrm{d}t = 1 \tag{7-11}$$

由于 $\int_{-\infty}^{+\infty} \delta(t-\tau) B \mathrm{d}\tau = B(t)$，所以也称 $B(t)$ 为传递函数。只要知道 B，通过卷积运算可推求 $C_1(t)$ 或 $C_2(t)$。

卷积有下列性质。

（1）交换律。

$$f_1(t) * f_2(t) = f_2(t) * f_1(t) \tag{7-12}$$

（2）Fourier 变换。

$$F[f_1(t) * f_2(t)] = F_1(\omega) \cdot F_2(\omega) \tag{7-13}$$

Fourier 变换定义为

$$F[f(t)] = \int_{-\infty}^{+\infty} f(t) \mathrm{e}^{-i\omega t} \mathrm{d}t = F(\omega) \tag{7-14}$$

Fourier 逆变换定义为

$$F^{-1}[F(\omega)] = \frac{1}{2\pi} \int_{-\infty}^{+\infty} F(\omega) \mathrm{e}^{i\omega t} \mathrm{d}\omega = f(t) \tag{7-15}$$

$$F^{-1}[F_1(\omega) \cdot F_2(\omega)] = f_1(t) * f_2(t) \tag{7-16}$$

（3）Laplace 变换。

$$L[f_1(t) * f_2(t)] = F_1(S) \cdot F_2(S) \tag{7-17}$$

Laplace 变换定义为

$$L[f(t)] = \int_0^{\infty} f(t) \mathrm{e}^{-St} \mathrm{d}t = F(S) \tag{7-18}$$

Laplace 逆变换定义为

$$L^{-1}[F_1(S) \cdot F_2(S)] = f_1(t) * f_2(t) \tag{7-19}$$

（4）卷积定义。

$$f_1(t) * f_2(t) = \int_{-\infty}^{+\infty} f_1(\tau) f_2(t-\tau) \mathrm{d}\tau \tag{7-20}$$

通过卷积运算可求出从含水层排到河流中的污染物浓度。

7.4　地下水污染问题的解析解

对于地下水弥散的定解问题，一般需数值求解。但对于一些理想化的特殊问题，可得到其解析解。根据解析解可了解弥散的一般特性，设计弥散试验，并用于验证数值解的可靠性。

7.4.1　半无限长土柱中连续注入示踪剂的运移模型

首先考虑土柱初始浓度为 0 的情形，假设如下。

（1）渗流区域可概化为半无限长直线（长土柱），$0 \leqslant x < \infty$，且地下水流动和示踪剂弥散视为一维问题。

（2）多孔介质为均质，地下水流为恒定均匀流，并满足 Darcy 定律。

从 $t > 0$ 开始，在土柱左端连续注入示踪剂浓度为 C_0 的流体，取地下水流动方向为 x 轴的正向，该问题可归结为如下定解问题。

控制方程：

$$\frac{\partial C}{\partial t} + V \frac{\partial C}{\partial x} = D_L \frac{\partial^2 C}{\partial x^2}, \quad 0 < x < \infty, \quad t > 0 \tag{7-21}$$

式中，V 为土柱断面平均渗流速度；D_L 为弥散系数。

初始条件：

$$C|_{t=0} = 0, \quad 0 \leqslant x < \infty \tag{7-22}$$

边界条件：

$$C(x,t)|_{x=0} = C_0, \quad t > 0$$
$$\lim_{x \to \infty} C(x,t) = 0, \quad 0 < t < \infty \tag{7-23}$$

设土柱断面的平均浓度为 $\bar{C}$，令

$$C = \exp\left(\frac{Vx}{2D_L} - \frac{V^2 t}{4D_L}\right) \bar{C} \tag{7-24}$$

则上面的定解问题式（7-21）～式（7-23）可化为纯弥散问题：

$$\frac{\partial \bar{C}}{\partial t} = D_L \frac{\partial^2 \bar{C}}{\partial x^2} \tag{7-25}$$

$$\bar{C}(x,t)|_{t=0} = 0 \tag{7-26}$$

$$\bar{C}|_{x=0} = C_0 \exp\left(\frac{V^2 t}{4D_L}\right) \tag{7-27}$$

对式（7-25）～式（7-27）取 Laplace 变换，得

$$F'' - \frac{S}{D_L} F = 0 \tag{7-28}$$

$$L\left[C_0 \exp\left(\frac{V^2 t}{4D_L}\right)\right] = F(S) \tag{7-29}$$

式中，$F(x,S) = L[\bar{C}(x,t)]$，解式（7-28）和式（7-29）得

$$F(x,S) = F(S) \exp\left(-\sqrt{\frac{S}{D_L}} x\right) \tag{7-30}$$

考虑到

$$L^{-1}\left[\exp\left(-\sqrt{\frac{S}{D_L}} x\right)\right] = L^{-1}\left[S \cdot \frac{1}{S} \exp\left(-\sqrt{\frac{S}{D_L}} x\right)\right]$$

$$= \frac{\partial}{\partial t}\left[\frac{2}{\sqrt{\pi}}\int_{\frac{x}{2\sqrt{D_L t}}}^{\infty}\exp(-y^2)\mathrm{d}y\right] = \frac{x}{2\sqrt{D_L\pi}}t^{-3/2}\exp\left(-\frac{x^2}{4D_L t}\right)$$

$$(7\text{-}31)$$

那么

$$\bar{C}(x,t) = L^{-1}[F(x,S)] = L^{-1}\left[F(S)\exp\left(-\sqrt{\frac{S}{D_L}}x\right)\right]$$

$$= C_0\exp\left(\frac{V^2 t}{4D_L}\right)\left[\frac{x}{2\sqrt{D_L\pi}}t^{-3/2}\exp\left(-\frac{x^2}{4D_L t}\right)\right]$$

$$= \int_0^t C_0\exp\left(\frac{V^2\tau}{4D_L}\right)\frac{x}{2\sqrt{D_L\pi}}\frac{1}{(t-\tau)\sqrt{t-\tau}}\exp\left[-\frac{x^2}{4D_L(t-\tau)}\right]\mathrm{d}\tau$$

$$(7\text{-}32)$$

将式(7-32)代入式(7-24)得

$$C(x,t) = \frac{C_0 x}{2\sqrt{D_L\pi}}\exp\left(\frac{Vx}{2D_L}\right)$$

$$\cdot \int_0^t\exp\left[\frac{V^2(t-\tau)}{4D_L}\right]\frac{1}{(t-\tau)\sqrt{t-\tau}}\exp\left[-\frac{x^2}{4D_L(t-\tau)}\right]\mathrm{d}\tau$$

$$= \frac{C_0 x}{2\sqrt{D_L\pi}}\exp\left(\frac{Vx}{2D_L}\right)\int_0^t\exp\left[-\frac{V^2(t-\tau)^2+x^2}{4D_L(t-\tau)}\right]\frac{1}{(t-\tau)\sqrt{t-\tau}}\mathrm{d}\tau$$

$$(7\text{-}33)$$

令

$$I = \int_0^t\exp\left[-\frac{V^2(t-\tau)^2+x^2}{4D_L(t-\tau)}\right]\frac{1}{(t-\tau)\sqrt{t-\tau}}\mathrm{d}\tau \qquad (7\text{-}34)$$

则

$$C(x,t) = \frac{C_0 x}{2\sqrt{D_L\pi}}\exp\left(\frac{Vx}{2D_L}\right)\cdot I \qquad (7\text{-}35)$$

下面计算 I 的表达式(7-34)。

作变量代换 $\alpha = t-\tau$ 代入 I 的表达式,有

$$I = \int_0^t\exp\left(-\frac{V^2\alpha^2+x^2}{4D_L\alpha}\right)\frac{1}{\alpha\sqrt{\alpha}}\mathrm{d}\alpha \qquad (7\text{-}36)$$

经较繁复的积分运算,得

$$I = \frac{\sqrt{D_L\pi}}{x}\left[\exp\left(\frac{Vx}{2D_L}\right)\mathrm{erfc}\left(\frac{x+Vt}{2\sqrt{D_L t}}\right) + \exp\left(-\frac{Vx}{2D_L}\right)\mathrm{erfc}\left(\frac{x-Vt}{2\sqrt{D_L t}}\right)\right] \qquad (7\text{-}37)$$

将式(7-37)代入式(7-35)得

$$C(x,t) = \frac{C_0}{2}\left[\mathrm{erfc}\left(\frac{x-Vt}{2\sqrt{D_L t}}\right) + \exp\left(\frac{Vx}{D_L}\right)\mathrm{erfc}\left(\frac{x+Vt}{2\sqrt{D_L t}}\right)\right] \qquad (7\text{-}38)$$

当 x 很大时,式(7-38)右端第二项与第一项相比可略去,因此

$$C(x,t)\approx\frac{C_0}{2}\left[\operatorname{erfc}\left(\frac{x-Vt}{2\sqrt{D_L t}}\right)\right] \tag{7-39}$$

7.4.2　半无限长土柱中短时间注入示踪剂的运移模型

从 $t=0\sim t_0$ 时段内连续注入示踪剂浓度为 C_0 的流体,相应的定解问题为

控制方程:

$$\frac{\partial C}{\partial t}+V\frac{\partial C}{\partial x}=D_L\frac{\partial^2 C}{\partial x^2} \tag{7-40}$$

初始条件:

$$C(x,t)|_{t=0}=0 \tag{7-41}$$

边界条件:

$$C(x,t)|_{x=0}=\begin{cases}C_0, & 0<t\leqslant t_0\\0, & t_0<t<\infty\end{cases}$$

$$\lim_{x\to\infty}C(x,t)=0 \tag{7-42}$$

其解法同问题一,解的表达式为

$$C(x,t)=\frac{C_0}{2}\left\{\operatorname{erfc}\left(\frac{x-Vt}{2\sqrt{D_L t}}\right)-\operatorname{erfc}\left[\frac{x-V(t-t_0)}{2\sqrt{D_L(t-t_0)}}\right]\right\} \tag{7-43}$$

例 7-1　有一潜水含水层与某运河相交,潜水层水位和运河水位分别为 h_1、h_2,且 $h_1<h_2$,该运河已被污染,污水通过弥散向潜水层方向扩展,试求污染物浓度的分布规律。

解　可看作半无限长土柱的弥散问题。假设土壤骨架所含溶质浓度与水的溶质浓度成正比,其比例系数为 a。该问题可归结为如下定解问题:

$$\frac{\partial C}{\partial t}+\frac{u}{R_d}\frac{\partial C}{\partial x}=\frac{1}{R_d}\frac{\partial}{\partial x}\left(D_L\frac{\partial C}{\partial x}\right),\quad x>0,\quad t>0$$

$$C|_{t=0}=0,\quad x>0$$

$$C|_{x=0}=C_0,\quad C|_{x=\infty}=0$$

式中,u 为渗透流速;纵向弥散系数 $D_L=a|u|$,$u=\dfrac{k(h_1^2-h_2^2)}{2nl\sqrt{h_1^2-\dfrac{x}{l}(h_1^2-h_2^2)^2}}$,$n$ 为土

壤孔隙率;$R_d=1+\dfrac{1-n}{n}a$。其浓度分布为

$$C(x,t)=\frac{C_0}{2}\left[\operatorname{erfc}\frac{x-\dfrac{u}{R_d}t}{2\sqrt{\dfrac{D_L}{R_d}t}}+\exp\left(\frac{ux}{D_L}\right)\operatorname{erfc}\frac{x+\dfrac{u}{R_d}t}{2\sqrt{\dfrac{D_L}{R_d}t}}\right]$$

7.4.3　地下放射性物质的弥散问题

现考虑一半无限长土柱($x>0$),一端注入放射性物质,其浓度为 C_0,放射性物质沿柱体弥散,如日本福岛核电站核废水泄露对地下水的污染问题,这一情形的定解问题可写为

$$\frac{\partial C}{\partial t} + u\frac{\partial C}{\partial x} = D\frac{\partial^2 C}{\partial x^2} - \lambda C, \quad \lambda \text{ 为衰减常数} \tag{7-44}$$

$$C(x,0) = 0, \quad x > 0 \tag{7-45}$$

$$C(0,t) = C_0, \quad C(\infty,t) = 0, \quad t > 0 \tag{7-46}$$

对控制方程和边界条件中的 t 作 Laplace 变换,即

$$L[C(x,t)] = F(x,S) = \int_0^\infty C(x,t)e^{-St}\,dt \tag{7-47}$$

那么,控制方程式(7-44)及其边界条件变为

$$DF'' - uF' - (\lambda + S)F = 0 \tag{7-48}$$

$$F(0,S) = C_0/S, \quad F(\infty,S) = 0 \tag{7-49}$$

式(7-48)是二阶线性齐次方程,其通解为

$$F(x,S) = Ae^{r_1 x} + Be^{r_2 x} \tag{7-50}$$

式中,r_1、r_2 为特征方程的两个根;$A=0$,$B=C_0/S$,其特征方程为

$$Dr^2 - ur - (\lambda + S) = 0 \tag{7-51}$$

两个根为

$$r_{1,2} = \frac{u \pm \sqrt{u^2 + 4D(\lambda + S)}}{2D} \tag{7-52}$$

将其代入通解表达式(7-50),并考虑到边界条件式(7-49),得

$$F(x,S) = \frac{C_0}{S}\exp\left[x\left(\frac{u}{2D} - \sqrt{\frac{u^2}{4D^2} + \frac{\lambda + S}{D}}\right)\right] \tag{7-53}$$

对 $F(x,S)$ 取 Laplace 逆变换可得放射性物质衰减时的浓度:

$$C(x,t) = \frac{C_0}{2}\exp\left(\frac{ux}{2D}\right)\left[\exp\left(-x\sqrt{\frac{u^2}{4D^2} + \frac{\lambda}{D}}\right)\mathrm{erfc}\frac{x - t\sqrt{u^2 + 4D\lambda}}{2\sqrt{Dt}}\right.$$

$$\left. + \exp\left(x\sqrt{\frac{u^2}{4D^2} + \frac{\lambda}{D}}\right)\mathrm{erfc}\frac{x + t\sqrt{u^2 + 4D\lambda}}{2\sqrt{Dt}}\right] \tag{7-54}$$

若不考虑放射性物质衰减,即 $\lambda=0$,则其浓度分布为

$$C(x,t) = \frac{C_0}{2}\left[\mathrm{erfc}\left(\frac{x - ut}{2\sqrt{Dt}}\right) + \exp\left(\frac{ux}{D}\right)\mathrm{erfc}\left(\frac{x + ut}{2\sqrt{Dt}}\right)\right] \tag{7-55}$$

式中,D 为分子扩散系数,即 $D=\alpha u$;α 为弥散度,则

$$\frac{4\lambda D}{u^2} = \frac{4\lambda \alpha}{u} = 4\lambda\,\frac{n}{q} \tag{7-56}$$

式中,q 为土柱的比渗流量,即单位面积上的渗流量。式(7-56)可作为放射性影响的判别准则。

7.4.4　地下水污染径向弥散问题

地面沉降后污水回灌,油田开采中水力驱油等,均可归结为径向弥散问题。其弥散方程可写为

$$\frac{\partial C}{\partial t} + u \frac{\partial C}{\partial r} = D \frac{\partial^2 C}{\partial r^2} \tag{7-57}$$

式中,$u = \dfrac{Q}{2\pi r h n}$,其中,$Q$ 为灌水流量;h 为含水层厚度;$D = \alpha u$,其中,α 为弥散度。

弥散问题有两种解法。

1. 解析解

Tang 和 Babu(1979)通过积分变换、复变函数及特殊函数(贝塞尔函数)给出了问题的解析解,即

$$\frac{C}{C_0} = 1 - \left(\frac{r}{r_0}\right)^{1/2} \exp\left(\frac{r - r_0}{2\alpha}\right)(I_1 + I_2 + I_3) \tag{7-58}$$

式中,I_1、I_2、I_3 分别为一阶、二阶、三阶第一类贝塞尔函数。

2. 近似解

de Jong 提出一个近似解:

$$\frac{C}{C_0} = \frac{1}{2} \operatorname{erfc} \frac{r - \bar{r}}{\sqrt{4\alpha \bar{r}/3}} \tag{7-59}$$

式中,$\bar{r}$ 为注入水体的平均半径。

Raimondi 等提出的近似解为

$$\frac{C}{C_0} = \frac{1}{2} \operatorname{erfc} \frac{r^2/2 - Gt}{\sqrt{4\alpha \bar{r}^3/3}} \tag{7-60}$$

式中,$G = \dfrac{Q}{2\pi h n}$;$\alpha = \dfrac{3}{8} r \left(\dfrac{\Delta t}{t}\right)^2$;$\Delta t$ 为时间间隔。示踪剂由注入点运移至 r 点所需的时间为

$$t = \frac{r^2 R_{\rm d}}{2G} \tag{7-61}$$

例 7-2　某市区有一潜水含水层,含水层厚度 $h = 15\text{m}$,由细粉砂、亚黏土($n = 0.3$)组成。今在该含水层中做弥散试验,从完全井 A 处连续注入流量 $Q = 9.36\text{m}^3/\text{d}$,浓度 $C_0 = 11\text{mg/L}$ 的 NaCl 溶液,并在距离分别为 $r = 3.02\text{m}$、1.96m 处 E 井和 F 井中观测 Cl$^-$ 浓度的变化,并通过三次样条插值函数得到 C/C_0。已知 F

井中 C/C_0 为 0.5 和 0.16 所需的时间分别为 $t_{0.5}=693.8\text{h}$，$t_{0.16}=460.6\text{h}$，试求阻滞系数 R_d、吸附系数 a 及弥散度 α。

解　可归结为如下定解问题：

$$\frac{\partial C}{\partial t}=\frac{G}{rR_d}\left(\alpha\frac{\partial^2 C}{\partial r^2}-\frac{\partial C}{\partial r}\right)$$

$$C(r,0)=0$$

$$C(0,t)=C_0,\quad C(\infty,t)=0$$

式中，$G=\dfrac{Q}{2\pi hn}$，$u=\dfrac{G}{r}=\dfrac{Q}{2\pi rhn}$，$r=\sqrt{x^2+y^2}$，$R_d=1+\dfrac{1-n}{n}a$

解得：

$$G=\frac{Q}{2\pi hn}=\frac{9.36/24}{2\times3.14\times15\times0.3}=0.014(\text{m}^3/\text{h})$$

$$R_d=\frac{2Gt_{0.5}}{r^2}=\frac{2\times0.014\times693.8}{3.02^2}=2.1$$

$$a=\frac{R_d-1}{(1-n)/n}=\frac{2.1-1}{(1-0.3)/0.3}=0.5$$

$$\alpha=\frac{3}{8}r\left(\frac{\Delta t}{t}\right)^2=\frac{3}{8}\times3.02\times\left(\frac{693.8-460.6}{693.8}\right)^2=0.13(\text{m})$$

7.4.5　地下水污染平面二维弥散问题(瞬时注入情形)

现假定如下。

(1) 渗流区域为无限平面，地下水流为一维流动，Darcy 流速 $u=q/n$。

(2) 当 $t=0$ 时，瞬时注入质量为 m 的示踪剂。

(3) 示踪剂的浓度扩散为二维弥散。

(4) 多孔介质为均质，但各向异性。

若以注入井为坐标原点，无限平面为 xoy 平面，x 轴方向与流向一致，则其定解问题可表示为

$$\frac{\partial C}{\partial t}+u\frac{\partial C}{\partial x}=D_L\frac{\partial^2 C}{\partial x^2}+D_T\frac{\partial^2 C}{\partial y^2} \tag{7-62}$$

$$C(x,y,0)=0,\quad (x,y)\neq(0,0),\quad \text{且}\int_{-\infty}^{\infty}\int_{-\infty}^{\infty}Cn\,\mathrm{d}x\mathrm{d}y=m \tag{7-63}$$

$$\lim_{x\to\pm\infty}C(x,y,t)=0,\quad \lim_{y\to\pm\infty}C(x,y,t)=0 \tag{7-64}$$

式中，D_L、D_T 分别为纵向、横向弥散系数。

对控制方程取二重 Fourier 变换：

$$F[C]=\int_{-\infty}^{\infty}\int_{-\infty}^{\infty}C(x,y,t)\mathrm{e}^{-\mathrm{i}(\omega_1 x+\omega_2 y)}\mathrm{d}x\mathrm{d}y=\bar{C} \tag{7-65}$$

$$F\left[\frac{\partial C}{\partial t}\right]=\int_{-\infty}^{\infty}\int_{-\infty}^{\infty}\frac{\partial C}{\partial t}\mathrm{e}^{-\mathrm{i}(\omega_1 x+\omega_2 y)}\mathrm{d}x\mathrm{d}y=\frac{\mathrm{d}\bar{C}}{\mathrm{d}t} \tag{7-66}$$

$$F\left[\frac{\partial^2 C}{\partial x^2}\right]=\int_{-\infty}^{\infty}\int_{-\infty}^{\infty}\frac{\partial^2 C}{\partial x^2}\mathrm{e}^{-\mathrm{i}(\omega_1 x+\omega_2 y)}\mathrm{d}x\mathrm{d}y=-\omega_1^2\bar{C} \tag{7-67}$$

同理：

$$F\left[\frac{\partial C}{\partial x}\right]=\mathrm{i}\omega_1\bar{C},\quad F\left[\frac{\partial^2 C}{\partial y^2}\right]=-\omega_2^2\bar{C} \tag{7-68}$$

通过 Fourier 变换，控制方程可化为

$$\frac{\mathrm{d}\bar{C}}{\mathrm{d}t}=-(D_{\mathrm{L}}\omega_1^2+D_{\mathrm{T}}\omega_2^2+\mathrm{i}u\omega_1)\bar{C} \tag{7-69}$$

解方程得

$$\bar{C}(\omega_1,\omega_2,t)=A\mathrm{e}^{-(D_{\mathrm{L}}\omega_1^2+D_{\mathrm{T}}\omega_2^2+iu\omega_1)t} \tag{7-70}$$

Fourier 逆变换定义为

$$F^{-1}[F(\omega)]=\frac{1}{2\pi}\int_{-\infty}^{\infty}F(\omega)\mathrm{e}^{i\omega t}\mathrm{d}\omega=f(t) \tag{7-71}$$

对式(7-70)作 Fourier 逆变换得

$$C(x,y,t)=\frac{A}{(2\pi)^2}\int_{-\infty}^{\infty}\int_{-\infty}^{\infty}\bar{C}(\omega_1,\omega_2,t)\mathrm{e}^{i(\omega_1 x+\omega_2 y)}\mathrm{d}\omega_1\mathrm{d}\omega_2$$

$$=A\left[\frac{1}{2\pi}\int_{-\infty}^{\infty}\mathrm{e}^{-D_{\mathrm{L}}t\omega_1^2}\cdot e^{i\omega_1(x-ut)}\mathrm{d}\omega_1\right]\cdot\left[\frac{1}{2\pi}\int_{-\infty}^{\infty}\mathrm{e}^{-D_{\mathrm{T}}t\omega_2^2}\cdot\mathrm{e}^{i\omega_2 y}\mathrm{d}\omega_2\right]$$

$$=\frac{A}{4\pi t\sqrt{D_{\mathrm{L}}D_{\mathrm{T}}}}\exp\left[-\frac{(x-ut)^2}{4D_{\mathrm{L}}t}-\frac{y^2}{4D_{\mathrm{T}}t}\right] \tag{7-72}$$

式中，A 为积分常数，可由 $\int_{-\infty}^{\infty}\int_{-\infty}^{\infty}Cn\mathrm{d}x\mathrm{d}y=m$ 确定，得 $A=m/n$，然后代入式 (7-72)得基本解：

$$C(x,y,t)=\frac{m/n}{4\pi t\sqrt{D_{\mathrm{L}}D_{\mathrm{T}}}}\exp\left[-\frac{(x-ut)^2}{4D_{\mathrm{L}}t}-\frac{y^2}{4D_{\mathrm{T}}t}\right] \tag{7-73}$$

这就是瞬时注入情形平面二维弥散的浓度分布。

7.4.6　地下水污染平面二维弥散问题(连续注入情形)

假定同前，仅当 $t=0$ 时，以流量 Q 连续注入示踪剂浓度为 C_0 的流体。连续注入可看作一系列的瞬时注入，只要对时间进行积分，便可从瞬时注入的基本解得到连续注入的解。在 $\mathrm{d}t$ 时段注入示踪剂的浓度应为

$$\mathrm{d}C(x,y,t)=\frac{QC_0\mathrm{d}t}{4\pi t\sqrt{D_{\mathrm{L}}D_{\mathrm{T}}}}\exp\left[-\frac{(x-ut)^2}{4D_{\mathrm{L}}t}-\frac{y^2}{4D_{\mathrm{T}}t}\right] \tag{7-74}$$

对时间 t 积分，即得连续注入的示踪剂浓度：

$$C(x,y,t) = \frac{QC_0}{4\pi t \sqrt{D_L D_T}} \int_0^t \exp\left[-\frac{(x-ut)^2}{4D_L t} - \frac{y^2}{4D_T t}\right]\frac{\mathrm{d}t}{t} \tag{7-75}$$

当 $t \to \infty$ 时，可得其渐近式：

$$C(x,y) = \frac{QC_0}{2\pi \sqrt{D_L D_T}} \exp\left(\frac{ux}{2D_L}\right) K_0 \left[\left(\frac{x^2 u^2}{4D_L^2} + \frac{y^2 u^2}{4D_L D_T}\right)^{y_2}\right] \tag{7-76}$$

式中，K_0 为第二类零阶贝塞尔函数。

以 $D_L = \alpha_L u, D_T = \alpha_T u$ 代入式(7-75)得

$$C(x,y,t) = \frac{QC_0}{4\pi u \sqrt{\alpha_L \alpha_T}} \exp\left(\frac{x}{2\alpha_L}\right) \int_0^t \exp\left[-\frac{ut}{4\alpha_L} - \frac{1}{ut}\left(\frac{x^2}{4\alpha_L} + \frac{y^2}{4\alpha_T}\right)\right]\frac{\mathrm{d}t}{t} \tag{7-77}$$

设 $\eta = \frac{ut}{4\alpha_L}, t = \frac{4\alpha_L}{u}\eta, \mathrm{d}t = \frac{4\alpha_L}{u}\mathrm{d}\eta$，则式(7-77)变为

$$C(x,y,t) = \frac{QC_0}{4\pi u \sqrt{\alpha_L \alpha_T}} \exp\left(\frac{x}{2\alpha_L}\right) \int_0^t \exp\left[-\eta - \frac{1}{4\alpha_L \eta}\left(\frac{x^2}{4\alpha_L} + \frac{y^2}{4\alpha_T}\right)\right]\frac{\mathrm{d}\eta}{\eta} \tag{7-78}$$

令 $b^2 = \frac{x^2}{4\alpha_L^2} + \frac{y^2}{4\alpha_L \alpha_T}$，借助于 Hantush 的越流井函数，有

$$W(\xi, b) = \int_\xi^\infty \exp\left(-\eta - \frac{b^2}{4\eta}\right)\frac{\mathrm{d}\eta}{\eta} \tag{7-79}$$

从而

$$C(x,y,t) = \frac{QC_0}{4\pi u \sqrt{\alpha_L \alpha_T}} \exp\left(\frac{x}{4\alpha_L}\right)\left[W(0,b) - W(t,b)\right] \tag{7-80}$$

式(7-80)使用方便，可查表计算越流井函数。

参 考 文 献

贝尔.1983.多孔介质流体动力学.李竞生,陈崇希译.北京:中国建筑工业出版社.

陈静生.1987.水环境化学.北京:高等教育出版社.

董志勇.1997.冲击射流.北京:海洋出版社.

董志勇.2000.水环境数学模型讲义.杭州:浙江工业大学.

董志勇.2005.射流力学.北京:科学出版社.

董志勇.2006.环境水力学.北京:科学出版社.

方子云.1988.水资源保护工作手册.南京:河海大学出版社.

格拉夫,阿廷拉卡.1997.河川水力学.赵文谦,万兆惠译.成都:成都科技大学出版社.

国家环境保护局.1991.GB/T 13201—1991　制定地方大气污染物排放标准的技术方法.北京:
    中国标准出版社.

霍尔.1989.城市水文学.詹道江,等译.南京:河海大学出版社.

蒋安玺.2003.空气污染控制.北京:化学工业出版社.

蒋文举.2001.大气污染控制工程.成都:四川大学出版社.

金士博 W.1987.水环境数学模型.杨汝均,等译.北京:中国建筑工业出版社.

李炜.1999.环境水力学研究进展.武汉:武汉水利电力大学出版社.

李炜,槐文信.1997.浮力射流的理论及应用.北京:科学出版社.

日本土木学会.1977.水力公式集(上、下集).铁道部科学研究院水工水文研究室译.北京:人民
    铁道出版社.

沈晋,沈冰,李怀恩,等.1992.环境水文学.合肥:安徽科学技术出版社.

童志权.2006.大气污染控制工程.北京:机械工业出版社.

王秉忱,杨天行,王宝全,等.1985.地下水污染、地下水质模拟方法.北京:北京师范大学出版社.

吴持恭.1989.明渠水气二相流.成都:成都科技大学出版社.

吴沈春.1982.环境与健康.北京:人民卫生出版社.

夏震寰.1992.现代水力学(三)紊动力学.北京:高等教育出版社.

徐健,陆桂华,李春尧.1997.水环境监测.南京:河海大学出版社.

徐孝平.1991.环境水力学.北京:水利电力出版社.

余常昭.1992.环境流体力学导论.北京:清华大学出版社.

张蔚榛.1996.地下水与土壤水动力学.北京:中国水利水电出版社.

张新民.2006.空气污染学.天津:天津大学出版社.

赵文谦.1986.环境水力学.成都:成都科技大学出版社.

Albertson M L, Dai Y B, Jensen R A, et al. 1950. Diffusion of submerged jets. Transactions
    ASCE,115:639-664.

Baca R G, Arnett R C. 1977. A finite element water quality model for eutrophic lake//Finite Ele-
    ments in Water Resources. London:Pentech Press.

Bata G L. 1957. Recirculation of cooling water in rivers and canals. Journal of the Hydraulics

Division, ASCE, 83(HY3):1265.

Bata G L, Bogich K. 1953. Some observations on density currents in the laboratory and in the field//Proceedings of Minnesota International Conference on Hydraulics, Minneapolis, 9: 387-400.

Beauther P D. 1980. Experimental Investigation of the Turbulent Axisymmetric Plume. Buffalo: SUNY at Buffalo PhD Dissertation.

Bennett J P, Rathbun E R. 1972. Reaeration in open-channel flow. US Geological Survey Professional Paper, 737.

Cadwallader T E, McDonnell A J. 1969. A multivariate analysis of reaeration data. Water Research, 3:731-742.

Camp T R. 1963. Water and Its Impurities. London: Chapman and Hall.

Chen C J, Rodi W. 1980. Vertical Buoyant Jets—A Review of Experimental Data. Oxford: Pergamon Press.

Churchill M A, Elmore H L, Buckingham R A. 1962. The prediction of stream reaeration rates. Chattanooga: Tennessee Valley Authority. TN Report.

Corrsin S. 1943. Investigation of flow in an axially symmetric heated jet of air. Washington NACA Wartime Report W-94.

Darcy H. 1856. Les Fontaines Publiques de la Ville de Dijon. Paris: Dalmont.

Dobbins W E. 1964. BOD and oxygen relationships in streams. Journal of Sanitary Engineering Division, 90(SA3):53-78.

Dong Z Y, Su P L. 2004. Case studies of management measures of urban water environment// Proceedings of the 14th Congress APD-IAHR, Hong Kong:1299-1303.

Dong Z Y, Wang M E. 2004. Field investigation of urban rainfall-runoff pollution//Proceedings of the 14th Congress APD-IAHR, Hong Kong:1479-1484.

Dong Z Y, Zhang Z. 2003. Investigation of nuisance and control of water hyacinth and its application in wastewater treatment//Proceedings of the 30th APD-IAHR Congress, Thessaloniki: 825-830.

Dupuit J. 1863. Etudes Theoriques et Pratiques sur le Mouvement des Eaux dans les Canaux Decouverts et a Travers les Terrains Permeables. 2nd ed. Paris: Dunod.

Ekman V W. 1904. On dead water. Science Results, 5(15):152.

Elder J W. 1959. The dispersion of marked fluid in turbulent shear flow. Journal of Fluid Mechanics, 5:544-560.

Fair G M. 1939. The dissolved oxygen sag—an analysis. Sewage Works Journal, 11(3):445.

Fan L N, Brooks N H. 1969. Numerical solutions of turbulent buoyant jet problems. Pasadena: California Institute of Technology Report No. KH-R-18.

Fick A E. 1855a. Uber diffusion. Annals of Physics Chemical, 94:59-86.

Fick A E. 1855b. On liquid diffusion. Philosophical Magazine, 4(4):30-39.

Fischer H B, et al. 1979. Mixing in Inland and Coastal Waters. Pittsburgh: Academic Press.

Foree E G. 1976. Reaeration and velocity prediction for small streams. Journal of Environmental Engineering Division, 102(EE5): 937-952.

Forthmann E. 1933. Uber Turbulente Strahlausbreitung. Gottingen: Universitat Gottingen PhD Dissertation.

Fourier J B J. 1822. Theorie Analytique de La Chaleur. Paris: Firmin Didot Pere et Fils.

Gariel P. 1949. Experimental research on the flow on non-homogeneous fluids. Houille Blanche, (2-3): 56-64.

George W K, Alpert R L, Tamanini F. 1977. Turbulence measurements in an axisymmetric buoyant plume. International Journal of Heat and Mass Transfer, 20: 1145-1154.

Gortler H. 1942. Berechnung von aufgaben der freien turbulenz auf grund eines neuen naherungsansatzes. Zeitschrift für Angewandte Mathematik und Mechanik, 22: 244-254.

Graham T. 1833. On the law of diffusion of gases. Philosophical Magazine, 2: 175-190.

Graham T. 1850. On the diffusion of liquids. Philosophical Transactions of the Royal Society of London, 140: 1-46.

Hantush M S. 1964. Hydraulics of wells. Advances in Hydroscience. New York: Academic Press.

Harleman D R F. 1961. Stratified Flow, Handbook of Fluid Dynamics. New York: McGraw-Hill.

Harleman D R F, Elder R A. 1965. Withdrawal from two-layer stratified flow. Journal of the Hydraulics Division, ASCE, 91(HY4): 43-58.

Harleman D R F, Gooch R S, Ippen A T. 1958. Submerged sluice control of stratified flow. Journal of the Hydraulics Division, ASCE, 84(HY2): 1584.

Harleman D R F, Morgan R L, Purple R A. 1959. Selective withdrawal from a vertically stratified fluid//Proceedings of the 8th IAHR Congress, Montreal.

Ippen A T, Harleman D R F. 1952. Steady-state characteristics of subsurface flow. National Bureau of Standards, US Circulation, 521: 79-93.

Isaacs W P, Gaudy A F. 1968. Atmospheric oxidation in a simulated stream. Journal of Sanitary Engineering Division, 94(SA2): 319-344.

Kotsovinos N E. 1975. A study of the entrainment and turbulence in a plane buoyant jet. Journal of Fluid Mechanics, 81: 45-62.

Kotsovinos N E. 1978. Dilution in a vertical round buoyant jet. Journal of the Hydraulics Division, ASCE, 104(HY5): 795-798.

Kotsovinos N E, List E J. 1977. Plane turbulent buoyant jets. Part 1. Integral properties. Journal of Fluid Mechanics, 81: 25-44.

Krenkel P A, Orlob G T. 1962. Turbulent diffusion and the reaeration coefficient. Journal of Sanitary Engineering Division, 88(SA2): 53-83.

Langbein W B, Durum W H. 1967. The aeration capacity of streams. US Geological Survey Circular 542.

Lau L Y. 1972. Prediction equation for reaeration in open-channel flow. Journal of Sanitary Engineering Division, 96(SA6): 1063-1068.

Lee J H W. 1981. Theory of Buoyant Jets and Its Environmental Applications. Nanjing: Lectures given at the East China College of Hydraulic Engineering.

List E J, Imberger J. 1973. Turbulent entrainment in buoyant jets. Journal of the Hydraulics Division, ASCE, 99:1461-1474.

List E J, Imberger J. 1975. Closure of discussion to: Turbulent entrainment in buoyant jets and plumes. Journal of Hydraulics Division, ASCE, 101:617-620.

Li W H. 1972. Differential Equations of Hydraulic Transients, Dispersion and Groundwater Flow. Mathematical Methods in Water Resources. Upper Saddle River: Prentice-Hall.

Miller D R, Comings E W. 1960. Force-momentum fields in a dual-jet flow. Journal of Fluid Mechanics, 7(2):237-256.

Morton B R. 1959. Forced plumes. Journal of Fluid Mechanics, 5:151-163.

Morton B R, Taylor G I, Turner J S. 1956. Turbulent gravitational convection from maintained and instantaneous sources. Proceeding of the Royal Society of London, Series A, 234:1-23.

Nakagome H, Hirata M. 1976. The Structure of Turbulent Diffusion in an Axisymmetric Thermal Plume. Washington DC: Hemisphere Publishing.

Negulescu M, Rojanski V. 1969. Recent research to determine reaeration coefficient. Water Research, 3:189-202.

O'Conner D J. 1967. The temporal and spatial distribution of dissolved oxygen in streams. Water Resources Research, 3:65-79.

O'Connor D J, Dobbins W E. 1956. The mechanism of reaeration in natural streams. Journal of the Sanitary Engineering Division, 82:1-30.

Orlob G T. 1983. Mathematical Modeling of Water Quality: Streams, Lakes and Reservoirs. Hoboken: John Wiley & Sons.

Owens M, Edwards R W, Gibbs J W. 1964. Some reaeration studies in streams. International Journal of Air and Water Pollution, 8:469-486.

Padden T J, Gloyna E F. 1971. Simulation of stream process in a model river. Austin: Centre for Research in Water Resources, University of Texas at Austin, Report EHE-70-23, CRWR-72.

Potter O E. 1957. Laminar boundary layer at the interface of co-current parallel streams. Quarterly Journal of Mechanics and Applied Mathematics, 8:302-311.

Prandtl L. 1942. Bemerkungen zur theorie der freien tubulenz. Zeitschrift für Angewandte Mathematik und Mechanik, 22:241-243.

Priestley C H B, Ball F K. 1955. Continuous convection from an isolated source of heat. Quarterly Journal of the Royal Meterological Society, 81(348):144-157.

Proudman J. 1953. Dynamical Oceanography. London: Methuen.

Rajaratnam N, Pani B S. 1974. Three-dimensional turbulent wall jets. Journal of the Hydraulics Division, ASCE, 100(HY1):69-83.

Reichardt H. 1942. Gesetzmassigkeiten der freien turbulenz. VDI-Forschungsheft, 414:14.

Ricou F P, Spalding D B. 1961. Measurements of entrainment by axisymmetric turbulent jets.

Journal of Fuild Mechanics,11:21-32.

Rodi W. 1982. Turbulent Buoyant Jets and Plumes. Oxford:Pergamon Press.

Rouse H. 1956. Seven exploratory studies in hydraulics. Journal of the Hydraulics Division, ASCE,82(HY4):1-34.

Rouse H,Yih S,Humphreys H W. 1952. Gravitational convection from a boundary source. Tellus,4:201-210.

Schlichting H. 1979. Boundary Layer Theory. 7th ed. New York:McGraw-Hill.

Scorer R S. 1978. Environmental Aerodynamics. England:Ellis Horwood.

Sforza P M,Steiger M H,Trentacoste N. 1966. Studies on three-dimensional viscous jets. AIAA Journal,4(5):800-806.

Singh P,Hager W H. 1996. Environmental Hydraulics. Holland:Kluwer Academic Publisher.

Streeter H W,Phelps E B. 1925. A study of the pollution and natural purification of the Ohio River. Washington DC:US Public Health Service,Bulletin 146.

Streeter V L. 1961. Handbook of Fluid Dynamics. New York:McGraw-Hill.

Swamy C N V,Bandyopadhyay P. 1975. Mean and turbulence characteristics of three-dimensional wall jets. Journal of Fluid Mechanics,71(3):541-562.

Tanaka E. 1970. The interference of two-dimensional parallel jets. Bulletin of JSME,13(56):272-280.

Tang D H,Babu D K. 1979. Analytical solution of a velocity dependent dispersion problem. Water Resources Research,15(6):276-285.

Taylor G I. 1921. Diffusion by continuous movements. Proceedings of the London Mathematical Society,Series A,20:196-212.

Taylor G I. 1953. Dispersion of soluble matter in solvent flowing slowly through a tube. Proceedings of the Royal Society,219:186-203.

Taylor G I. 1954. The dispersion of matter in turbulent flow through a pipe. Proceedings of the Royal Society,223:446-468.

Taylor G I. 1958. Flow induced by jets. Journal of Aerospace Science,25:464-465.

Tchen C M. 1956. Approximate theory on the stability of interfacial waves between two streams. Journal of Applied Physics,27(12):1533-1536.

Tepper M. 1952. The application of the hydraulic analogy to certain atmospheric flow problems. The United States Department of Commerce Research Paper 35.

Thackston E L,Krenkel P A. 1969. Reaeration prediction in natural stream. Journal of Sanitary Engineering Division,95(SA1):65-94.

Thomas H A. 1948. Pollution load capacity of streams. Water and Sewage Works,95:409.

Tollmien W. 1926. Berechnung turbulentz ausbreitungsvorgange. Journal of Applied Mathematics and Mechanics,6:468-478.

Tsivoglou E C, Wallace J R. 1972. Characterization of stream reaeration capacity. Office of Research and Monitoring,US Environmental Protection Agency,Washington DC Report EPA

R3-72-012.

Vollenweider R A. 1975. Input-output models. Zeitschrift fur Hydrologie,37:53-84.

Water Resources Engineers, Inc. 1973. Computer program documentation for the stream quality model QUAL-2. Washington DC:Report to US Environmental Protection Agency.

Winant C D, Browant F K. 1974. Vortex pairing:The mechanism of turbulent mixing layer growth at moderate Reynolds number. Journal of Fluid Mechanics,63:part 2,237-255.

Wygnanski I, Fielder H. 1969. Some measurements in the self-preserving jet. Journal of Fluid Mechanics,33:577-612.

Абрамович Г Н. 1960. Теория Турбулентных Струй. Москва: Гоударственное Издательство Физикоматематической Литературы.

附录 常用术语中英文对照表

(按汉语拼音顺序)

氨氮 ammonia nitrogen
岸边排放 side discharge
半厚度 half-thickness
半经验理论 semi-empirical theory
半宽度 half-width
半值宽 half-value width
饱和带 saturated zone
鲍辛奈斯克近似 Boussinesq approximation
贝塞尔函数 Bessel function
背景值 back value, background value
本底值 back value, background value
比动量通量 specific momentum flux
比浮力通量 specific buoyancy flux
比质量通量 specific mass flux
比重 specific weight
壁面 wall
壁面切应力 wall shear stress
边界层 boundary layer
边界层方程 boundary layer equation
边界条件 boundary condition
变换 transformation
标准差 standard deviation
标准化 normalization
病菌(病原体)pathogen
不变量 invariant
不可压缩流体 incompressible fluid
不透水 impervious

不稳定的(稳定度方面) unstable
糙率 roughness
层流 laminar flow
层流射流 laminar jet
长度比尺 length scale
常微分方程 ordinary differential equation
沉降 settling
承压含水层 artesian aquifer
城市风 urban wind
城市污水 urban sewage
赤潮 red tide
充氧 oxygenation
出流 outflow
出射速度 issuing velocity
初始段 zone of flow establishment
初始混合区 initial mixing zone
初始条件 initial condition
传递函数 transfer function
垂向扩散系数 vertical diffusion coefficient
大肠杆菌 *Escherichia coli*
大气边界层 atmospheric boundary layer
大气层 atmosphere
大气稳定度 atmospheric stability
单股射流 single jet
单宽流量 discharge per unit width
氮 nitrogen

导数 derivative

倒灌（下洗）烟流 downdraught plume

道路 road way

等值线 contour

狄拉克 δ 函数 Dirac delt function

底泥 substrate sludge

地面沉降 land subsidence

地面浓度 ground level concentration

地面源 ground level source

地下水 groundwater

地下水超采 overdraft groundwater

地下水回灌 groundwater recharge

点源强度 strength of point source

点源污染 point source pollution

电离层 ionosphere

叠加原理 superposition principle

动力黏性系数 kinetic viscosity

动量 momentum

动量方程 momentum equation

动量守恒原理 momentum conservation principle

动量通量守恒 conservation of momentum flux

动坐标 moving coordinates

断面平均流速 cross-sectional mean velocity

断面平均浓度 cross-sectional mean concentration

对流 convection, advection

对流层 troposphere

对流扩散 advective diffusion

对流输运 advective transport

对流项 advection term

对数流速分布 logarithmic velocity distribution

多股射流 multiple jets

多孔介质 porous media

二维 two-dimensional

二维射流 two-dimensional jet

非饱和带 unsaturated zone

非点源污染 non-point source pollution

非恒定流 unsteady flow

非均匀流 non-uniform flow

非均质的 inhomogeneous, heterogeneous

非完全井 partially penetrating well

非稳态 unsteady state

废水同化能力 waste water assimilative capacity

菲克定律 Fick's law

菲克扩散 Fickian diffusion

分叉烟流 bifurcation plume

分子扩散 molecular diffusion

分子扩散系数 molecular diffusivity

风玫瑰图 wind rose

锋面逆温 frontal inversion

弗劳德数 Froude number

浮力通量 buoyancy flux

浮射流 buoyant jet

浮游动物 zooplankton

浮游生物 plankton

浮游植物 phytoplankton

辐射逆温 radiative inversion

负浮力 negative buoyancy

复氧 reaeration

复氧系数 reaeration coefficient

傅里叶变换 Fourier transformation

富营养化 eutrophication

概率分布 probability distribution

概率密度函数 probability density function

干绝热直减率 dry adiabatic lapse rate

高架源 elevated source

高斯分布 Gaussian distribution

镉 cadmium

各向同性 isotropy

各向同性紊流 isotropic turbulence

各向异性 anisotropy

各向异性紊流 anisotropic turbulence

铬 chromium

工业废水 industrial wastewater

汞 mercury

鼓风式(或称扇形)烟流 fanning plume

固定源 stationary source

固体垃圾 solid wastes

观测值 observed value

管流 pipe flow

管嘴 nozzle

过渡段 transition

海陆风 sea-land breeze

含水层 aquifer

耗氧 deoxygenation

耗氧系数 deoxygenation coefficient

河口 estuary

河流流量 stream discharge

河流水质模型 stream (river) water quality model

河网 river network

黑箱 black box

恒定流 steady flow

横断面积 cross-sectional area

横流 cross-flow

横向混合 transverse mixing

横坐标 abscissa

化学需氧量 chemical oxygen demand

环境保护 environment protection

环境工程 environmental engineering

环境科学 environmental science

环境水力学 environmental hydraulics

环境问题 environmental issues

环境影响评价 environmental impact assessment

混合层 mixing layer

混合长度 mixing length

混合系数 mixing coefficient

机动车尾气排放 vehicular exhaust emission

机动车污染 vehicular pollution

机械紊流 mechanical turbulence

积分 integral, integration

积分比尺 integral scale

积分变换 integral transformation

积分方法 integral method

基准面 datum plane

剪切层 shear layer

剪切流 shear flow

剪切紊流 turbulent shear flow

降解 degradation

降雨径流 rainfall runoff

经验公式 empirical formula

径向流速 radial velocity

镜像法 method of image

局地风 local wind

矩形渠道 rectangular channel

卷吸 entrainment

均方差 mean square deviation

均匀流 uniform flow

均质的 homogeneous

卡门常数 Karman constant

颗粒物 particulate matter, particle microsome

可降解物质 degradable substance

可吸入颗粒物 inhalable particulate matter

孔口 orifice

孔隙率 porosity

孔隙水 interstitial

控制方程 governing equation

扩散 diffusion

扩散方程 equation of diffusion

扩散理论 diffusion theory

扩散输运 diffusive transport

扩散系数 diffusivity, diffusion coefficient

扩展率 spreading rate

拉格朗日法 Lagrangian method

拉普拉斯变换 Laplace transformation

雷诺比拟 Reynolds analogy

雷诺方程 Reynolds equation

雷诺数 Reynolds number

雷诺应力 Reynolds stress

棱柱体渠道 prismatic channel

冷却水 cooling water

离散 dispersion

离散分析 dispersion analysis

离散系数 dispersion coefficient

理查森数 Richardson number

连续介质 continuum medium

连续性方程 equation of continuity

连续源 continuous source

量纲 dimension

量纲分析 dimensional analysis

磷 phosphor

流场 flow field

流动型态 flow pattern, flow regime

流函数 stream function

流量 discharge, flow rate

流速分布 velocity distribution

流速剖面 velocity profile

流体 fluid

流体力学 fluid mechanics

流域 basin, watershed

落地浓度 impinging concentration

脉动流速 velocity fluctuation

脉动浓度 concentration fluctuation

脉动值 fluctuating value

弥散 dispersion

密度分层 density stratification

密度弗劳德数 densimetric Froude number

幂函数 power law

幂级数 power series

面源 plane source

明渠水流 open-channel flow

摩阻流速 shear velocity

难降解物质 refractory substance

能坡 energy gradient

泥沙 sediment

泥沙运动 sediment transport

逆变换 inverse transformation

逆温层 temperature inversion layer

黏性底层 viscous sublayer

黏性扩散 viscous diffusion

黏性力 viscous force

黏性流体 viscous fluid

黏性应力 viscous stress

农药 pesticide

浓度 concentration

浓度分布 concentration distribution

浓度脉动 concentration fluctuation

浓度剖面 concentration profile

欧拉法 Eulerian method

耦合模型 coupled models

排放 discharge,effluent,emission

排放标准 emission standard

排放口 outfall

排放速度 efflux velocity

排水 drainage

喷嘴 nozzle

偏微分方程 partial differential equation

频率 frequency

平均 mean

平流逆温 advection inversion

平面浮射流 plane buoyant jet

平面射流 plane jet,planar jet

平面羽流 plane plume

普朗特数 Prandtl number

旗状烟流 flagging plume

气块(气团) air parcel

气温直减率 lapse rate of atmospheric temperature

迁移 advection,convection,transport

铅 lead

潜水含水层 phreatic aquifer

切应力 shear stress

去除 removal

热岛效应 heat island effect

热电厂 thermal power plant

热力紊流 thermal turbulence

热力烟流 thermal plume

热排放 thermal discharge,heated water discharge,thermal effluent

热污染 thermal pollution

人类活动 human activity

溶解氧 dissolved oxygen

溶质 soluble matter

入流 inflow

三维射流 three-dimensional jet

山谷风 anabatic wind,mountain valley wind

射流 jet

射流扩展 jet spread

砷 arsenic

渗流 seepage flow

渗透流速 seepage velocity

渗透系数 permeability coefficient

生化需氧量 biochemical oxygen demand

生活垃圾 domestic refuse

生活污水 domestic sewage

生物处理 biological treatment

生物降解 biological degradation

生物量 biomass

施密特数 Schmidt number

湿周 wetted perimeter

时间比尺 time scale

时均流速 time-averaged velocity

时均值 time-averaged value

示踪物 tracer

势函数 potential function

势流核 potential core

守恒定律 conservation law

守恒物质 conservative substance

受纳水体 receiving waters

输运 transport

输运方程 transport equation

数学模型 mathematical model

数值积分 numerically integrate,numerical integral

数值计算 numerical calculation

数值解 numerical solution

数值模拟 numerical simulation

衰减 decay

衰减物质 decaying substance

双股射流 twin-jet, dual-jet

水葫芦 water hyacinth

水华 water bloom

水环境 water environment

水力半径 hydraulic radius

水力坡度 hydraulic slope

水力特性 hydraulic characteristics

水力学 hydraulics

水生环境 aquatic environment

水头损失 head loss

水位 water level

水文地质 geohydrology

水文学 hydrology

水俣病 Minamata disease

水质 water quality

水质模型 water quality model

水资源 water resources

瞬时流速 instantaneous velocity

瞬时源 instantaneous source

瞬时值 instantaneous value

速度场 velocity field

速度分布 velocity distribution

速度剖面 velocity profile

速度势 velocity potential

速度衰减 velocity decay

速亏 velocity deficit

酸雨 acid rain

算子 operator

随机变量 random variable

随机过程 stochastic process

随机函数 stochastic function

随机模型 stochastic model

随机游动 random walk

随流扩散 advective diffusion

泰勒级数 Taylor series

泰勒假说 Taylor hypothesis

碳化 BOD carbonaceous BOD

通量 flux

同温层 stratosphere

投放 injection

透水 pervious

图解法 graphical method

推移质 bed load

外逸层 exosphere

蜿蜒形烟流 looping plume

完全反射 complete reflection

完全混合 complete mixing

完全井 completely penetrating well

完全吸收 complete absorption

微团 clump

位温梯度 potential temperature gradient

温升 temperature rise

紊动 turbulence

紊动扩散 turbulent diffusion

紊动扩散系数 turbulent diffusivity

紊动能 turbulent(kinetic)energy

紊动强度 turbulence intensity

紊动射流 turbulent jets

紊动黏性系数 turbulence viscosity

紊流 turbulent flow, turbulence

紊流边界层 turbulent boundary layer

紊流逆温 turbulence inversion

稳定的(稳定度方面) stable

稳定度等级 stability class

涡体 eddy

涡旋配对 vortex pairing
涡黏性系数 eddy viscosity
污染带 pollution zone
污染物 pollutant, contaminant
污水 sewage
屋脊形烟流 lofting plume
无机的 inorganic
无量纲 dimensionless
无限长线源 infinite line source
无限扩散 unrestricted penetration
误差函数 error function
误差曲线 error curve
吸附 adsorption
吸收 absorption
稀释比 dilution ratio
细颗粒物 fine particulate matter
下沉逆温 subsidence inversion
下垫面 underlying surface
下风距离 downwind distance
线源 line source
相干结构 coherent structures
相关 correlation
相似性 similarity
像源 image source
硝化 BOD nitrogenous BOD
硝酸盐氮 nitrate nitrogen
虚源 virtual origin, apparent origin
絮凝 floculation
悬浮固体 suspended solid
悬浮物 suspended substance, suspension
悬移质 suspended load
旋涡 vortex
血管 blood vessel
熏烟形烟流 fumigating plume

亚硝酸盐氮 nitrite nitrogen
烟流 plume
烟流抬升高度 plume rise height
烟团 puff
淹没射流 submerged jet
盐度 salinity
氧垂曲线 oxygen sag curve
氧亏 oxygen deficit
叶绿素 chlorophyll
一级反应 first-order reaction
一维 one-dimensional
移动源 mobile source
溢油 oil spill
因变量 dependent variable
有毒污染物 toxic pollutant
有限长线源 finite line source
余误差函数 complimentary error function
羽流 plume
圆形浮射流 round buoyant jet
圆形射流 round jet, circular jet
圆形羽流 circular plume
源 source
源项 source term
远区 far field
运动方程 equation of motion
运动黏性系数 kinematic viscosity
载体 carrier
藻类 alga (algae)
折减重力加速度 reduced gravitational acceleration
真源 real source, actual source
阵喷流 puff
阵喷烟流 puffing plume
振荡 oscillatory

正态分布 normal distribution

直角坐标 Cartesian coordinates

植物群和动物群 flora and fauna

质量标准 quality standard, quality criteria

质量流量 mass flow rate

质量守恒原理 mass conservation principle

质量输运 mass transport

中间层 mesosphere

中心排放 central discharge

中性(稳定度方面) neutral

中值粒径 medium grain diameter

重金属 heavy metals

周围环境流体 ambient fluid

轴对称射流 axisymmetric jet

轴对称型衰减区 axisymmetric type decay region

轴线速度 axis velocity, centerline velocity

轴向速度 axial velocity

主体段 zone of established flow

柱坐标 cylindrical coordinates

转化 transformation

锥形烟流 coning plume

自变量 independent variable

自净 natural purification, self-purification

自净系数 self-purification factor

自由面 free surface

自由射流 free jet

自由紊流 free turbulence

综合水质模型 integrated water quality models

纵向离散 longitudinal dispersion

纵坐标 ordinate

阻力系数 drag coefficient, friction factor